20 5個の数字0, 1, 2, 3, 4から重複を許して4個の数字を並べ、4桁の整数を作る。ただし、千の位に0を使用することはできない。このとき、全部で アイウ 個の整数ができる。

2019 金沢工業大

21 赤球3個、白球2個、青球2個を1列に並べるとき、並べ方は何通りあるか。

2015 中央大

22 H, O, G, A, R, A, K, Aという8つの文字すべてを左から横一列に並べる。ただし、AとOを母音字とし、他の文字を子音字とする。

(1) 8つの文字の並べ方は全部で アイウエ 通りである。

(2) H, O, G, R, A, A, A, Kのように、Aが3つ連続する並べ方は オカキ 通りである。

(3) H, A, O, G, R, A, K, Aのように、どのAも隣り合わせにならない並べ方は クケコサ 通りである。

2019 駒澤大

23 5人の大人と3人の子供が、円形のテーブルの周りに座る。子供同士が隣り合わない座り方は全部で□通りある。ただし、回転して一致するものは同じ座り方とみなす。

2016 立教大

24 1から40までの整数の中から異なる3個の数を選ぶとき、3個の数の和が偶数となる選び方は何通りあるか。

2017 中央大

25 10人を2人、2人、3人、3人の4つのグループに分ける方法は、全部で□通りである。

2020 立教大

26 a, a, a, a, o, o, y, y, mの9個の文字がある。この中から6個を続けて選んで、選んだ順に左から並べる。このとき、a, o, y, a, m, aと並ぶ確率は$\frac{\square}{\square}$である。

2017 青山学院大

27 大小2個のさいころを同時に投げるとき、出た目の積が6の倍数になる確率は□である。

2018 京都産業大

28 下図のように1から5までの数字が1つずつ記入された5枚のカードがある。

[1] [2] [3] [4] [5]

この中から1枚のカードを引く操作を3回繰り返す。ただし、各操作において、引いたカードは元に戻さないものとする。引いた順に3枚のカードを左から右に並べて作られる3桁の整数をaとする。このとき、aが3で割り切れる確率は□であり、また、5で割り切れる確率は□である。

2019 立教大

29 正解率が$\frac{1}{3}$の3択クイズを7問解答するとき、全問が不正解となる確率は$\frac{\boxed{アイウ}}{\boxed{エオカキ}}$であり、7問中5問が正解となる確率は$\frac{\boxed{クケ}}{\boxed{コサシ}}$である。

2019 星薬科大

30 青玉2個、白玉3個、赤玉5個の合計10個の玉が入っている袋から玉を1個取り出し、色を調べてもとに戻すことを4回続けて行うとき、4回目に2度目の赤玉が出る確率は$\frac{\square}{\square}$である。

2016 日本大

31 点Pはxyz空間の原点Oから出発し、さいころを投げるごとに次の規則に従って動く。点Pが点(a, b, c)にいるとき

出た目が3以下ならば$(a+1, b, c)$に動く。
出た目が4または5ならば$(a, b+1, c)$に動く。
出た目が6ならば$(a, b, c+1)$に動く。

(1) さいころを5回投げるとき、点Pのy座標が3である確率は$\frac{\boxed{アイ}}{\boxed{ウエオ}}$である。

(2) さいころを9回投げるとき、点Pがちょうど$(4, 3, 2)$の位置に来る確率は$\frac{\boxed{カキ}}{\boxed{クケコ}}$である。

2019 青山学院大

32 3個のさいころを投げるとき、出た目の最大値が6である確率は□である。

2020 名城大・改

33 店に立ち寄るたびに$\frac{1}{7}$の確率で傘を忘れる人が、店A、店B、店A（店Aには2回立ち寄っている）の順に立ち寄ったあと、傘を忘れたことに気づいた。店Aに傘を忘れた確率は□である。ただし、最初に傘は1本だけ持っていたとする。

2018 東海大

34 不思議なさいころがあり、奇数の目は偶数の目の2倍の確率で出るという。このさいころを1回だけ振って出た目の数が得点になるゲームを行う。得点の期待値は、次のうちのどれか。小数第2位を四捨五入して小数第1位まで求めよ。ただし奇数の目1，3，5の出る確率は等しく、偶数の目2，4，6の出る確率は等しいとする。

① 3.0　② 3.1　③ 3.2　④ 3.3　⑤ 3.4

2013 湘南工科大

35 $\dfrac{1}{m}-\dfrac{1}{2n}=\dfrac{1}{10}$ を満たす自然数の組(m, n)をすべて求めると、$\square$である。

2018 関西大

36 1591と1517の最大公約数は$\square$である。

2020 京都産業大

37 方程式$13x+31y=1$の整数解のうち、xの値が最小の正の数であるものは$x=\square$, $y=\square$であり、xの値が最大の負の数であるものは$x=\square$, $y=\square$である。

2020 京都産業大

38 10進法で表された2桁の自然数Aを4進法で表すと、数字の並び方が反対の順になった。このときAを10進数で表すと、$A=\square$である。

2017 立教大

39 半径1の円に外接する正六角形の面積を求めよ。

2018 早稲田大

40 Oを原点とする座標平面において、点P$(3, 1)$を通る直線が円$x^2+y^2=1$上の2点A, Bで交わる。ただし、AとBはそれぞれ第1象限、第2象限内の点である。PA$=\sqrt{5}$のとき、AB$=\dfrac{\square\sqrt{\square}}{\square}$である。

2016 東邦大

41 △OABにおいて、辺OAを1：2に内分する点をC、辺OBを3：4に内分する点をDとし、線分ADとBCの交点をP、直線OPと辺ABとの交点をQとする。このとき$\dfrac{\mathrm{AP}}{\mathrm{PD}}=\square$であり、$\dfrac{\mathrm{OP}}{\mathrm{PQ}}=\square$である。

2018 明治薬科大

42 $\left(x^3+\dfrac{2}{x^2}\right)^5$を展開したとき、$x^5$の係数は$\square$である。

2019 千葉工業大

43 iを虚数単位とする。$\dfrac{2+5i}{4+i}-\dfrac{i}{4-i}$の値は$\dfrac{\square}{17}$である。

2018 関西大

44 2次方程式$3x^2+5x+8=0$の2つの解をα, βとするとき、$\alpha^2+\beta^2=-\dfrac{\boxed{アイ}}{\boxed{ウ}}$,

$\alpha^3+\beta^3=\dfrac{\boxed{エオカ}}{\boxed{キク}}$である。

2017 日本大

45 整式$P(x)=x^4+ax^2+bx+17$はx^2+3x+4で割ると余りが$-2x+1$になるとする。このとき$a=\square$, $b=\square$である。

2020 関西学院大

46 aを実数の範囲で変化させるとき、$f(x)=4x^3+5ax^2+a^2x+3x-a$を$x-1$で割ったときの余り$R$のとり得る値の範囲は$\square$である。

2020 東海大

47 3次方程式$x^3-2x^2-3x+10=0$の異なる2つの虚数解をα, βとするとき、

$\dfrac{\beta^2}{\alpha}+\dfrac{\alpha^2}{\beta}=\dfrac{\square}{\square}$である。

2020 日本大

48 $x=1+\sqrt{2}i$のとき、x^3+2x^2-3x-5の値は$\square$である。ただし、iを虚数単位とする。

2020 京都産業大

49 xy平面上の直線$(k+3)x-(k+4)y=2k+4$は、定数kの値に関係なくある定点を通る。その定点の座標は$\square$である。

2020 京都産業大

50 x軸とy軸に接し点$(-4,\ -2)$を通る円は2つある。このとき円の半径を求めると小さいものから順に$\square$と$\square$である。さらに2つの円の中心の距離を求めると$\square$である。

2020 神戸薬科大

51 円$x^2+y^2+2x-6y+8=0$の中心の座標と半径は$\square$である。また、原点からこの円に引いた接線の方程式は$\square$である。

2020 獨協大

52 原点をOとする座標平面上の円C：$x^2+y^2=1$ 上に点 $P(\cos\theta, \sin\theta)$ $\left(0<\theta<\dfrac{\pi}{2}\right)$ がある。点Pにおける円Cの接線を l とし、l と x 軸の交点をA、l と y 軸の交点をBとする。点Aと点Bの座標を $\cos\theta$, $\sin\theta$ を用いてそれぞれ表せ。

2018 立教大

---

53 a を正の定数とする。直線 $y=2x$ から円 $x^2+y^2-2ax=0$ が切り取る線分の長さが1となるように a の値を定めよ。

2018 東京都市大

---

54 2点 $A(-8, 0)$, $B(-2, 0)$ からの距離の比が2：1になる点Pの軌跡は、中心 $(\square, \square)$, 半径 $\square$ の円になる。

2020 昭和薬科大

---

55 $\sin\alpha=\dfrac{3}{5}$, $\cos\beta=\dfrac{5}{13}$ のとき、$\tan(\alpha-\beta)$ を求めよ。

ただし、$0<\alpha<\dfrac{\pi}{2}$, $0<\beta<\dfrac{\pi}{2}$ とする。

2019 東京都市大

---

56 (1) 方程式 $\cos 2x+\sin x=0$ $\left(-\dfrac{\pi}{2}<x<\dfrac{\pi}{2}\right)$ の解は $x=\square$ である。

2020 神奈川大

(2) 関数 $f(x)=\cos 2x-3\sqrt{3}\cos x+4$ $(0\leqq x\leqq 2\pi)$ を考える。$f(x)\geqq 0$ となるような x の範囲は、$\dfrac{\square}{\square}\pi\leqq x\leqq\dfrac{\square}{\square}\pi$ である。

2020 東京理科大

---

57 不等式 $\sqrt{\sin^2 x+\dfrac{1}{2}}<\cos x$ $(0\leqq x<2\pi)$ を満たす x の値の範囲は $\square$ である。

2018 関西大

---

58 $\dfrac{\pi}{4}\leqq\theta\leqq\dfrac{\pi}{2}$ の範囲にある θ に対して、$16\cos^4\theta+16\sin^2\theta=15$ が成り立っている。$\cos 2\theta$ の値を求めよ。

2017 早稲田大

---

59 $\cos^4\dfrac{\pi}{24}-\sin^4\dfrac{\pi}{24}=\square$

2020 東海大

60 関数 $\sin x+\sqrt{3}\cos x$ を $r\sin(x+\alpha)$ $(r>0,\ 0\leqq\alpha<2\pi)$ の形に変形すると、$r=\square$、$\alpha=\square$ となる。方程式 $\sin x+\sqrt{3}\cos x=2$ の $0<x<\dfrac{\pi}{2}$ の範囲にある解は $x=\square$ である。

2018 関西学院大

---

61 関数 $f(\theta)=\sin 2\theta-\sqrt{3}\cos 2\theta$ $\left(\dfrac{\pi}{3}\leqq\theta\leqq\dfrac{7}{12}\pi\right)$ の最大値は $\square$ で、最小値は $\square$ である。

2019 関西大

---

62 θ のとる範囲は $\dfrac{\pi}{12}\leqq\theta\leqq\dfrac{\pi}{3}$ である関数

$y=\dfrac{4}{1+\tan^2\theta}+2\sin^2\theta+2\sqrt{3}\sin\theta\cos\theta$ を考える。

(1) y の最大値は $\square$ となり、そのとき θ の値は $\square$ である。

(2) y の最小値は $\square$ となり、そのとき θ の値は $\square$ である。

2015 早稲田大

---

63 $A=2\cos^2 x+2\sqrt{3}\sin^2 x-(1+\sqrt{3})\sin 2x$ の右辺を $\sin x,\ \cos x$ の1次式の積の形で表すと $\square$ となる。$0\leqq x\leqq\pi$ の範囲で $A=0$ を満たす x の値は $\square$ と $\square$ である。

2013 帝京大

---

64 次の式を簡単にせよ。$\dfrac{5}{3}\sqrt[6]{9}+\sqrt[3]{-81}+\sqrt[3]{\dfrac{1}{9}}$

2016 中央大

---

65 $3^x-3^{-x}=4$ のとき、3^x+3^{-x} の値は $\square$ であり、x の値は $\square$ である。

2019 福岡大

---

66 方程式 $\dfrac{1}{2}\left(\dfrac{1}{16}\right)^{x-1}-9\left(\dfrac{1}{4}\right)^x+1=0$ の解は $x=\square,\ \dfrac{\square}{\square}$ である。

2020 千葉工業大

---

67 $24\cdot 3^x-9^x+81<0$ を解け。

2019 中央大

---

68 $\log_3 54+\log_3 10-2\log_9 20=\square$

2020 日本大・改

---

69 方程式 $\log_2(x+1)-\log_4(x+4)=1$ を解け。

2019 慶応大

70 不等式$\log_{\frac{1}{2}}(2x^2-4x-6)>\log_{\frac{1}{2}}(x^2+x)$を解け。

2015 芝浦工大

71 $\log_{10}1.2=\square\log_{10}2+\square\log_{10}3+\square$であり、不等式$1.2^n>10$を満たす最小の自然数$n$は$\square$である。ただし、$\log_{10}2=0.3010$, $\log_{10}3=0.4771$を使ってよい。

2018 上智大

72 3^{2020}は[アイウ]桁の数である。ただし、$\log_{10}3=0.4771$とする。

2020 星薬科大・改

73 座標平面において$y=x^2-x$の表す放物線をC_1とする。C_1の接線で点$(2,\ -2)$を通るものの方程式は$y=-x$, $y=\square x-\square$である。

2020 東海大・改

74 aを定数として、3次関数$g(x)=x^3-ax^2+4x-3$が極値をもつものは、$|a|>\square\sqrt{\square}$のときである。

2017 東京理科大

75 a, bを定数とし、xの関数$f(x)$を$f(x)=x^3-ax^2-bx+4$とする。関数$y=f(x)$が$x=-2$で極大値12をとるとき、$a=-\square$, $b=\square$である。

2017 明治大

76 pを定数とする。xの3次方程式$2x^3-3x^2-12x+p=0$は異なる3個の実数解$x=\alpha, \beta, \gamma$（ただし、$\alpha<\beta<\gamma$）を持つ。このとき、pのとり得る値の範囲は$\square$である。

2020 明治薬科大

77 次の条件を満たす2次関数$f(x)$を求めよ。

$$f(0)=3,\ f'(1)=0,\ \int_{-1}^{1}f(x)dx=\frac{20}{3}$$

2018 中央大

78 xの関数$f(x)$が、等式$f(x)=4x+\int_0^1(t+x)f(t)dt$を満たすとき、$f(x)$の定数項の値は$\square$である。

2018 慶応大

79 等式$\int_a^x g(t)dt=x^2+\frac{1}{2}x-\frac{3}{2}$を満たす関数$g(x)$は$g(x)=\square$であり、定数$a$の値は$a=\square$, $\square$である。

2016 北里大

80 実数kは$0<k<2$を満たし、xy平面上の曲線Cを$y=-x^2+4$ $(x \geqq 0)$, 直線lを$y=4-k^2$とする。y軸, 曲線C, 直線lで囲まれる部分の面積をS_1とすると、$S_1=\dfrac{\square}{\square}k^{\square}$となる。

2015 東洋大

81 放物線$y=4-x^2$をCとし、直線$y=m(x+2)$ $(0<m<4)$をlとする。Cとlで囲まれた図形の面積Sは$\dfrac{(\square-m)^{\square}}{6}$である。

2020 日本大

82 xy平面上に2つの曲線C_1：$y=\dfrac{5}{3}x^2+2x-27$とC_2：$y=-\dfrac{4}{3}x^2-4x+18$がある。曲線C_1とC_2で囲まれた部分の面積は$\square$である。

2017 聖マリアンナ医科大

83 初項170、公差-3の等差数列の初項から第n項までの和をS_nとする。S_nの値が最大となるのは$n=\square$のときである。

2020 京都産業大

84 公比が正の等比数列がある。初項と第2項の和が$\dfrac{16}{7}$であり、初項から第6項までの和が19であるとき、この等比数列の初項は$\square$であり、公比は$\square$である。

2015 福岡大

85 数列$1\cdot3, 3\cdot5, 5\cdot7, 7\cdot9, \cdots$の初項から第$n$項までの和は、$\dfrac{n(\square n^2+\square n-\square)}{\square}$である。

2020 湘南工科大

86 $\displaystyle\sum_{k=1}^{60}\frac{1}{\sqrt{2k-1}+\sqrt{2k+1}}=\square$である。

2017 埼玉医科大

87 iを虚数単位とするとき、$\displaystyle\sum_{k=1}^{2017}\left(\frac{1-i}{\sqrt{2}}\right)^{2k}$の値を求めよ。

2017 早稲田大

88 次の和を求めよ。$4+7\cdot4+10\cdot4^2+\cdots+(3n+1)\cdot4^{n-1}$

2017 早稲田大

89 下図のように正の整数を順に並べる。n行目の左端の数をnの式で表せ。

$$\begin{array}{llll} 1 & & & \\ 2 & 3 & & \\ 4 & 5 & 6 & \\ 7 & 8 & 9 & 10 \\ \vdots & \vdots & \vdots & \vdots \end{array}$$

2020 昭和薬科大

90 数列$\{a_n\}$の初項から第n項までの和S_nが$S_n=6n^2-2n$ $(n=1, 2, 3\cdots)$で表されるとする。このとき$a_1=\square$, $a_2=\square$である。一般項a_nは$a_n=\square n-\square$となる。

2017 法政大

91 次の条件によって定められる数列$\{a_n\}$の一般項を求めよ。
$a_1=3$, $a_{n+1}=4a_n+3$ $(n=1, 2, 3\cdots)$

2020 中央大

92 一辺の長さが1の正六角形ABCDEFがある。このとき、内積$\overrightarrow{\mathrm{AC}}\cdot\overrightarrow{\mathrm{AD}}$を求めよ。

2016 中央大

93 座標平面において、ベクトル$\vec{a}=(2, 3)$を考える。このとき、$\vec{a}\cdot\vec{b}=2$を満たすベクトル$\vec{b}$の中で$|\vec{b}|$が最小となるものは$\vec{b}=\square$である。

2020 関西大

94 平面上に3点、O, A, Bがあり、$|\overrightarrow{\mathrm{OA}}|=3\sqrt{3}$, $|\overrightarrow{\mathrm{OB}}|=4$, $\overrightarrow{\mathrm{OA}}\cdot\overrightarrow{\mathrm{OB}}=18$を満たす。△OABの面積を求めよ。

2020 津田塾大

95 ベクトル$\vec{a}, \vec{b}$について$|\vec{a}|=5$, $|\vec{b}|=3$, $|\vec{a}-3\vec{b}|=10$とする。$\vec{a}+t\vec{b}$と$\vec{a}-\vec{b}$が垂直になるとき、実数tの値は$\square$である。

2018 京都産業大

96 △OABにおいて、$\overrightarrow{\mathrm{OA}}=\vec{a}$, $\overrightarrow{\mathrm{OB}}=\vec{b}$とおく。辺OAを1：2に内分する点をC、辺OBを4：1に外分する点をDとし、線分CDとABの交点をEとする。このとき、$\overrightarrow{\mathrm{OE}}$を$\vec{a}$、$\vec{b}$を用いて表せ。

2018 中央大

97 △ABCの辺BC, CAを3：1に内分する点をそれぞれD, Eとし、線分ADとBEの交点をPとする。$\overrightarrow{AB}=\vec{b}$, $\overrightarrow{AC}=\vec{c}$とすると、$\overrightarrow{AD}=\frac{\square}{\square}\vec{b}+\frac{\square}{\square}\vec{c}$, $\overrightarrow{AP}=\frac{\square}{\square}\vec{b}+\frac{\square}{\square}\vec{c}$となる。

2020 順天堂大・改

98 a, bを実数とする。3点O(0, 0, 0), A(1, 0, −1), B(0, 1, 2)の定める平面上に点C(a, b, 1)があるとする。OC＝ACのとき、$a=\square$, $b=\square$である。

2020 立教大

99 空間内に点O(0, 0, 0), A(1, 0, 0), B(0, 1, 0), C(0, 0, 1), D(1, 1, 1)がある。3点A, B, Cの定める平面と線分ODとの共有点をEとするとき、OE：EDを最も簡単な整数の比で表すと□：□である。

2020 聖マリアンナ医科大

100 四面体OABCは、OA＝4, OB＝5, $\angle AOB=\frac{\pi}{3}$を満たすとする。Oから辺ABに垂線を下ろし、この垂線とABとの交点をDとする。このとき、$\overrightarrow{OD}=\frac{\square}{\square}\overrightarrow{OA}+\frac{\square}{\square}\overrightarrow{OB}$である。

2015 明治大

101 1辺の長さが1の正四面体OABCにおいて、辺OAを2：1の比に内分する点P(OP：PA＝2：1)、辺OCを1：2の比に内分する点をQ(OQ：QC＝1：2)、辺ABの中点をMとすると、$MP=\frac{\sqrt{\square}}{\square}$, $MQ=\frac{\sqrt{\square}}{\square}$である。

2015 東京理科大

Ⅰ・A・Ⅱ・B＋ベクトル

大学入試 数学 落とせない必須101題

スタンダードレベル

宮崎格久

はじめに

はじめまして、数学講師の宮崎格久です。私は普段、予備校で大学受験生向けに数学を教えています。生徒には偏差値30台から国立、私立の難関校、医学部受験生まで、さまざまな学力の子がいます。

数多くの受験生とかかわるなかで強くなっていったのが、**「志望校合格のために頑張るこの子たちを、なんとか受からせてあげたい」**という気持ち。どうしたらそれが実現できるだろう……と考えていきついたのが、**「合格最低点を超えるためには、小問が重要だ！」**ということです。

みなさんは、自分の志望校の合格最低点が何点か、わかりますか？学校や学部によって多少の差はありますが、**合格最低点を超えるための目安の1つが70%**です。

言い換えると、**30%までなら落としてもいい、**と言うこともできます。

そう考えたときに、カギになってくるのが、「小問」です。小問というのは、大問1に出題されることの多い小問集合のこと。ちなみに、小問集合を解ける学力のある人は、大問2、大問3……の（1）も解ける可能性が高いです。

小問を完答できれば、合格最低点に大きく近づくことができるのです（乱暴な言い方をすると、大問の（2）（3）（4）は解けなかったとしても、合格できる可能性はあります）。

小問は基礎・基本レベルの問題です。でも、**近年の小問は文系の大学**

のものでもかなり計算が煩雑になってきています。その中で、**制限時間内に正確に解く力**が求められます。

そこで本書には、みなさんに**小問を完答する力**をつけてもらうために、**合否を分ける可能性が大きい小問**（大問の（1）も少し含みます）を101題集めました。そして、**基礎・基本の確認から、受験のときに使えるテクニック**まで詰め込みました。

小問自体にも易しい・難しいがありますから、問題のレベル感は、**看護・薬学部・日東駒専・GMARCH レベル**を意識して選んでいます。

まずは、別冊だけ見て問題を解いてみましょう。

次に、本冊のイマイチ解答（間違っている解答）を見て、どこが間違っているのかを指摘してみてください。

自信が持てない問題は、ピカイチ解答を読んで、**効率的に正確に解く解法**を学んでください（ちなみに、みなさんに楽しく読み進めてもらうために、本書は先生と生徒の掛け合いで話が進んでいく形にしました）。

そして、復習として、また別冊だけ見て解いてみてください。**その繰り返しをすれば、合格最低点を取れるようになるはずです。**

私がいつも生徒に言っているのが**「小問を制する者が私立を制する」**。ぜひこの本を使って、合格へ大きく近づいてください。

さあ、『大学入試数学 落とせない必須101題 スタンダードレベル』、はじめていきましょう！

2023年春　宮崎格久

イマイチ解答で、君の実力がアップする！

本書の大きな特徴が、すべての解説に、イマイチ解答（間違っていたり、答えは合っているけど遠回りをしていたりする解答）を載せているところです。

まず、下の問題と解答を見てください。2016年明治大学の入試問題とイマイチ解答です。

12 $x \neq 7$ とする。このとき、不等式 $-x^2-x+20>\dfrac{140}{7-x}$ を満たす x の値の範囲は、$-\square<x<\square$, $\square<x<\square$ である。

2016 明治大

イマイチ解答

$-x^2-x+20>\dfrac{140}{7-x}$　両辺に×$(7-x)$

$(-x^2-x+20)(7-x)>140$　展開

$-7x^2+x^3-7x+x^2+140-20x>140$

$x^3-6x^2-27x>0$　xでくくる（因数分解）

$x(x^2-6x-27)>0$　因数分解

$x(x-9)(x+3)>0$

$\therefore -3<x<0,\ 9<x$

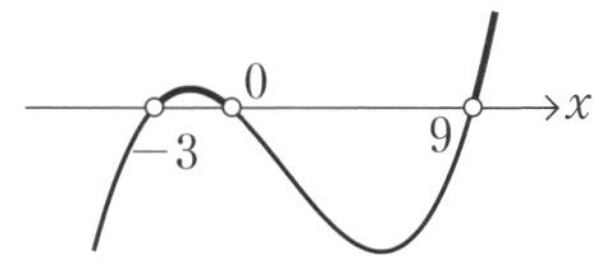

この解法の、どこが間違っていて、それがなぜ間違っているのか、説明できるでしょうか？（この問題の解説は34ページをご覧ください）

みなさんに伝えたいのは**「人は失敗しないと成長できない」**ということです。元プロ野球選手のイチローさんは、2013年8月21日トロント・ブルージェイズ戦で日米通算4000本安打を達成したときに、このようにコメントしています。

「こういうときに思うのは、別にいい結果を生んできたことを誇れる自分ではない。誇れることがあるとすると、4000のヒットを打つには、僕の数字で言うと、8000回以上は悔しい思いをしてきているんですよね。それと常に、自分なりに向き合ってきたことの事実はあるので、誇れるとしたらそこじゃないかと思いますね」

勉強も一緒です。**ミスは誰でもするものです。**
でもそんなミスをしたあとに、**同じミスをしないための心構え**はきちんと学習できているでしょうか。

みなさんは失敗をしないように避けることに固執していませんか？　避けるのではなく、**失敗から対処の仕方を学んでほしいのです。**
本番も同じような失敗をする可能性があるし、極端な話、本番でも何らかのミスはするものです。**でもそれを最小限に抑えるための工夫や心構えを学ばないといけない。**そうして失敗は成長に繋がっていきます。

本書では、みなさんが本番でするかもしれない間違いの解法（イマイチ解答）をすべての問題に対して載せました。**その間違いの答案、失敗した解法は、みなさんが成長していくうえで貴重な財産になります。**なぜ間違いなのか、じっくり読んで学習していってください。

注記　本書の記述範囲を超えるご質問（解法の個別指導依頼など）につきましては、お答えいたしかねます。あらかじめご了承ください。

ブックデザイン●二ノ宮匡（ニクスインク）
イラスト●福田玲子
DTP●株式会社フォレスト

登場人物

先生（宮崎格久）

「わかりやすい」は当然のこと、「できるようになる」「モチベーションが上がる授業」を大切に指導する受験数学のプロ講師。生徒との二人三脚で成績向上、第一志望校の合格を目指す。髪はないけれど、熱意と体力はある予備校講師。野球が好き。

生徒

受験勉強中の高校三年生。私立大学の受験を考えているが、数学が苦手で、克服したい。

$2x^2-5xy-3y^2+x+11y-6$ を因数分解すると［　　］である。

2018 京都産業大

イマイチ解答

$\underbrace{2x^2-5xy-3y^2}_{①}+x+11y-6$

①の部分が因数分解できると思います。

$$\begin{array}{ccc} 1 & -3 \rightarrow & -6 \\ 2 & 1 \rightarrow & 1 \\ \hline & & -5 \end{array}$$

(与式)

$=(x-3y)(2x+y)+x+11y-6$

……これで完成ではない気がするけど、このあと、どうすればいいのかわからないです。

この解き方だと、これ以上進めることはできないよ。最初の因数分解がまずかったね。
因数分解の考え方は次の4つがあるから、しっかりおさえよう！

覚えて！

因数分解の考え方

①共通因数でくくる。

例　$2x+4=2(x+2)$

②公式を利用する（たすきがけを含む）。

例　$x^2-3x+2=(x-1)(x-2)$

$2x^2+⑤x-3=(x+3)(2x-1)$

$$\begin{array}{ccc} 1 & 3 \rightarrow & 6 \\ 2 & -1 \rightarrow & -1 \\ \hline & & ⑤ \end{array}$$

③次数が低い文字でまとめる。

例　$9y^2+3xy-2x-4$

$=(3y-2)x+\underline{9y^2-4}$　（xについてまとまる）

$=(3y-2)x+(3y+2)(3y-2)$

$=(3y-2)\{x+(3y+2)\}$

$=\underline{(3y-2)(x+3y+2)}$

④どれか1つの文字でまとめる。

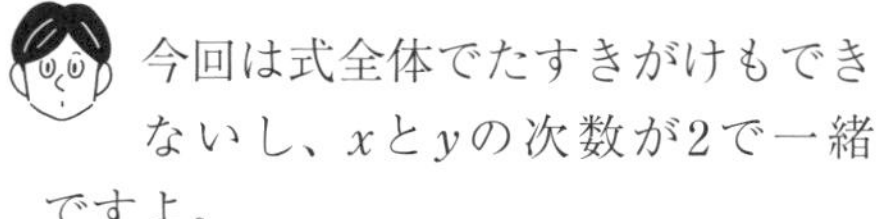

今回は式全体でたすきがけもできないし、xとyの次数が2で一緒ですよ。

そうだね。だから「**④どれか1つの文字でまとめる**」よ。
まずxでまとめていこう。

ピカイチ解答 

$2x^2-5xy-3y^2+x+11y-6$

xについてまとめる

$=2x^2+(-5y+1)x-3y^2+11y-6$

y^2の係数がマイナスになっているので、マイナスでくくる

$=2x^2+(-5y+1)x-(3y^2-11y+6)$

1 ╳ −3 → −9
3 ╳ −2 → −2
−11

$=2x^2+(-5y+1)x$
$\quad-(y-3)(3y-2)$

1 ╳ −(3y−2) → −6y+4
2 ╳ y−3 → y−3
−5y+1

分配法則

$=\{x-(3y-2)\}\{2x+(y-3)\}$

$=(x-3y+2)(2x+y-3)$

xについてまとめたあと、yはマイナスでくくって因数分解するんですね。

そうなんだ。ミスを防ぐためにも、**x^2やy^2にマイナスがついていたら、マイナスでくくったり両辺に−1をかけて先頭の符号をプラスにするこ**とを習慣にするといいよ。

例 $-2x^2-x+3=0$を解け。

$-2x^2-x+3=0$
両辺に×(−1)
$2x^2+x-3=0$

1 ╳ −1 → −2
2 ╳ 3 → 3
1

$(x-1)(2x+3)=0$

$\therefore x=-\dfrac{3}{2},\ 1$

不等式も同じように考えられそうですね。

例 $-2x^2-x+3>0$を解け。

$-2x^2-x+3>0$
両辺に×(−1)
$2x^2+x-3<0$

$(x-1)(2x+3)<0$

$\therefore -\dfrac{3}{2}<x<1$

両辺にマイナスの数をかけたら不等号の向きが逆になることに気をつけよう！

POINT
- 因数分解の考え方①〜④の順で、因数分解しよう！
- 式の先頭の符号は、プラスに直そう！

2

$\dfrac{3}{3-\sqrt{6}}$ の整数部分を a、小数部分を b とすると、$a=\square$、$b=\sqrt{6}-\square$ であるから、$a^2+2ab+b^2-6a-6b=\square$ である。

2020 金沢工業大

イマイチ解答

$$\frac{3}{3-\sqrt{6}}=\frac{3}{3-\sqrt{6}}\cdot\frac{3+\sqrt{6}}{3+\sqrt{6}}$$

$(a+b)(a-b)=a^2-b^2$ を用いて有理化

$$=\frac{3(3+\sqrt{6})}{9-6}$$

$$=3+\sqrt{6}$$

$(3+\sqrt{6})(3-\sqrt{6})=3^2-(\sqrt{6})^2$

$2<\sqrt{6}<3$ だから

$3+\sqrt{6}=5.\cdots$

整数部分　$a=5$

小数部分　$b=(3+\sqrt{6})-5$

‖

(全体)−(整数部分)

$=\sqrt{6}-2$

$$a^2+2ab+b^2-6a-6b$$

分配法則

$$=5^2+2\cdot5\cdot(\sqrt{6}-2)+(\sqrt{6}-2)^2$$

分配法則

$$-6\cdot5-6(\sqrt{6}-2)$$

$$=25+10\sqrt{6}-20+6-4\sqrt{6}+4$$

$$-30-6\sqrt{6}+12$$

$$=-3$$

答えは合ってるよ！
　整数部分、小数部分も上手に出てるね。そしたら無理数の値を確認しておこうか。

無理数の値（近似値）　覚えて！

$\sqrt{2}=1.414\cdots$（人よ人よ…）

$\sqrt{3}=1.732\cdots$（人並みに…）

$\sqrt{5}=2.236\cdots$（富士山麓…）

$\sqrt{6}=2.449\cdots$（似よ、よく…）

$\sqrt{7}=2.64575\cdots$（菜に虫いない…）

$\sqrt{10}=3.162\cdots$（父さんイチローに…）

語呂合わせがあるから覚えやすいですね。

そうだね、では $\sqrt{15}$ の近似値はいくつになると思う？

ん〜。お、わかった。
$\sqrt{15}=\sqrt{3}\times\sqrt{5}$
$=1.732\cdots\times2.236\cdots=3.87\cdots$
だいたい、3.87 くらいですね。

その通り !!
　だから上記の $\sqrt{2}$ から $\sqrt{10}$ までの近似値はとっても大切なんだ。覚えておこう !!

ピカイチ解答

$$\frac{3}{3-\sqrt{6}}=\frac{3}{3-\sqrt{6}}\cdot\frac{3+\sqrt{6}}{3+\sqrt{6}}$$

$(a+b)(a-b)=a^2-b^2$ を用いて有理化

$$=\frac{3(3+\sqrt{6})}{9-6}$$

$(3+\sqrt{6})(3-\sqrt{6})=3^2-(\sqrt{6})^2$

$$=3+\sqrt{6}$$

$$\fallingdotseq 5.449$$

（$\sqrt{6}\fallingdotseq 2.449$）

整数部分　$a=5$

小数部分　$b=(3+\sqrt{6})-5$

（小数部分）＝(全体)－(整数部分)

$$=\sqrt{6}-2$$

数学で「式を整理する」ときたら、「因数分解」！

aとbの値を代入する前に、まずはaについてまとめていこう。

$$a^2+2ab+b^2-6a-6b$$

（aについてまとめる）

$$=a^2+(2b-6)a+b^2-6b$$

（bでくくる）

$$=a^2+(2b-6)a+b(b-6)$$

たすきがけによる因数分解

$$\begin{array}{ccccc}1 & & b & \to & b\\ 1 & & b-6 & \to & b-6\\ & & & & 2b-6\end{array}$$

$$=(a+b)(a+b-6)$$

$a=5,\ b=\sqrt{6}-2$ を代入して、

$$(5+\sqrt{6}-2)(5+\sqrt{6}-2-6)$$

$$=(3+\sqrt{6})(-3+\sqrt{6})$$

$$=6-9$$

$$=-3$$

$(a+b)(a-b)=a^2-b^2$ を用いて展開

$(\sqrt{6}+3)(\sqrt{6}-3)=(\sqrt{6})^2-3^2$

因数分解してからa, bの値を代入したほうが計算が楽だし、その分ミスが減るから、この解法で練習したほうがいいですね！

そうなんだ。これから数学と向き合っていく上で**「式を整理したい」ときたら「因数分解」だ!!**

因数分解していくと解法が見えてくるからね。

最後にこんなのもやってごらん。

例　$x=6-\sqrt{35}$，$y=6+\sqrt{35}$ のとき、$x^2-y^2=\square$

x^2-y^2 に $x=6-\sqrt{35}$，$y=6+\sqrt{35}$ を代入してでもできるけど、x^2-y^2 を因数分解してから代入ですね。

$$x^2-y^2$$

$$=(x+y)(x-y)$$

$$=(6-\sqrt{35}+6+\sqrt{35})(6-\sqrt{35}-6-\sqrt{35})$$

$$=12\times(-2\sqrt{35})$$

$$=-24\sqrt{35}$$

うわ～、すごく楽！　やっぱり因数分解、大事～！

POINT

- **「式を整理」ときたら因数分解！**
- **代表的な無理数の値（近似値）は覚えよう！**

$t=\dfrac{\sqrt{17}+\sqrt{13}}{\sqrt{17}-\sqrt{13}}$ とするとき、$t+\dfrac{1}{t}$ の値は□であり、

$t^2+3t+12+\dfrac{1}{t^2}+\dfrac{3}{t}$ の値は□である。

2018 福岡大

イマイチ解答

$$t=\frac{\sqrt{17}+\sqrt{13}}{\sqrt{17}-\sqrt{13}}\cdot\frac{\sqrt{17}+\sqrt{13}}{\sqrt{17}+\sqrt{13}}$$

$(a+b)(a-b)=a^2-b^2$ を用いて有理化

$(\sqrt{17}+\sqrt{13})(\sqrt{17}-\sqrt{13})$

$=(\sqrt{17})^2-(\sqrt{13})^2$

$$=\frac{17+2\sqrt{221}+13}{17-13}$$

$$=\frac{\overset{15}{\cancel{30}}+\cancel{2}\sqrt{221}}{{}_{2}\cancel{4}}$$

$$=\frac{15+\sqrt{221}}{2}$$

$$t+\frac{1}{t}=\frac{15+\sqrt{221}}{2}+\frac{2}{15+\sqrt{221}}\cdot\frac{15-\sqrt{221}}{15-\sqrt{221}}$$

有理化

$$=\frac{15+\sqrt{221}}{2}+\frac{\cancel{2}(15-\sqrt{221})}{\cancel{225-221}\ {}_{2}}$$

$$=\frac{15+\cancel{\sqrt{221}}}{2}+\frac{15-\cancel{\sqrt{221}}}{2}$$

$$=\frac{\overset{15}{\cancel{30}}}{\cancel{2}}$$

$$=\underline{15}$$

$t=\dfrac{15+\sqrt{221}}{2}$ を代入

$$t^2+3t+12+\frac{1}{t^2}+\frac{3}{t}$$

$$=\left(\frac{15+\sqrt{221}}{2}\right)^2+3\cdot\frac{15+\sqrt{221}}{2}+12+\left(\frac{2}{15+\sqrt{221}}\right)^2+3\cdot\frac{2}{15+\sqrt{221}}$$

$$\vdots$$

お、お、おっと……。

これは計算したくないよね。工夫して計算する必要があるよ。**対称式**って覚えてるかな。

> **覚えて！**
>
> **対称式**
>
> 和$(x+y)$と積(xy)のみに式変形できる！
>
> ① $\boldsymbol{x^2+y^2=(x+y)^2-2xy}$
>
> 2乗の和＝和の2乗－2積
>
> ② $\boldsymbol{x^3+y^3=(x+y)^3-3xy(x+y)}$
>
> 3乗の和＝和の3乗－3積和

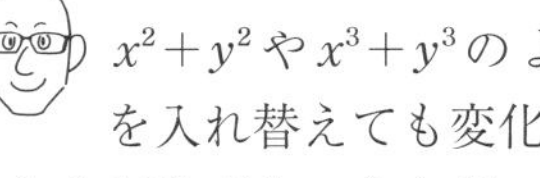

x^2+y^2 や x^3+y^3 のように、x と y を入れ替えても変化しない式のことを**対称式**というんだ。

そして、**どんな対称式でも、必ず和（$x+y$）と積（xy）だけで表すことができるよ。**

例 $x+y=3$、$xy=-1$ のとき、

$x^2+y^2=$□、$x^3+y^3=$□

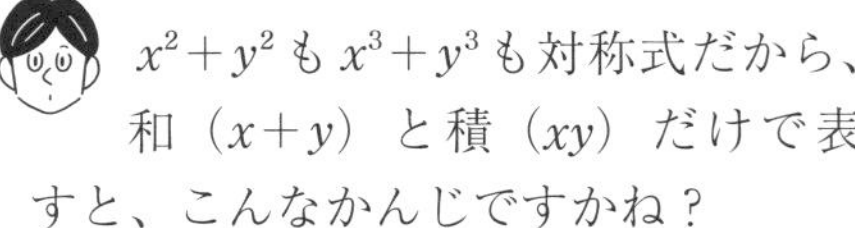

x^2+y^2 も x^3+y^3 も対称式だから、和（$x+y$）と積（xy）だけで表すと、こんなかんじですかね？

$$x^2+y^2=(x+y)^2-2xy$$
$$=9-2\cdot(-1)$$
$$=\underline{11}$$

$$x^3+y^3=(x+y)^3-3xy(x+y)$$
$$=27-3\cdot(-1)\cdot3$$
$$=\underline{36}$$

この式変形は数Ⅱの「解と係数の関係」ともセットでよく出題されるからね。しっかり復習しておこう！

ピカイチ解答

そして$t+\frac{1}{t}$のところは、**tの値を有理化せずに、$t+\frac{1}{t}$を計算してみてごらん。**
つまり、**通分するんだ。**

$$t+\frac{1}{t}=\frac{\sqrt{17}+\sqrt{13}}{\sqrt{17}-\sqrt{13}}+\frac{\sqrt{17}-\sqrt{13}}{\sqrt{17}+\sqrt{13}}$$
$$=\frac{(\sqrt{17}+\sqrt{13})^2+(\sqrt{17}-\sqrt{13})^2}{17-13}$$
$$=\frac{17+2\sqrt{221}+13+17-2\sqrt{221}+13}{4}$$
$$=\frac{60}{4}\ (15)$$
$$=\underline{15}$$

お〜、通分したら分母から$\sqrt{\ }$が消えた!!

$$t^2+3t+12+\frac{1}{t^2}+\frac{3}{t}$$

同じ次数でまとめる

$$=t^2+\frac{1}{t^2}+3\left(t+\frac{1}{t}\right)+12$$

$x^2+y^2=(x+y)^2-2xy$
のxにt、yに$\frac{1}{t}$を代入して、
$t^2+\left(\frac{1}{t}\right)^2=\left(t+\frac{1}{t}\right)^2-2t\cdot\frac{1}{t}$

「2乗の和＝和の2乗−2積」と言葉で覚えて、言葉で処理していこう！

$$t^2+\frac{1}{t^2}+3\left(t+\frac{1}{t}\right)+12$$
$$=\left(t+\frac{1}{t}\right)^2-2t\cdot\frac{1}{t}+3\left(t+\frac{1}{t}\right)+12$$
$$=15^2-2\cdot1+3\cdot15+12$$
$$=225-2+45+12$$
$$=\underline{280}$$

$t+\frac{1}{t}=15$
を代入

「x^2+y^2」、「x^3+y^3」という式のまま出題されるとは限らないんですね。

そうなんだ。今回は$x=t$、$y=\frac{1}{t}$を代入した形だったよね。

だから**「言葉で覚えておく」**んですよね。

素晴らしい！　そういうことだね。
数学は感覚で解くのではなく、「言葉で処理」するとどんどんできるようになっていくよ。

POINT
● **対称式の式変形は、「2乗の和＝和の2乗−2積」「3乗の和＝和の3乗−3積和」のように、言葉で覚えよう！**

方程式$|x-2|=2x$を満たすxの値は□である。

2018 神奈川大

イマイチ解答

（i）$x \geqq 2$のとき

$x-2=2x$

$x=-2$

（ii）$x<2$のとき

$-(x-2)=2x$

$-x+2=2x$

$3x=2$

$x=\frac{2}{3}$

（i），（ii）より　$x=-2, \frac{2}{3}$

ん〜。残念ながら違うよ。絶対値のはずし方から確認しよう。

絶対値って「原点からの距離」でしたよね。

そうだね。3の絶対値を$|3|$と表すよ。

3の原点からの距離は3だから$|3|=3$ですよね。

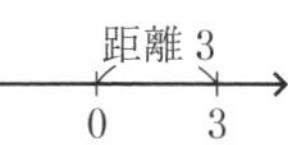

正解。では$|-3|$は？

-3の原点からの距離は3だから、$|-3|=3$。

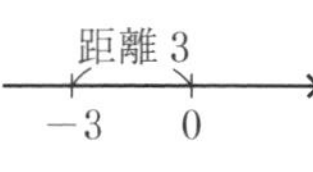

正解だ!!　天才だね。

まとめると、$|3|$や$|10|$のように**絶対値の中身が正の数（0以上）なら絶対値記号ははずせばいいだけ。**

$|-3|$や$|-10|$のように**中身が負の数なら、マイナスをつけてはずしていくよ。**

絶対値のはずし方　覚えて！

（i）$x \geqq 0$のとき$|x|=x$

絶対値の中身が正の数（0以上）のときは、絶対値記号をそのままはずすだけ。

（ii）$x<0$のとき$|x|=-x$

絶対値の中身が負の数のときは、マイナスをつけてはずす。

例　絶対値記号をはずせ。

(1) $|\sqrt{6}-2|=\underline{\sqrt{6}-2}$

2.449だから$\sqrt{6}-2$は正の数⇒そのままはずす

(2) $|3-\pi|=\underline{-(3-\pi)}$

3.14だから$3-\pi$は負の数
⇒マイナスをつけてはずす

(3) $|x-3|$　中身に文字が入っていて正か負かわからない。よって、場合分けする！

（i）$x-3 \geqq 0$すなわち$x \geqq 3$のとき

$\underline{x-3}$

（ii）$x-3<0$すなわち$x<3$のとき

$\underline{-(x-3)}$

ピカイチ解答

というわけで、「（ｉ）$x-2\geqq0$ すなわち $x\geqq2$」と「（ii）$x-2<0$ すなわち $x<2$」の2通りに場合分けしよう！

（ｉ）$x\geqq2$ のとき

$x-2=2x$

$x=-2$

$x\geqq2$ を満たさないから不適

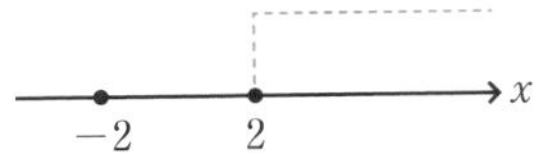

前提となる範囲を満たしているか、チェックが必要なことに注意しよう！

あ～そうでしたね。このチェックを忘れてた……！

方程式を解いて出てきた解が、必ずしも答えになるとは限らないんですね。

（ii）$x<2$ のとき

$-(x-2)=2x$

$-x+2=2x$

$3x=2$

$x=\dfrac{2}{3}$

$x<2$ を満たす

こちらも範囲をしっかりチェックして！

$x=\dfrac{2}{3}$ は答えになりますね。

（ｉ），（ii）より $x=\dfrac{2}{3}$

絶対値の問題はいっぱい触れてほしいから、もう一問やってみよう。

例 不等式 $|x+3|<2x$ を解け。

（ｉ）$x\geqq-3$ のとき

$x+3<2x$

$-x<-3$　両辺に×(−1)

$x>3$

$x\geqq-3$ を満たす

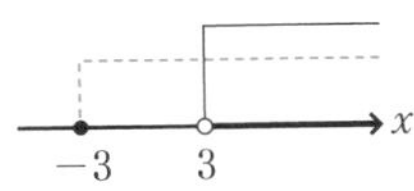

（ii）$x<-3$ のとき

分配法則

$-(x+3)<2x$

$-x-3<2x$

$-3x<3$　両辺を÷(−3)

$x>-1$

$x<-3$ を満たさないから不適

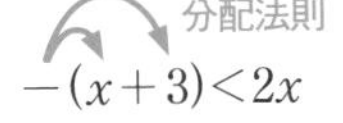

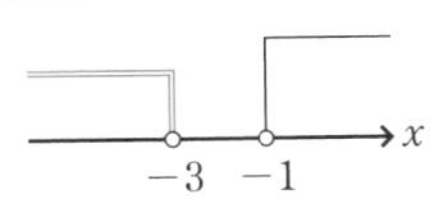

（ｉ），（ii）より $x>3$

POINT

- **絶対値の中身が負のときは、マイナスをつけてはずす！**
- **絶対値を含む方程式・不等式は、範囲チェックを忘れずに！**

不等式$|x-1| \leqq 5$を満たす整数xの個数はア**個である。また、aが正の整数であり、$|x-a-1| \leqq 2a$を満たす整数xの個数が17個であるとき、aの値は**イ**である。**

2020 福岡大

イマイチ解答

（ア）の解答

$|x-1| \leqq 5$

（ i ）$x \geqq 1$のとき

$x-1 \leqq 5$

$x \leqq 6$

$x \geqq 1$より$1 \leqq x \leqq 6$

（ ii ）$x<1$のとき

$-(x-1) \leqq 5$

$-x+1 \leqq 5$

$-x \leqq 4$

$x \geqq -4$

$x<1$より$-4 \leqq x<1$

（ i ）（ ii ）より$-4 \leqq x \leqq 6$

これを満たす整数は

$6-(-4)+1=$11個

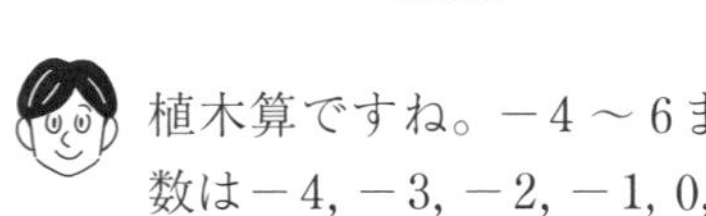

植木算ですね。-4 〜 6までの整数は$-4, -3, -2, -1, 0, 1, 2, 3, 4, 5, 6$の11個。

答えは合っているよ。

でも、絶対値の公式で覚えてほしい公式があるんだ。

覚えて！

絶対値の重要公式①

①$|x|=3 \Leftrightarrow x=\pm 3$

②$|x|<3 \Leftrightarrow -3<x<3$

③$|x|>3 \Leftrightarrow x<-3,\ 3<x$

ここが数字のみになっている（文字が入っていない）方程式・不等式は、場合分けをする必要がない！

例 方程式$|2x-1|=3$を解け。

$2x-1=3,\ -3$

$2x=4,\ -2$

$\therefore x=2,\ -1$

例 不等式$|2x-1| \geqq 3$を解け。

$2x-1 \leqq -3,\ 3 \leqq 2x-1$

$2x \leqq -2,\ 4 \leqq 2x$

$\therefore x \leqq -1,\ 2 \leqq x$

うわー。一瞬にして終わる！楽ですね。

これを使って最初の問題を解いてみるとどうなるかというと……。

ピカイチ解答

(ア)の解答

$|x-1| \leqq 5$

$-5 \leqq x-1 \leqq 5$

$\therefore -4 \leqq x \leqq 6$

これを満たす整数は

$6-(-4)+1=$ 11個

たった2行で不等式が解けちゃった！

後半の問題も、a っていう文字があるけれども、同じようにやっていこうっと。

(イ)の解答

$|x-a-1| \leqq 2a$

$-2a \leqq x-a-1 \leqq 2a$

$-a+1 \leqq x \leqq 3a+1$

これを満たす整数 x が17個あるので、

分配法則

$(3a+1)-(-a+1)+1=17$

$3a+1+a-1+1=17$

$4a=16$

$\therefore a=4$

簡単にできるんですね。

そうだね。あともう1つ絶対値に関する公式があるんだけれども……。

$\sqrt{3^2}$ っていくつ？

$3^2=9$ だから $\sqrt{3^2}=\sqrt{9}=3$。3です！

正解！　じゃあ $\sqrt{(-3)^2}$ っていくつ？

$(-3)^2=9$ だから、$\sqrt{(-3)^2}=\sqrt{9}=3$。これも3です！

よし、正解！

じゃあ、$\sqrt{a^2}$ は？

$\sqrt{a^2}=a$ でいいんですよね？

ハイ、ブー！　不正解。

$\sqrt{3^2}=3$ で中身そのまま。

$\sqrt{(-3)^2}=3$ は符号を逆にしてるよ。

ということは、絶対値のはずし方と一緒ってことですか？

そう。だから $\sqrt{a^2}$ は a ではなく、

$\sqrt{a^2}=|a|$ と覚えよう！

> **絶対値の重要公式②**　覚えて！
>
> $\sqrt{a^2}=|a|$

例　$\sqrt{x^2-6x+9}$ を簡単にせよ。

$\sqrt{x^2-6x+9}=\sqrt{(x-3)^2}$

$=|x-3|$

$=\begin{cases} \text{(i)}\ x \geqq 3 \text{ のとき } x-3 \\ \text{(ii)}\ x<3 \text{ のとき } -(x-3) \end{cases}$

POINT ● 絶対値の重要公式①、重要公式②を覚えて使えるようにしよう！

1から300まで整数の中で、2, 3, 5のいずれかの倍数でもないものは□個ある。

2020 神奈川大

イマイチ解答

集合U, A, B, Cを以下のように定める。

$U=\{x \mid x$は1から300までの整数$\}$

$A=\{x \mid x$は1から300までの2の倍数$\}$

$B=\{x \mid x$は1から300までの3の倍数$\}$

$C=\{x \mid x$は1から300までの5の倍数$\}$

集合Xに対して、$n(X)$で集合Xの要素の個数を表すことにする。

$n(U)=300$

$n(A)=300\div 2=150$

$n(B)=300\div 3=100$

$n(C)=300\div 5=60$

よって1から300までの整数の中で、2, 3, 5のいずれかの倍数でもないものは

$n(U)-n(A\cup B\cup C)$

$=300-150-100-60$

$=-10$ ← !?

先生、やばいよ!! 要素の個数がマイナスになっちゃった（笑）

そうだね。タメ口になるぐらいびっくりなことだよね。

じゃ、まずは集合についてまとめておくよ！

> **集合とは** 覚えて!
>
> 条件のはっきりしたものの集まり

> **集合の書き表し方** 覚えて!
>
> ① $A=\{2, 4, 6, 8, 10\}$
>
> 集合を構成してる1つひとつのものを「要素」という。
>
> ② $A=\{x \mid 1\leqq x\leqq 10$ の偶数$\}$
>
> 要素の代表　xの条件をかく

①と②は、書き表し方は違うけれど、同じ集合を表していることになるよ。

> **集合記号** 覚えて!
>
> 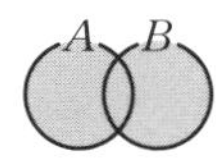
>
> $\overline{A}$ 補集合
>
> A以外のところをさす
>
> 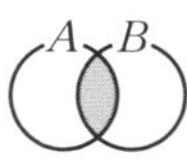
>
> $\underset{\text{ファイ}}{\phi}$ 空集合
>
> 中身空っぽ〜
>
> $A\cup B$（または） 和集合
>
> AとBすべてをさす!!
>
> $A\cap B$（かつ） 積集合
>
> AとBの共通部分!!
>
> 
>
> $B\subset A$ BはAの部分集合
>
> 嵐はジャニーズの部分集合!!
>
> $a\in A$ aはAの要素
>
> 櫻井くんは嵐の要素!!

今回の問題で必要になってくるのは、和集合と積集合に関する公式だよ。

集合の重要公式①　覚えて！

$n(A \cup B) = n(A) + n(B) - n(A \cap B)$

$n(A)$は集合Aの要素の個数を表すよ。

集合の重要公式②　覚えて！

$$\begin{aligned} &n(A \cup B \cup C) \\ =&n(A) + n(B) + n(C) \\ &- n(A \cap B) - n(B \cap C) \\ &- n(C \cap A) + (A \cap B \cap C) \end{aligned}$$

今回使うのは重要公式②だね。あと、今回の問題では使わないんだけれども、**ド・モルガンの法則**も大事だ！

ド・モルガンの法則　覚えて！

① $\overline{A} \cap \overline{B} = \overline{A \cup B}$

② $\overline{A} \cup \overline{B} = \overline{A \cap B}$

集合はこれで完璧です！

ピカイチ解答

集合U, A, B, Cを以下のように定める。

$U = \{x \mid x$は1から300までの整数$\}$

$A = \{x \mid x$は1から300までの2の倍数$\}$

$B = \{x \mid x$は1から300までの3の倍数$\}$

$C = \{x \mid x$は1から300までの5の倍数$\}$

集合Xに対して、$n(X)$で集合Xの要素の個数を表すことにする。

$n(U) = 300$

$n(A) = 300 \div 2 = 150$

$n(B) = 300 \div 3 = 100$

$n(C) = 300 \div 5 = 60$

$n(A \cap B) = 300 \div 6 = 50$

$n(B \cap C) = 300 \div 15 = 20$

$n(C \cap A) = 300 \div 10 = 30$

$n(A \cap B \cap C) = 300 \div 30 = 10$

よって1から300までの整数の中で2, 3, 5のいずれかの倍数でもないものは

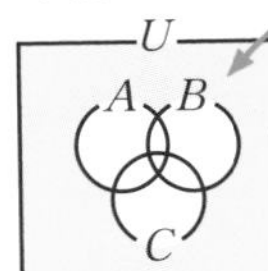

今回求めるのはここ。だから、全体$n(U)$から$n(A \cup B \cup C)$をひく！

$$\begin{aligned} &n(U) - n(A \cup B \cup C) \\ =&n(U) - \{n(A) + n(B) + n(C) \\ &- n(A \cap B) - n(B \cap C) \\ &- n(C \cap A) \\ &+ n(A \cap B \cap C)\} \\ =&300 - (150 + 100 + 60 - 50 - 20 \\ &- 30 + 10) \\ =&300 - 220 = 80 \end{aligned}$$

POINT　● 集合記号、集合の重要公式①、重要公式②を覚えて使えるようにしよう！

整数nに関する命題「$n^2+1=0$ならば$n=-1$」の裏の命題は□である。

2019 芝浦工大

イマイチ解答

逆・裏・対偶の問題ですね。
ちゃんと覚えているかな……。

裏の命題は
「$n=-1$ならば$n^2+1=0$」

う〜ん、残念！　不正解！
それは「裏」ではなくて「逆」だよ。逆の命題と裏の命題は混同する人が多いから、しっかりと整理して覚えておこう！
まずは「命題」の意味は覚えているかな？

> **命題とは**　覚えて！
> 真偽がはっきり言えるもの

例

- 犬は動物である。
  →これは**命題**。はっきり「真」と言えるから。
- 月曜日の次は金曜日である。
  →これは**命題**。はっきり「偽」と言えるから。
- 明日の天気は晴れである。
  →これは**命題ではない**。
  「真」と言えることも「偽」と言えることもあるから。

「命題」＝「真」というのは間違いなんですね。

そうそう。**はっきりと「偽」と言えるものも「命題」になるんだ！**

じゃあ次は「逆・裏・対偶」についてまとめるよ。

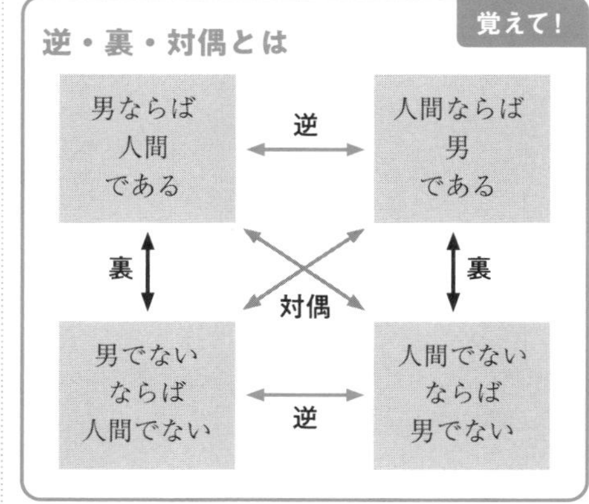

「逆」と「裏」を逆さまにして覚えてしまっていました〜。気を付けようっと。

お〜、まさに逆ね（笑）。
あと、**対偶の関係にある2つの命題は真偽が一致する**ことも覚えておこう！

「男ならば人間である」は真ですね。それの対偶は「人間でないならば男でない」だから……。あ、たしかにこれも真ですね！

ね、そういうこと！
問題の解説に戻ると……。

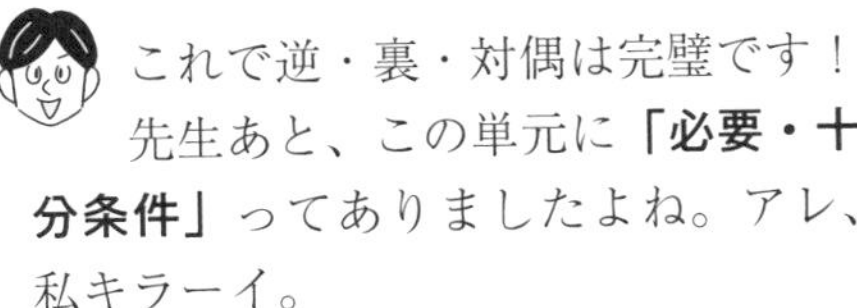

ピカイチ解答

裏の命題は
「$n^2+1 \neq 0$ ならば $n \neq -1$」

これで逆・裏・対偶は完璧です！
先生あと、この単元に**「必要・十分条件」**ってありましたよね。アレ、私キラーーイ。

うん、気持ちはすごくわかるよ（笑）
私大の小問だとそんなに頻度は高くないんだけれども、共通テストや2020年まで実施されていたセンター試験ではほぼ毎年出題されていたものだから、ここでも軽くやっていこう。

> **覚えて！**
>
> **必要十分条件とは**
> p は q であるための［　　　　］。
>
> （i）p $\overset{○}{\underset{×}{\rightleftarrows}}$ q（p：左，q：右）：p は q であるための十分条件であるが必要条件でない
>
> （ii）p $\overset{×}{\underset{○}{\rightleftarrows}}$ q（p：左，q：右）：p は q であるための必要条件であるが十分条件でない
>
> （iii）p $\overset{○}{\underset{○}{\rightleftarrows}}$ q（p：左，q：右）：p は q であるための必要十分条件である
>
> （iv）p $\overset{×}{\underset{×}{\rightleftarrows}}$ q（p：左，q：右）：p は q であるための必要条件でも十分条件でもない

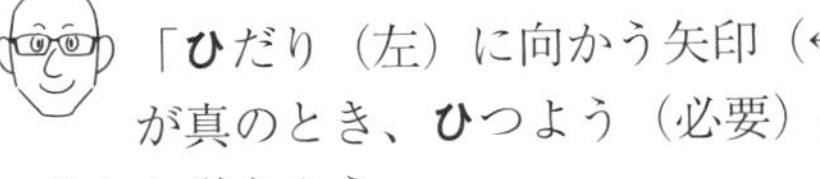

「**ひ**だり（左）に向かう矢印（←）が真のとき、**ひ**つよう（必要）条件」と覚えよう。

例　男は人間であるための□条件

男 $\overset{①}{\underset{②}{\rightleftarrows}}$ 人間

→は「ならば」と読んでいいよ。
「男ならば人間である。」①
この命題は真？　偽？

真ですね。先生は人間ですもんね。

そうだよ、ありがとう（笑）
じゃあ次。
「人間ならば男である。」②
この命題は真？　偽？

偽ですよ。だって女の子もいるもん。

そのとおり！　今回でいう「女の子」のように、**「仮定（人間）は満たすけれども結論（男）を満たさない例」のことを「反例」**というんだ。
そして「反例」が1個でも見つかったらその命題は偽。ってことで……。

男 $\overset{○}{\underset{×}{\rightleftarrows}}$ 人間

よって十分条件

わかりました。これで「集合と命題」はバッチリです。

POINT
- **逆・裏・対偶を正確に覚えよう。**
- **対偶の関係にある2つの命題は、真偽が一致する。**

aを実数の定数とし、xの関数$f(x)=ax^2+4ax+a^2-1$を考える。区間$-4\leqq x\leqq 1$における関数$f(x)$の最大値が5であるとき、定数aの値を求めなさい。

2015 法政大

イマイチ解答

$f(x)=ax^2+4ax+a^2-1$

$=a(x^2+\boxed{4}x)+a^2-1$

aでくくる　半分になる

$=a\{(x+\boxed{2})^2-4\}+a^2-1$

$=a(x+2)^2-4a+a^2-1$

$=a(x+2)^2+a^2-4a-1$

平方完成

頂点$(-2,\ a^2-4a-1)$

定義域が$-4\leqq x\leqq 1$より

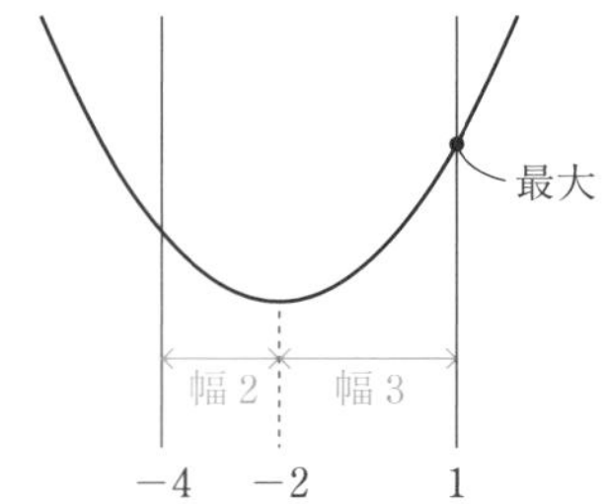

$x=1$で最大値

$f(1)=a+4a+a^2-1$

これが5となるので、

$a^2+5a-1=5$

$a^2+5a-6=0$

$(a+6)(a-1)=0$

$\therefore a=-6,\ 1$

あらら、このグラフは下に凸と決めつけていいのかな？

あ〜、しまったー！
すみません。失敗しました。
勝手に$a>0$（下に凸）と決めつけて解いちゃいました……（涙）

謝らないで！
今後同じようなミスをしないように気をつけてね。**失敗から心構えを学ぶ**んだぞ！

まずは平方完成をおさえよう。
$y=ax^2+bx+c$ を $y=a(x-p)^2+q$ の形に式変形することで、頂点と軸が読み取れるから、グラフをかくことができる！　この式変形を**平方完成**というんだ。

> **覚えて！**
>
> **2次関数$y=a(x-p)^2+q$のグラフ**
>
> $y=ax^2$をx軸方向にp、y軸方向にq平行移動したグラフ
>
> 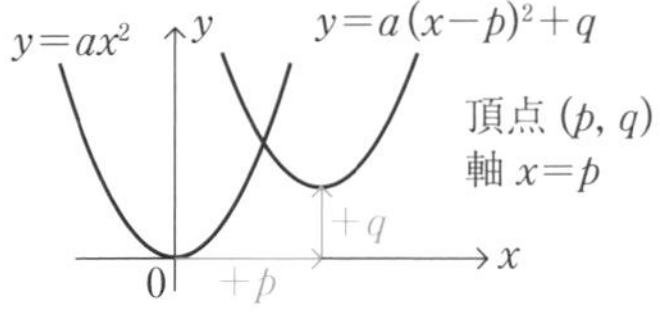
>

例 頂点の座標を求めよ。

(1) $y=x^2\boxed{-4}x+1$

半分になる

$y=(x\boxed{-2})^2-4+1$

$=(x-2)^2-3$

頂点$(2,\ -3)$

(2) $y=2x^2-6x-1$
2でくくる

$$y=2(x^2\boxed{-3}x)-1$$

半分になる

$$=2\left\{\left(x\boxed{-\frac{3}{2}}\right)^2-\frac{9}{4}\right\}-1$$

$$=2\left(x-\frac{3}{2}\right)^2-\frac{9}{2}-\frac{2}{2}$$

$$=2\left(x-\frac{3}{2}\right)^2-\frac{11}{2}$$

<u>頂点$\left(\frac{3}{2},-\frac{11}{2}\right)$</u>

(3) $y=ax^2+bx+c$
aでくくる

$$y=a\left(x^2+\boxed{\frac{b}{a}}x\right)+c$$

半分になる

$$=a\left\{\left(x+\boxed{\frac{b}{2a}}\right)^2-\frac{b^2}{4a^2}\right\}+c$$

$$=a\left(x+\frac{b}{2a}\right)^2-\frac{b^2}{4a}+c$$

$4a$で通分

$$=a\left(x+\frac{b}{2a}\right)^2-\frac{b^2-4ac}{4a}$$

<u>頂点$\left(-\frac{b}{2a},-\frac{b^2-4ac}{4a}\right)$</u>

文字が入っている式だと平方完成は難しいですね。

そうだね。**入試は頻繁に文字が入ってくる**し、平方完成は2次関数において避けては通れない道だから、たくさん練習してマスターしよう。
そして、このあと解の公式を使うからまとめておくね。詳しくは32ページの項目11でまたやるよ。

覚えて！

解の公式①
$ax^2+bx+c=0\ (a\neq 0)$

$$x=\frac{-b\pm\sqrt{b^2-4ac}}{2a}$$

解の公式②
$ax^2+2b'x+c=0\ (a\neq 0)$

$$x=\frac{-b'\pm\sqrt{b'^2-ac}}{a}$$

2次関数の最大値、最小値を求める問題を1問練習しておこう。

例 $y=x^2-6x+2$の$2\leqq x\leqq 4$における最大値、最小値を求めよ。

$$y=x^2\boxed{-6}x+2$$

半分になる　　平方完成

$$=(x\boxed{-3})^2-9+2$$

$$=(x-3)^2-7$$

頂点$(3,-7)$

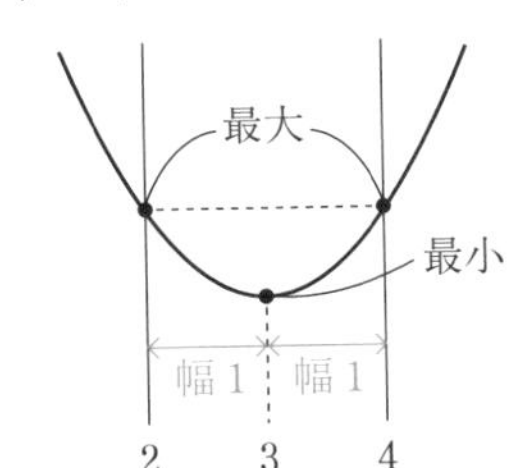

放物線は線対称な図形だから、軸から等距離（今回は幅1）で離れていれば、その高さ（y座標）は一緒になるよ。

<u>$x=2,4$のとき最大値-6</u>　← $y=(x-3)^2-7$に$x=2$代入

<u>$x=3$のとき最小値-7</u>　→ 頂点のy座標

ピカイチ解答

$f(x)=ax^2+4ax+a^2-1$

$=a(x^2+\boxed{4}x)+a^2-1$

aでくくる　半分になる

$=a\{(x+\boxed{2})^2-4\}+a^2-1$

$=a(x+2)^2-4a+a^2-1$

$=a(x+2)^2+a^2-4a-1$

平方完成

頂点$(-2,\ a^2-4a-1)$

ここで、x^2の係数aを（ｉ）$a>0$,（ii）$a<0$,（iii）$a=0$の3通りに場合分けすることが必要なんだ。（ｉ）〜（iii）でグラフの形が変わるから、どこで最大か最小かをきちんと調べよう！

（ｉ）$a>0$のとき

定義域が$-4\leqq x\leqq 1$より

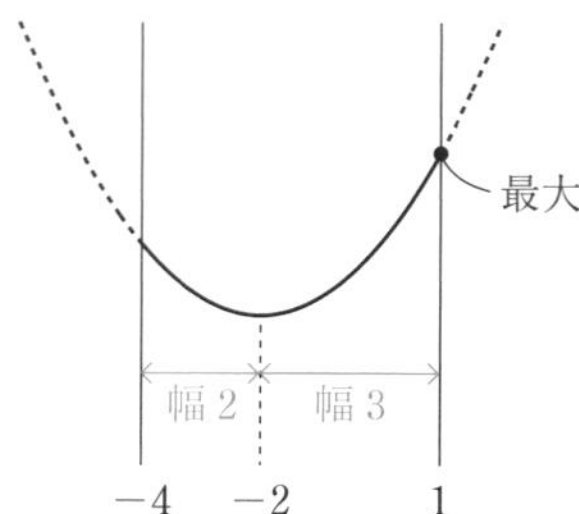

$x=1$で最大値

$f(1)=a+4a+a^2-1$

これが5となるので、

$a^2+5a-1=5$

$a^2+5a-6=0$

$(a+6)(a-1)=0$

$\therefore a=-6,\ 1$

$a>0$より$a=1$

（ii）$a<0$のとき

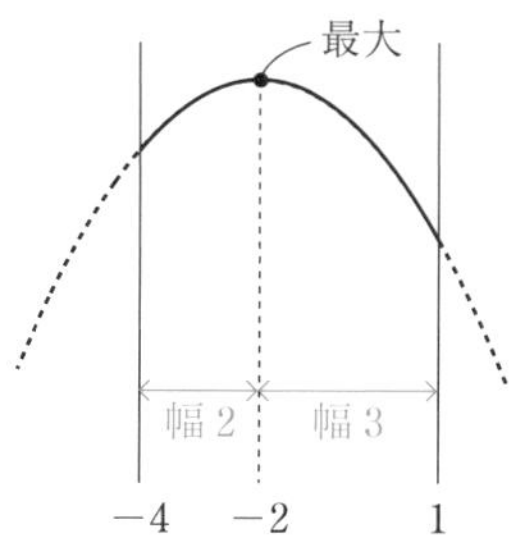

$x=-2$で最大値

$f(-2)=a^2-4a-1$

これが5となるので、

$a^2-4a-1=5$

$a^2\boxed{-4}a-6=0$

$2\times(-2)$

解の公式より、

$$a=\frac{-(-2)\pm\sqrt{(-2)^2-1\cdot(-6)}}{1}$$

$a=2\pm\sqrt{4+6}=2\pm\sqrt{10}$

$a<0$より$a=2-\sqrt{10}$

$\sqrt{10}=3.162\cdots$だから$2-\sqrt{10}$はマイナス！

（iii）$a=0$のとき

$f(x)=-1$で

$f(x)=ax^2+4ax+a^2-1$に$a=0$を代入

最大値は5とならないので不適

（ｉ）〜（iii）より$a=1,\ 2-\sqrt{10}$

放物線が出てきたときは**下に凸か、上に凸か必ずチェックする**ようにします！

そうだね。そしたらここで、3次関数、4次関数のグラフも確認しておこう。

覚えて！

グラフの形

	$a>0$	$a<0$
$y=ax+b$	増加	減少
$y=ax^2+bx+c$	下に凸	上に凸
$y=ax^3+bx^2+cx+d$	Nの形	Nの逆の形
$y=ax^4+bx^3+cx^2+dx+e$	Wの形	Mの形

式を見れば、グラフの形がわかるんですね。

でも、先生、3次関数で
↓こんな形のグラフがありましたよ。

これは上の表の、Nの形・Nの逆の形のどちらでもないですよね。

お、よく知ってるね。ちゃんと勉強してるじゃん！
ただ、そのあたりは数Ⅱの微分のところで説明させてもらうよ。

わかりました〜。

このあとの11（32ページ）と12（34ページ）では不等式を扱うんだけど、**グラフの形**は大活躍だからね。
「グラフを使って不等式を解く」ということをやっていくから、式を見たらグラフの形がすぐにわかるように、しっかり頭に入れておいて！

POINT

- **正確に平方完成して頂点を求められるようにしよう！**
- **$y=ax^2+bx+c$ の a の正負がわからないときは、場合分けしよう！**

9

a, b を定数とし、$a>0$ とする。2次関数 $y=x^2+ax+b$ の $0\leqq x\leqq 1$ の範囲における最小値が8、最大値が15であるならば、$a=$□、$b=$□である。このとき、$-4\leqq x\leqq -1$ の範囲における最小値は□、最大値は□となる。

2019 神奈川工科大

イマイチ解答

これは下に凸のグラフですね。

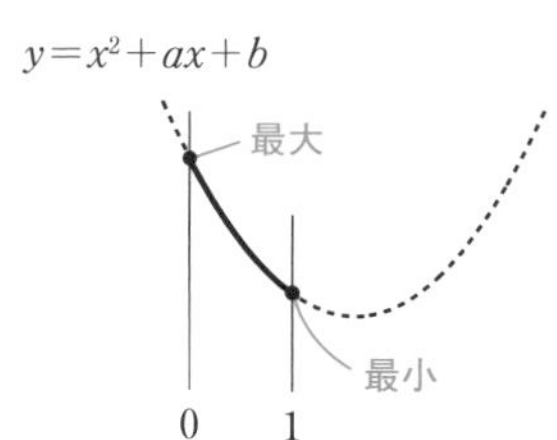

$x=0$ のとき最大値 $b=15$ …①（$y=x^2+ax+b$ に $x=0$ を代入）

$x=1$ のとき最小値

$1+a+b=8$ …②（$y=x^2+ax+b$ に $x=1$ を代入）

①を②に代入して、

$1+a+15=8$

$\therefore a=-8$

よって $a=-8$, $b=15$

ん〜、違うぞ〜。

問題文に $a>0$ って書いてあるのに、-8 が答えになるのはいただけないね……（汗）

たしかに。下に凸は間違ってないはずだけどなあ。どこが間違ってるんだろう。

ピカイチ解答

$y=x^2+ax+b$ ← 下に凸

（a が半分になる）（平方完成）

$=\left(x+\frac{1}{2}a\right)^2-\frac{1}{4}a^2+b$

頂点 $\left(-\frac{1}{2}a,\ -\frac{1}{4}a^2+b\right)$

$a>0$ より頂点の x 座標 $-\frac{1}{2}a<0$

これかぁ！

頂点の x 座標 $-\frac{1}{2}a$ は、マイナスですね。しかも、定義が $0\leqq x\leqq 1$ だからその左側に頂点があるんですね。

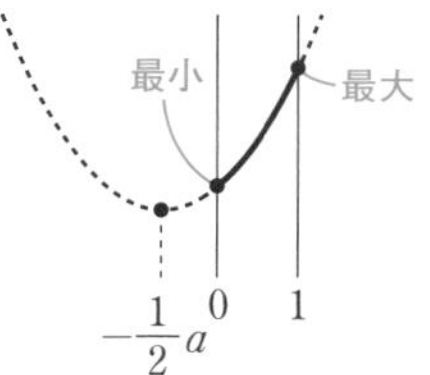

軸 $x=-\frac{1}{2}a$ に近いほう、つまり $x=0$ で最小。そして、遠いほう、つまり $x=1$ で最大となるんだよね。

$0\leqq x\leqq 1$ より

$x=1$ のとき最大値 $1+a+b=15$ …①（$y=x^2+ax+b$ に $x=1$ を代入）

$x=0$ のとき最小値 $b=8$ …②（$y=x^2+ax+b$ に $x=0$ を代入）

②を①に代入して、

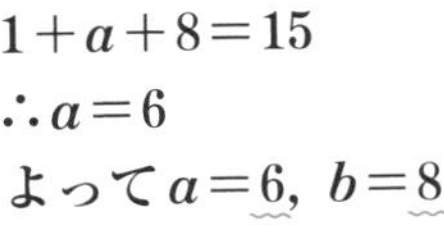

$1+a+8=15$
$\therefore a=6$
よって$a=6$, $b=8$

このとき、

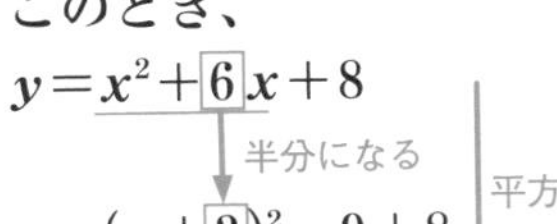

$y=x^2+\boxed{6}x+8$
半分になる　平方完成
$=(x+\boxed{3})^2-9+8$
$=(x+3)^2-1$
頂点$(-3, -1)$

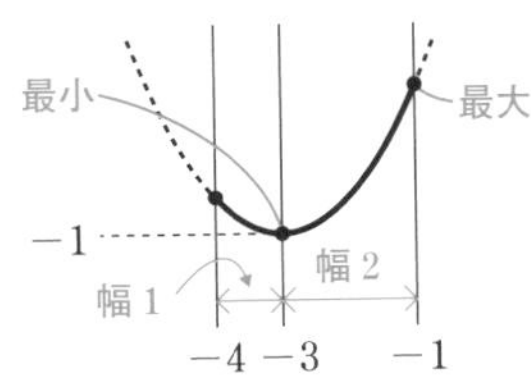

軸$x=-3$から遠いほう、つまり$x=-1$で最大値になる。

$-4\leqq x\leqq -1$のとき
$x=-3$で最小値-1 → 頂点のy座標
$x=-1$で最大値3 → $y=(x+3)^2-1$に$x=-1$を代入

まずは式を見たときに、**下に凸か上に凸か**、ですね

そう。そして**平方完成して頂点を読み取る**。
頂点と定義域の位置関係を調べよう。
そうすると、最大値と最小値が見えてくるよ！

例 2次関数$y=x^2-2mx$のグラフで正しいものを次の中から選べ。ただし、$m>0$とする。

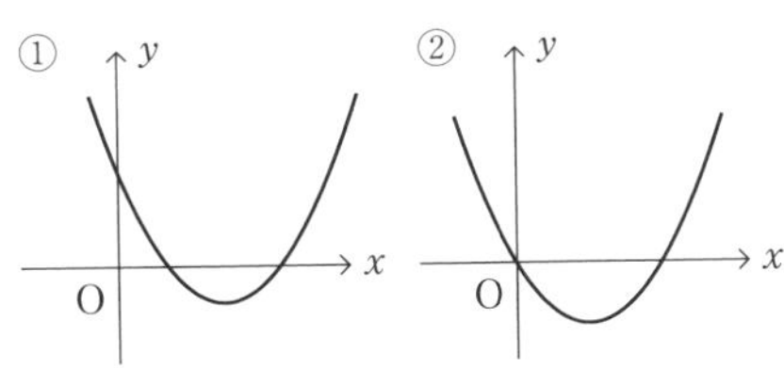

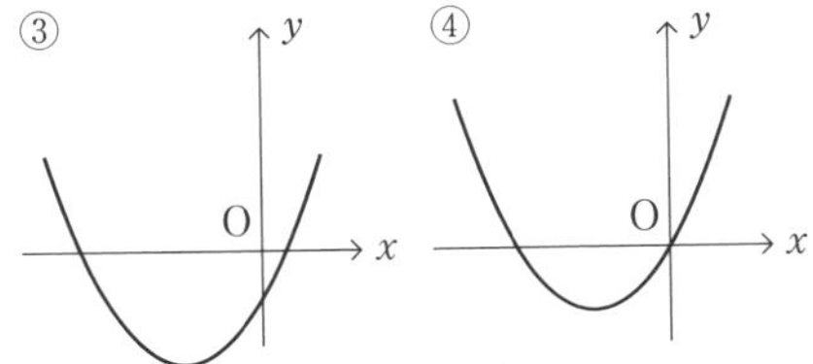

うわ、共通テストの問題みたい。

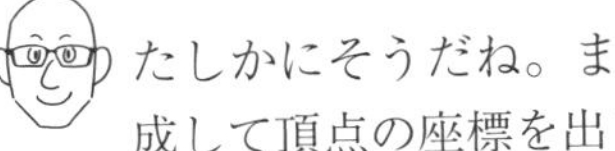

たしかにそうだね。まずは平方完成して頂点の座標を出してみよう。

$y=x^2\boxed{-2m}x$
半分になる
$=(x\boxed{-m})^2-m^2$
頂点$(m, -m^2)$

ここで問題文に$m>0$とあるから、
頂点の座標　$m>0$
頂点のy座標　$-m^2<0$
となるね。そして$x=0$のとき$y=0$で**原点を通る2次関数**になるから答えは②となるんだ。

そうか、文字が入っている2次関数でも頂点の座標の符号（プラス、マイナス）はわかることがあるんですね。

POINT ● **①上に凸か下に凸か調べる→②平方完成する→③頂点と定義域の位置関係から、最大・最小をチェック！**

10

xの2次関数$y=ax^2+bx+c$のグラフが相異なる3点(a, b), (b, c), (c, a)を通るものとする。ただし、$abc \neq 0$とする。このとき、aの値を求めよ。

2015 早稲田大

イマイチ解答

$y=ax^2+bx+c$

この2次関数が(a, b), (b, c), (c, a)を通るので

通る＝代入

$$\begin{cases} b=a\cdot a^2+b\cdot a+c & \leftarrow (a, b)\text{を代入した} \\ c=a\cdot b^2+b\cdot b+c & \leftarrow (b, c)\text{を代入した} \\ a=a\cdot c^2+b\cdot c+c & \leftarrow (c, a)\text{を代入した} \end{cases}$$

つまり

$$\begin{cases} b=a^3+ab+c & \cdots① \\ c=ab^2+b^2+c & \cdots② \\ a=ac^2+bc+c & \cdots③ \end{cases}$$

わからない文字がa, b, cの3つあって、関係式が3本だから、この連立方程式は解けるはずなんだけど……。

先生、どこから手をつければいいかわかりません（泣）。

そうだね。気持ちはよくわかるよ。こういうときは、**同じ数字、同じかたまりに着目**することから始めよう！

例 連立方程式を解きなさい。

$$\begin{cases} 3x+y=-2 & \cdots① \\ 5x+y=1 & \cdots② \end{cases}$$

係数がともに1になっているyに着目！

代入法と加減法の2つの解き方があったよね。

代入法からやってみます。

①より $y=-3x-2 \quad \cdots①'$

②に代入して、

$5x-3x-2=1$

$2x=3$

$\therefore x=\dfrac{3}{2}$

①′に代入して、

$y=-\dfrac{9}{2}-2=-\dfrac{13}{2}$

$\therefore (x, y)=\left(\dfrac{3}{2}, -\dfrac{13}{2}\right)$

いいぞ、いいぞ。じゃあ、加減法もやってみよう。

①－②より

$-2x=-3$

$\therefore x=\dfrac{3}{2}$

①に代入して、

$\dfrac{9}{2}+y=-2$

$y=-2-\dfrac{9}{2}=-\dfrac{13}{2}$

$\therefore (x, y)=\left(\dfrac{3}{2}, -\dfrac{13}{2}\right)$

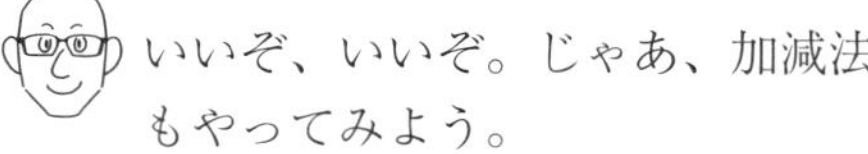

よし、大丈夫だね。そしたら同じように最初の問題も解いていこう！

ピカイチ解答

$y=ax^2+bx+c$
この2次関数が(a, b), (b, c), (c, a)を通るので

通る＝代入

$$\begin{cases} b=a\cdot a^2+b\cdot a+c & \leftarrow (a, b)\text{を代入した} \\ c=a\cdot b^2+b\cdot b+c & \leftarrow (b, c)\text{を代入した} \\ a=a\cdot c^2+b\cdot c+c & \leftarrow (c, a)\text{を代入した} \end{cases}$$

つまり

$$\begin{cases} b=a^3+ab+c & \cdots① \\ c=ab^2+b^2+c & \cdots② \\ a=ac^2+bc+c & \cdots③ \end{cases}$$

両辺に同じもの（c）を発見！

②より
$ab^2+b^2=0$
同じもの（b^2）を発見！
因数分解
$b^2(a+1)=0$
たとえば、$xy=0$ならば$x=0$または$y=0$
$b^2=0$ または $a+1=0$
$\therefore b=0$ または $a+1=0$ $\cdots④$

問題文に書いてある
ここで$abc\neq0$より
$a\neq0$かつ$b\neq0$かつ$c\neq0$

これと④より
$a+1=0$
$\therefore a=-1$

このように**同じ数字やかたまりに着目する**ことで解法が見えてくるんだ。

たしかに！
今回の問題でいうと「両辺に同じものがないかな」の視点で、②の式からcを消去することができたし、「同じものを発見」の視点で、共通因数b^2でくくることができました。

そういうことだ！
そうやって式を整理していくことで、解答に近づいていくんだ。

ちなみに、「連立方程式」とは少し話が違うけど、「同じかたまり」といえばこれもそうだよね。

例 $(x^2+3x+2)(x^2-3x+2)$を展開せよ。

$(x^2+3x+2)(x^2-3x+2)$
同じもの(x^2+2)を発見！
$=\{(x^2+2)+3x\}\{(x^2+2)-3x\}$
$(a+b)(a-b)=a^2-b^2$を用いて展開
$=(x^2+2)^2-(3x)^2$
$=x^4+4x^2+4-9x^2$
$=x^4-5x^2+4$

POINT ● 連立方程式は、「同じ数字」「同じかたまり」に着目する！

11 不等式$\sqrt{9x-18} \leqq \sqrt{-x^2+6x}$を満たす$x$の範囲は□である。

2017 芝浦工大

イマイチ解答

$\sqrt{9x-18} \leqq \sqrt{-x^2+6x}$

$9x-18 \leqq -x^2+6x$ ← 両辺を2乗

$x^2+3x-18 \leqq 0$ ← 左辺を因数分解

$(x+6)(x-3) \leqq 0$

$-6 \leqq x \leqq 3$

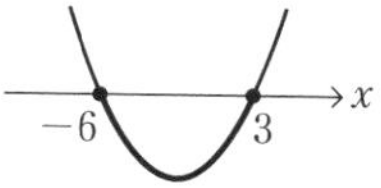

ん～残念。これだと不正解!! $\sqrt{}$が入っている方程式、不等式は細心の注意をはらってほしい。まずは2次方程式、2次不等式の確認からしようか。

はい！　わかりました！

> **解の公式①**　覚えて！
>
> $ax^2+bx+c=0 \ (a \neq 0)$
>
> $x=\dfrac{-b \pm \sqrt{b^2-4ac}}{2a}$
>
> 判別式　$D=b^2-4ac$
>
> **解の公式②**
>
> $ax^2+2b'x+c=0 \ (a \neq 0)$
>
> $x=\dfrac{-b' \pm \sqrt{b'^2-ac}}{a}$
>
> $D/4=b'^2-ac$
>
> $\sqrt{}$の中身b^2-4acのことは判別式（一般的にはDと表す）という。xの係数が偶数のときは解の公式②を使う。

例　次の方程式、不等式を解け。

(1)　$x^2-3x+2=0$

$(x-1)(x-2)=0$ ← 左辺を因数分解

$\therefore x=1, 2$

この解は$y=x^2-3x+2$と$y=0$の交点のx座標になる

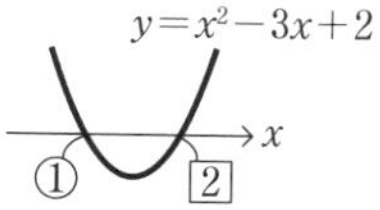

(2)　$x^2-3x+2<0$

$(x-1)(x-2)<0$

$\therefore 1<x<2$

$y=(x-1)(x-2)$が$y=0$（x軸）より下側にある部分のxの値の範囲、という意味

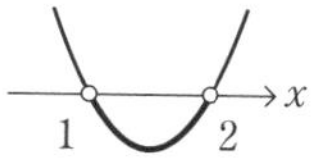

(3)　$x^2+3x+1=0$

解の公式より$x=\dfrac{-3 \pm \sqrt{(-3)^2-4 \cdot 1 \cdot 1}}{2 \cdot 1}$

$x=\dfrac{-3 \pm \sqrt{9-4}}{2}=\dfrac{-3 \pm \sqrt{5}}{2}$

(4)　$x^2+3x+1 \geqq 0$

$y=x^2+3x+1$が$y=0$（x軸）より上側かまたはx軸上にある部分のxの値の範囲

$x \leqq \dfrac{-3-\sqrt{5}}{2}, \ \dfrac{-3+\sqrt{5}}{2} \leqq x$

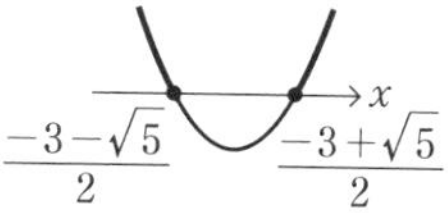

(5)　$x^2-6x+2=0$　（$-6 = 2 \times (-3)$）

この問題は解の公式①でも解けるが、約分が必要になり面倒なので解の公式②を使う

$x=\dfrac{-(-3) \pm \sqrt{(-3)^2-1 \cdot 2}}{1}$

$=\dfrac{3 \pm \sqrt{9-2}}{1}=3 \pm \sqrt{7}$

(6)　$x^2-6x+2<0$

$3-\sqrt{7}<x<3+\sqrt{7}$

$y=x^2-6x+2$が$y=0$（x軸）より下側にある部分のxの値の範囲

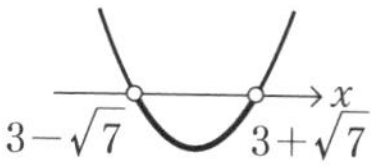

ピカイチ解答

では、今回の$\sqrt{\ }$の入った不等式の問題だけど、**$\sqrt{\ }$の中身は絶対に0以上だったよね**。そこからxの範囲が絞れるんだ！

$\sqrt{9x-18} \leqq \sqrt{-x^2+6x}$ において

$$\begin{cases} 9x-18 \geqq 0 \\ -x^2+6x \geqq 0 \end{cases}$$

$\sqrt{\ }$の中身は0以上

先頭がマイナスになるのは避ける！ 不等号の向きが変わることに注意！

$$\begin{cases} x-2 \geqq 0 \\ x^2-6x \leqq 0 \end{cases}$$

$$\begin{cases} x \geqq 2 \\ x(x-6) \leqq 0 \end{cases}$$

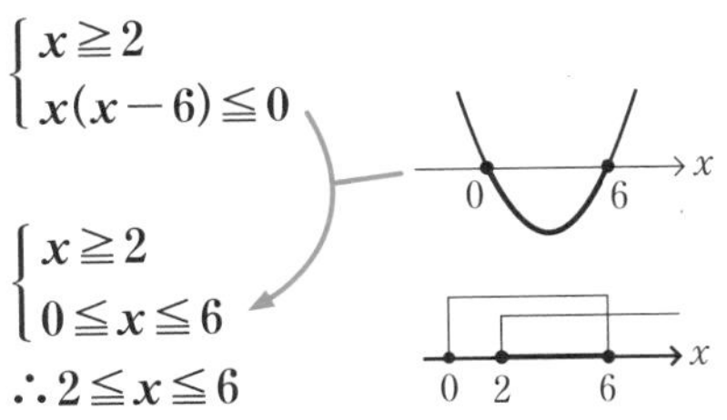

$$\begin{cases} x \geqq 2 \\ 0 \leqq x \leqq 6 \end{cases}$$

$\therefore 2 \leqq x \leqq 6$

与式の両辺を2乗して、

$9x-18 \leqq -x^2+6x$

$x^2+3x-18 \leqq 0$

$(x+6)(x-3) \leqq 0$　左辺を因数分解

$-6 \leqq x \leqq 3$

$2 \leqq x \leqq 6$ と合わせて、$2 \leqq x \leqq 3$

なるほど。$\sqrt{\ }$が入っているときは注意ですね。「**$\sqrt{\ }$の中身は0以上**」って覚えておきます。

そうだね。あとは判別式Dについてもまとめておくよ。

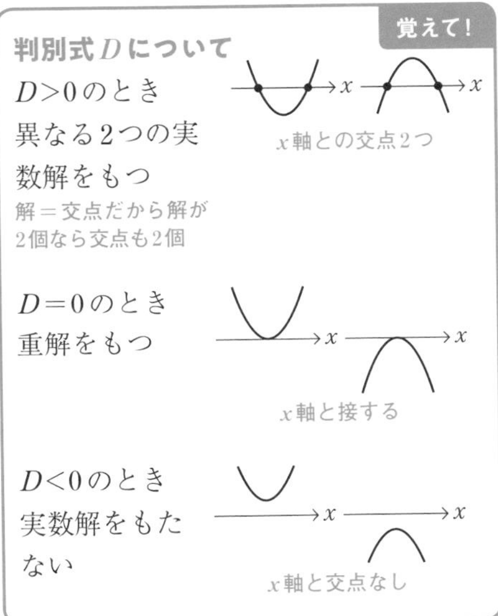

例　$x^2+4kx+4k=0$が実数解をもつときのkの値の範囲を求めよ。

$2 \cdot 2k$ →偶数なので$D/4$を使う

$x^2+4kx+4k=0$の判別式をDとすると、実数解をもつとき、

$D/4=(2k)^2-1 \cdot 4k \geqq 0$

$4k^2-4k \geqq 0$

$k^2-k \geqq 0$

$k(k-1) \geqq 0$

$\therefore k \leqq 0,\ 1 \leqq k$

問題文が「実数解をもつ」なので、「$D>0$で異なる2つの実数解をもつ」「$D=0$で重解をもつ」を合わせる！

$D/4$だとDより楽ですね。xの係数が偶数のときは$D/4$を使えるようにします！

POINT

- 「解」＝「交点」！
- $\sqrt{\ }$の中身は0以上！

12

$x \neq 7$ とする。このとき、不等式 $-x^2-x+20>\dfrac{140}{7-x}$ を満たす x の値の範囲は、$-\square<x<\square$, $\square<x<\square$ である。

2016 明治大

イマイチ解答

$$-x^2-x+20>\frac{140}{7-x}$$

両辺に×$(7-x)$

$$(-x^2-x+20)(7-x)>140$$

展開

$$-7x^2+x^3-7x+x^2+\cancel{140}-20x>\cancel{140}$$

$$x^3-6x^2-27x>0$$

x でくくる（因数分解）

$$x(x^2-6x-27)>0$$

因数分解

$$x(x-9)(x+3)>0$$

$$\therefore -3<x<0,\ 9<x$$

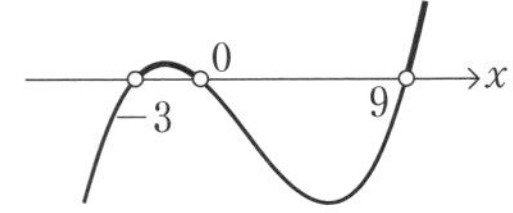

お！　3次不等式は上手に解けたね。

でも、答えが問題の空欄の形と合わないなぁ……。

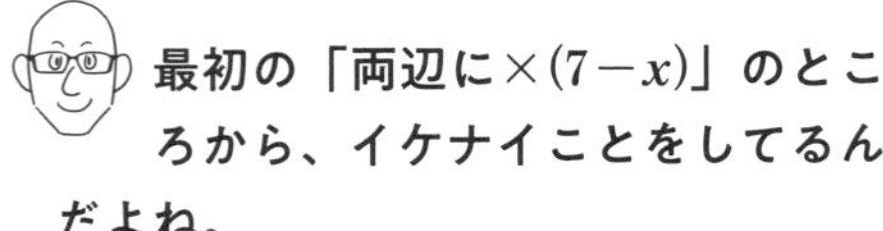

最初の「両辺に×$(7-x)$」のところから、イケナイことをしてるんだよね。

この問題は不等式だから、両辺に＋をかけたら不等号の向きはそのままでいいけど、**－をかけたら向きを変えなきゃいけない**わけだ。だから……

場合分け！

例 $\dfrac{2}{x}>3$ を解け。

その1　場合分け

（i）$x>0$ のとき

$2>3x$　向きはそのままでOK！

$x<\dfrac{2}{3}$

$x>0$ と合わせて $0<x<\dfrac{2}{3}$

これを忘れないで！

（ii）$x<0$ のとき

$2<3x$　向きが逆になる！

$x>\dfrac{2}{3}$

共通部分がない!!

$x<0$ より不適

これを忘れないで！

（i）（ii）より $0<x<\dfrac{3}{2}$

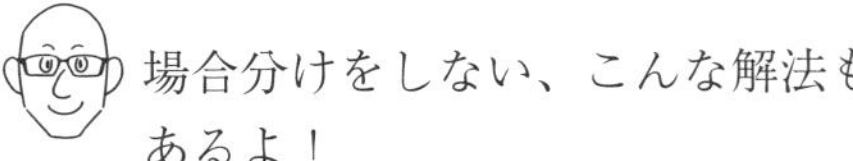

場合分けをしない、こんな解法もあるよ！

その2　両辺に×(分母)^2

両辺に x^2 をかける

$2x>3x^2$　x^2 は0以上の数だから、向きはそのままでOK！

$3x^2-2x<0$

x でくくる（因数分解）

$x(3x-2)<0$

$\therefore 0<x<\dfrac{2}{3}$

その2の解法が楽に感じるなあ。

ピカイチ解答

その1　場合分け

（ⅰ）$7-x>0$ すなわち $x<7$ のとき

向きはそのままでOK！

$(-x^2-x+20)(7-x)>140$

展開

$-7x^2+x^3-7x+x^2+140-20x>140$

$x^3-6x^2-27x>0$

$x(x^2-6x-27)>0$

xでくくる（因数分解）

$x(x-9)(x+3)>0$

因数分解

$x<7$ より

$-3<x<0$

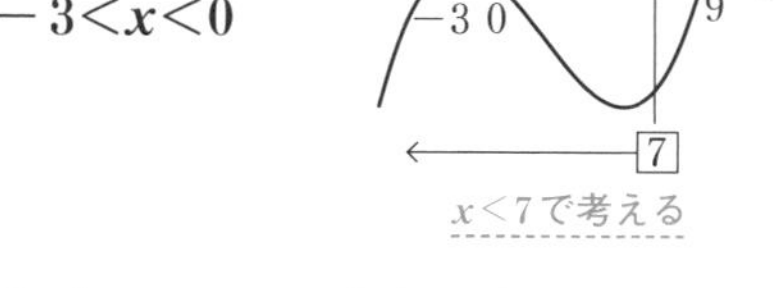

$x<7$で考える

（ⅱ）$7-x<0$ すなわち $x>7$ のとき

向きが逆になる！

$(-x^2-x+20)(7-x)<140$

※＞を＜に変えればいいだけなので、途中は上記参照。

$x(x-9)(x+3)<0$

$x>7$ より

$7<x<9$

$x>7$で考える

（ⅰ）（ⅱ）より $-3<x<0,\ 7<x<9$

「その1　場合分け」で解くとこんなかんじ。じゃあ、「その2　両辺に×(分母)²」バージョンも見てみよう！

その2　両辺に $\times(7-x)^2$

両辺に $(7-x)^2$ をかける

向きはそのままでOK！

$(-x^2-x+20)(7-x)^2>140(7-x)$

$(-x^2-x+20)(7-x)^2-140(7-x)>0$

$7-x$でくくる（因数分解）

$(7-x)\{(-x^2-x+20)(7-x)-140\}>0$

$(7-x)(-7x^2+x^3-7x+x^2+140-20x-140)>0$

$(7-x)(x^3-6x^2-27x)>0$

xでくくる（因数分解）

$(7-x)x(x^2-6x-27)>0$

因数分解

$(7-x)x(x-9)(x+3)>0$

×(−1) をかける（x^4の係数をプラスにしたいから）

$x(x-7)(x-9)(x+3)<0$

$\therefore -3<x<0,\ 7<x<9$

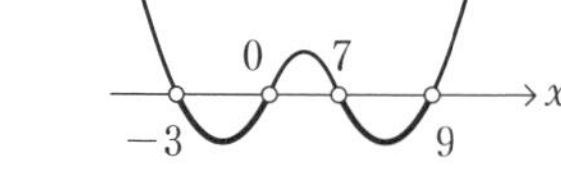

あれ、この問題だとその1のほうが楽に感じます。

その1だと3次不等式だけど、その2だと4次不等式が出てくるからね。どちらでも対応できるように丁寧に練習しておいてほしいな。
入試問題って文字がいっぱい入ってきて場合分けが必要になったり、範囲のチェックが必要だったりして結構大変でしょ。そのときに一番大切なことは、**グラフをかいて考えるんだ**ってこと。最大値、最小値の問題も不等式の問題も正確にグラフをかいて考えていこう！

POINT
● **分数を含む不等式は、その1　場合分け　または、その2　両辺に×(分母)² で考える！**

13 $\sin 10^\circ$, $\sin 20^\circ$, $\sin 50^\circ$, $\sin 100^\circ$, $\sin 150^\circ$ を小さい順に並べると、□<□<□<□<□である。

2020 京都薬科大

イマイチ解答

じゃあここから「図形と計量（三角比）」に入るよ。まず上の問題は、わかるかな？

いきなり結構難しくないですか……？
$10^\circ < 20^\circ < 50^\circ < 100^\circ < 150^\circ$ より、
$\sin 10^\circ < \sin 20^\circ < \sin 50^\circ < \sin 100^\circ < \sin 150^\circ$
……なわけないですよね（汗）

だいぶ忘れてるみたいだね（笑）
大丈夫！　君には伸びしろしかない！
まずは定義をおさらいだ。

三角比の定義　覚えて！

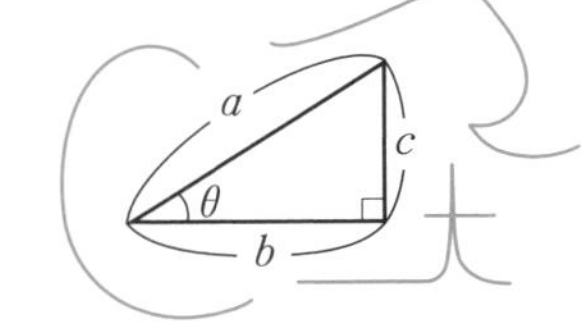

$\sin\theta = \dfrac{c}{a} = \dfrac{高さ}{斜辺}$　「筆記体のs」って覚える！

$\cos\theta = \dfrac{b}{a} = \dfrac{底辺}{斜辺}$　「筆記体のc」って覚える！

$\tan\theta = \dfrac{c}{b} = \dfrac{高さ}{底辺}$　「筆記体のt」って覚える！

じゃあそれを、三角定規にあてはめていこう。

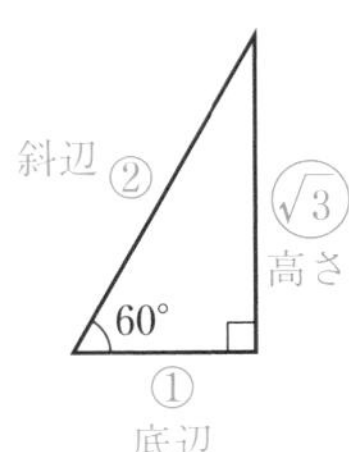

$\sin 60^\circ = \dfrac{\sqrt{3}}{2} = \dfrac{高さ}{斜辺}$

$\cos 60^\circ = \dfrac{1}{2} = \dfrac{底辺}{斜辺}$

$\tan 60^\circ = \sqrt{3} = \dfrac{高さ}{底辺}$

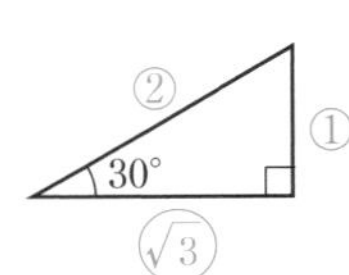

$\sin 30^\circ = \dfrac{1}{2} = \dfrac{高さ}{斜辺}$

$\cos 30^\circ = \dfrac{\sqrt{3}}{2} = \dfrac{底辺}{斜辺}$

$\tan 30^\circ = \dfrac{1}{\sqrt{3}} = \dfrac{高さ}{底辺}$

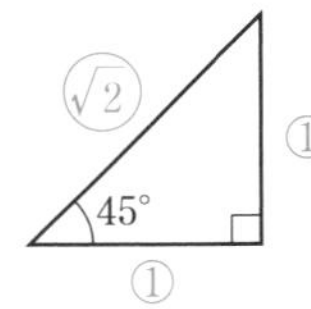

$\sin 45^\circ = \dfrac{1}{\sqrt{2}}\left(=\dfrac{\sqrt{2}}{2}\right) = \dfrac{高さ}{斜辺}$

$\cos 45^\circ = \dfrac{1}{\sqrt{2}}\left(=\dfrac{\sqrt{2}}{2}\right) = \dfrac{底辺}{斜辺}$

$\tan 45^\circ = 1 = \dfrac{高さ}{底辺}$

多分このあたりは大丈夫です。
角度がもっと大きい角になったときの三角比は、どうやって求めるんでしたっけ？

$\sin 120^\circ$ と $\cos 150^\circ$ とかそのあたりだよね。大丈夫、しっかり教えるから。
でもその前に、もう1つ大事なことがあるんだ。単位円について！

単位円…中心が原点、半径1の円

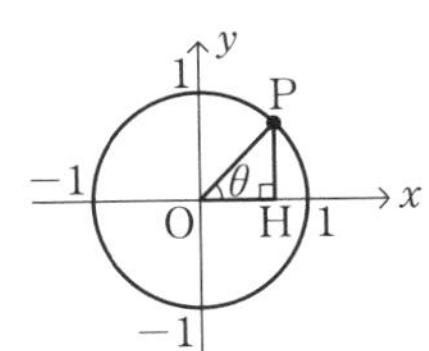

単位円周上の第1象限上に点Pをとる。x軸に垂線PHを下して∠POH＝θとする。そうすると、

$\cos\theta=\dfrac{OH}{OP}=OH$

OHは点Pのx座標になる！

「$\cos\theta$＝x座標」と覚えるんだ。

ってことは、$\sin\theta=\dfrac{PH}{OP}=PH$だから、$\sin\theta$は点Pの$y$座標ですね。

そう、「$\sin\theta$＝y座標」ってこと！　じゃあ、$\tan\theta$はどうなるか、わかる？

……x座標もy座標も出つくしちゃったからなぁ……。

そうだよね。$\tan\theta=\dfrac{PH}{OH}$で、これは直線OPの傾きを表すんだ。つまり「$\tan\theta$＝傾き」ってこと！

覚えて！

三角比のイメージ

$\cos\theta$＝x座標
$\sin\theta$＝y座標
$\tan\theta$＝傾き

これはこの本でもずっと使うし、入試が終わるまで大活躍のキーワードだから、しっかり覚えてね。

じゃあ次、いよいよ鈍角の話だけど、60°のy軸対称が120°になるのはわかるかな？

はい、わかります。60°からy軸のところ（90°の点）まで、30°ぶん動くから、90°＋30°＝120°っていう解釈でいいですか？

そうだね。三角定規のすべての角に当てはめるとこんなかんじ。

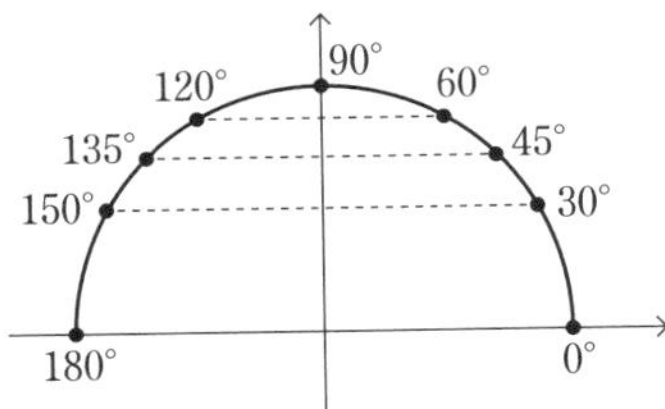

だから、sin 120°の場合、

①sinはy座標のイメージ

②120°のy座標は60°のy座標と一緒

③$\sin 120°=\sin 60°=\dfrac{\sqrt{3}}{2}$

って考えよう。

じゃあcos 150°なら、

①cosはx座標のイメージ

②150°のx座標は30°のx座標のマイナス

③$\cos 150°=-\cos 30°=-\dfrac{\sqrt{3}}{2}$

素晴らしい！　その調子！
じゃあ、tan 135°は？

①tanは直線OPの傾きのイメージ

②135°と原点Oを結ぶ直線の傾きは、

45°と原点Oを結ぶ直線の傾きのマイナス

③$\tan 135° = -\tan 45° = -1$

天才！　いいぞ、いいぞ。ここまで理解できれば、さっきの問題も解けるはず。

じゃあ、sin 100°はsin□と一緒かわかる？

100°のy軸対称は80°だから、sin 100°＝sin 80°です！

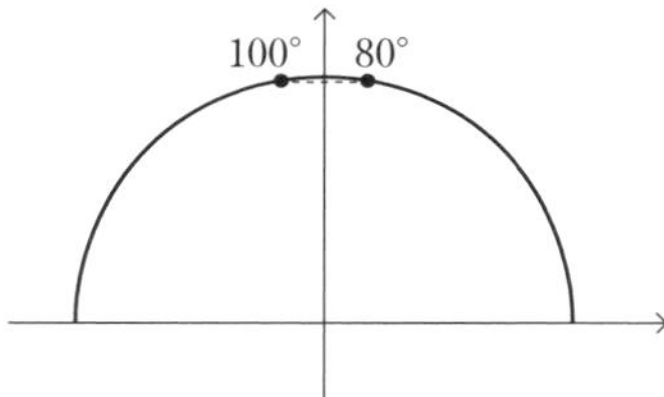

そういうこと！

ん〜なるほど。**角度が大きくなればなるほど、sinの値は大きくなるというわけではない**んですね。

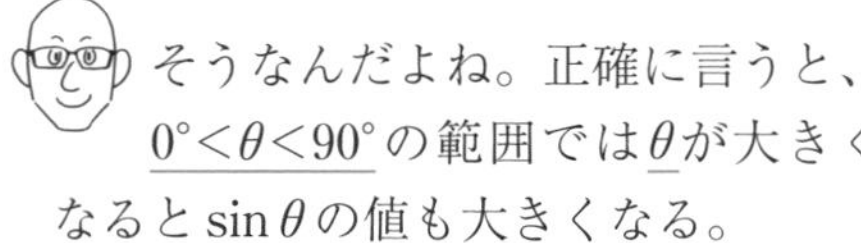

そうなんだよね。正確に言うと、$0° < \theta < 90°$の範囲ではθが大きくなると$\sin\theta$の値も大きくなる。

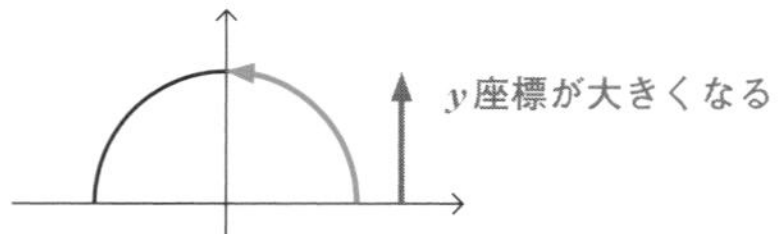

$90° < \theta < 180°$の範囲では、θが大きくなると$\sin\theta$の値は小さくなるよ。

y座標が小さくなる

ピカイチ解答

ということで、解法はこうなるね。

$\sin 100° = \sin(180° - 80°) = \sin 80°$

$\sin 150° = \sin(180° - 30°) = \sin 30°$

$0° < \theta < 90°$の範囲で、θの値が大きくなると、$\sin\theta$の値も大きくなるので、$10° < 20° < 30° < 50° < 80°$より、$\sin 10° < \sin 20° < \sin 30° < \sin 50° < \sin 80°$

$\sin 10° < \sin 20° < \sin 150° < \sin 50° < \sin 100°$

sinはよくわかりました。cosも同じように考えればいいですよね？

そうだね。cosはx座標のイメージ。すると、どうなるかな？

$0° < \theta < 180°$の範囲ではθが大きくなると$\cos\theta$の値は小さくなります。

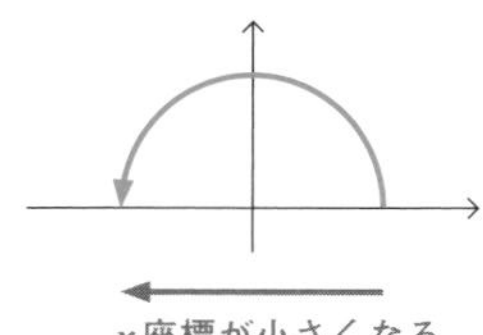

正解！

じゃあ、tanはどうなるかな？　tanは傾きのイメージだから……。

$0° < \theta < 90°$の範囲では、θが大きくなると$\tan\theta$の値も大きくなる！

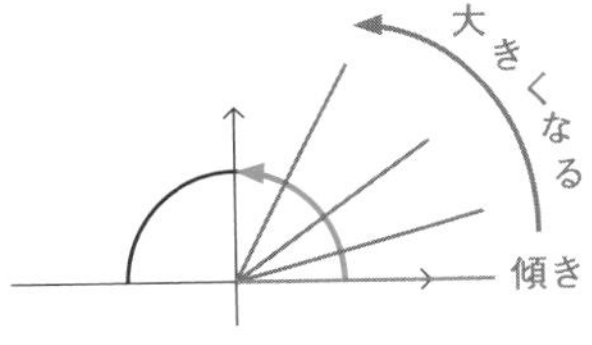

そうだね。$\tan 0° = 0$。そこからどんどんtanの値は大きくなる。無限大まで大きくなるよ。

$\tan 90°$の値は∞ですか？

いや、$\tan 90°$の値は「なし」だよ。

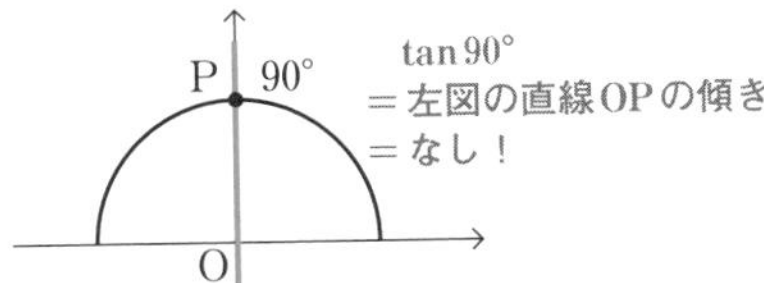

続きも考えてみます。
$90° < \theta < 180°$の範囲では、θが大きくなると$\tan\theta$の値も大きくなる。

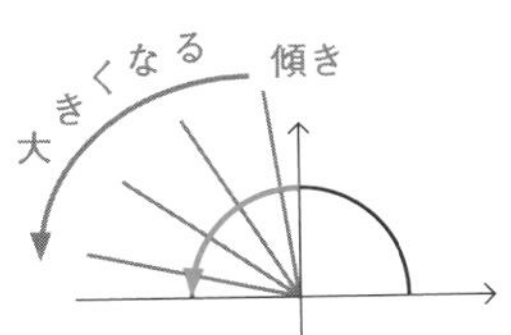

$\tan 90°$の値はなしで、それよりθが増えるとtanはめちゃくちゃ小さい負の値だよ。そこから$\tan 180° = 0$に向かって段々大きくなるよ。

tanはなかなか難しいですね。

そうだね。でも、このあたりは三角比の方程式や不等式を解くときにも使う大事なところだから、しっかり理解しておいてほしいんだ。何度も復習しておいてね。

わかりました！

POINT ● 三角比の定義、三角比のイメージを覚えよう！

14 $0^\circ \leqq \theta \leqq 180^\circ$ において、$\sin\theta + \cos\theta = \dfrac{1}{3}$ のとき、$\sin\theta - \cos\theta$ の値を求めよ。

2020 広島工業大

イマイチ解答

$\sin\theta + \cos\theta = \dfrac{1}{3}$

両辺を2乗して、

$\sin^2\theta + 2\sin\theta\cos\theta + \cos^2\theta = \dfrac{1}{9}$

$1 + 2\sin\theta\cos\theta = \dfrac{1}{9}$

相互関係
$\sin^2\theta + \cos^2\theta = 1$

$2\sin\theta\cos\theta = -\dfrac{8}{9}$

$\therefore \sin\theta\cos\theta = -\dfrac{4}{9}$

$(\sin\theta - \cos\theta)^2$

$= \sin^2\theta - 2\sin\theta\cos\theta + \cos^2\theta$

$= 1 - 2\left(-\dfrac{4}{9}\right)$

$= 1 + \dfrac{8}{9}$

$= \dfrac{17}{9}$

$\therefore \sin\theta - \cos\theta = \pm\dfrac{\sqrt{17}}{3}$

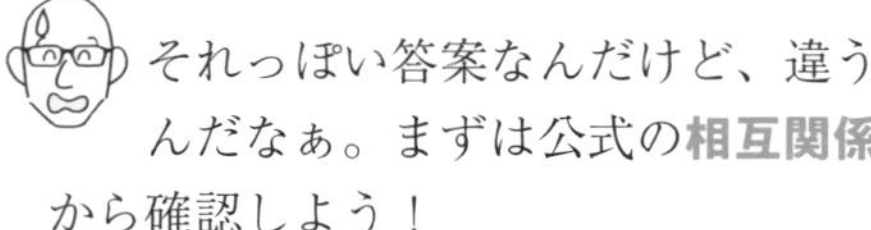

それっぽい答案なんだけど、違うんだなぁ。まずは公式の**相互関係**から確認しよう！

覚えて！

相互関係

①$\tan\theta = \dfrac{\sin\theta}{\cos\theta}$

②$\sin^2\theta + \cos^2\theta = 1$

③$\tan^2\theta + 1 = \dfrac{1}{\cos^2\theta}$

あと、sin, cos, tanのプラス、マイナスについて確認するよ。

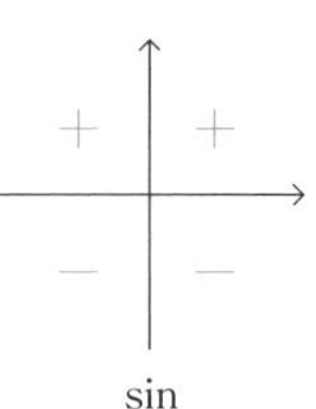

sin

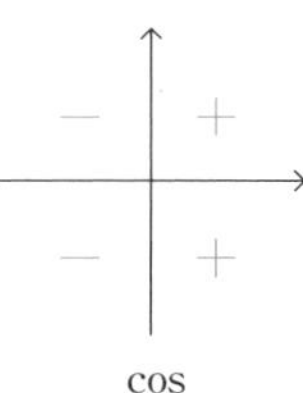

cos

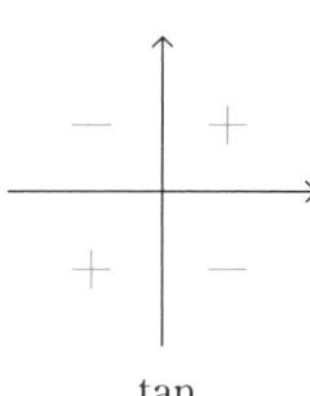

tan

sinはy座標のイメージだから、第1、2象限が＋（プラス）。
cosはx座標のイメージだから、第1、4象限が＋（プラス）。
tanは傾きのイメージだから、第1、3象限が＋（プラス）。
ってことですね！

ピカイチ解答

$\sin\theta+\cos\theta=\frac{1}{3}$

両辺を2乗して、

$\sin^2\theta+2\sin\theta\cos\theta+\cos^2\theta=\frac{1}{9}$

$1+2\sin\theta\cos\theta=\frac{1}{9}$　相互関係 $\sin^2\theta+\cos^2\theta=1$

$2\sin\theta\cos\theta=-\frac{8}{9}$

$\therefore\sin\theta\cos\theta=-\frac{4}{9}$

$(\sin\theta-\cos\theta)^2$

$=\sin^2\theta-2\sin\theta\cos\theta+\cos^2\theta$

$=1-2\left(-\frac{4}{9}\right)$　相互関係 $\sin^2\theta+\cos^2\theta=1$

$=1+\frac{8}{9}$

$=\frac{17}{9}$

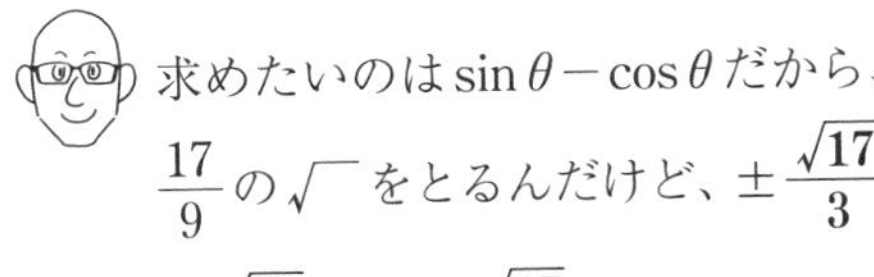

求めたいのは $\sin\theta-\cos\theta$ だから、$\frac{17}{9}$ の $\sqrt{\ }$ をとるんだけど、$\pm\frac{\sqrt{17}}{3}$ か、$+\frac{\sqrt{17}}{3}$ か、$-\frac{\sqrt{17}}{3}$ **かを考えなくてはいけない**んだ。

そのために、問題文の $0°\leqq\theta\leqq180°$ と $\sin\theta\cos\theta=-\frac{4}{9}$、つまり **$\sin\theta$ と $\cos\theta$ の積が負になった**ってことを使って考えよう。

第1象限だと sin も cos もプラスになるから、プラス同士をかけて $-\frac{4}{9}$ になるってておかしいですよね？

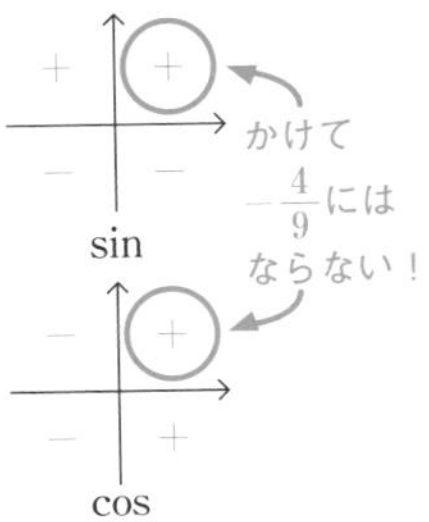

よく気づいたね！

だから今回の θ は第2象限で sin はプラス、cos はマイナスってことになるわけだ。

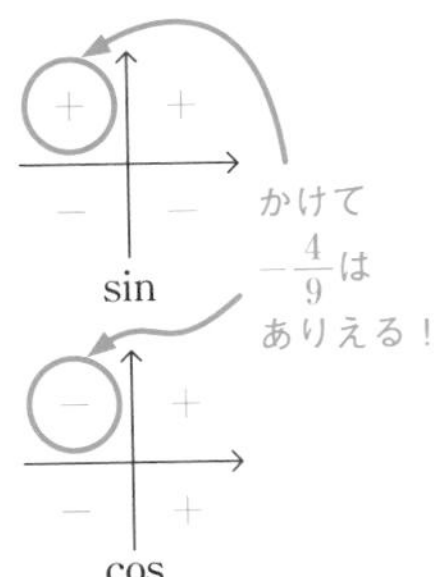

ここで、$0°\leqq\theta\leqq180°$ と

$\sin\theta\cos\theta<0$ より θ は第2象限の角なので、

$\sin\theta>0,\ \cos\theta<0$

よって $\sin\theta-\cos\theta>0$

$\therefore\sin\theta-\cos\theta=\frac{\sqrt{17}}{3}$

sin、cos の性質からプラス、マイナスを判定するのはおもしろいですね！

POINT

- **相互関係を覚えよう！**
- **三角比のプラスとマイナスを理解しよう！**

15

AB＝3，BC＝2，CA＝$\sqrt{5}$ である△ABCにおいて、頂点Cから辺ABへ垂線CHを下す。このとき、AH＝$\dfrac{\square}{\square}$ であり、$\dfrac{1}{\tan A}+\dfrac{1}{\tan B}$ の値は $\dfrac{\square\sqrt{\square}}{\square}$ である。

2017 東邦大

イマイチ解答

図形だ。正弦定理、余弦定理、覚えてるかなあ……。やってみまーす。

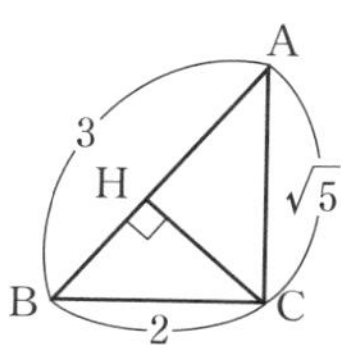

余弦定理より

$$\cos A=\frac{9+5-4}{2\cdot 3\cdot \sqrt{5}}$$

$$=\frac{\cancel{10}\,5}{\cancel{2}\cdot 3\sqrt{5}}\cdot\frac{\sqrt{5}}{\sqrt{5}}$$ ← 分母と分子に $\sqrt{5}$ をかけて有理化

$$=\frac{\sqrt{5}}{3}$$

△ACHにおいて三角比の定義より

$$\cos A=\frac{\mathrm{AH}}{\mathrm{CA}}$$

$$\frac{\sqrt{5}}{3}=\frac{\mathrm{AH}}{\sqrt{5}}$$

$$\therefore \mathrm{AH}=\frac{\sqrt{5}}{3}\times\sqrt{5}=\frac{5}{3}$$

余弦定理を使ったかあ……（汗）。答えは合ってるけどね……。ここで、三角比の定義をもう1回確認しておこう。式を少し変形して応用させていくよ。

三角比の定義からの応用

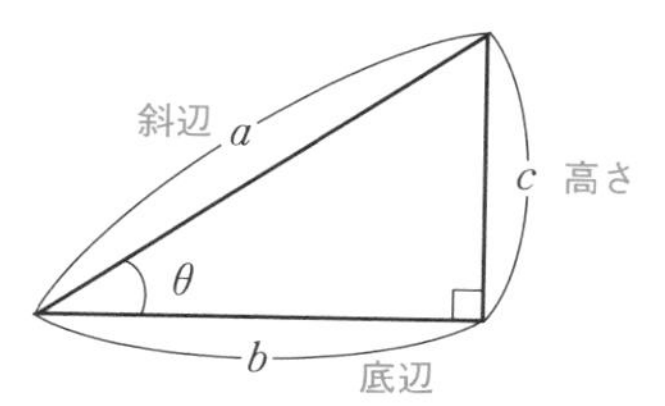

$\sin\theta=\dfrac{c}{a} \rightarrow a\sin\theta=c$

「斜辺×sin＝高さ」と覚える！

$\cos\theta=\dfrac{b}{a} \rightarrow a\cos\theta=b$

「斜辺×cos＝底辺」と覚える！

$\tan\theta=\dfrac{c}{b} \rightarrow b\tan\theta=c$

「底辺×tan＝高さ」と覚える！

今回は、**「斜辺×sin＝高さ」「斜辺×cos＝底辺」「底辺×tan＝高さ」**の部分を使って解いていくといいよ！

ピカイチ解答

AB＝3, BC＝2, CA＝$\sqrt{5}$ は三平方の定理が成り立つので、ABが斜辺、C＝90°の直角三角形である。

作図をしながら、これに気づけるようになりたいね。

そうすると、余弦定理は使わなくて済むんですね。

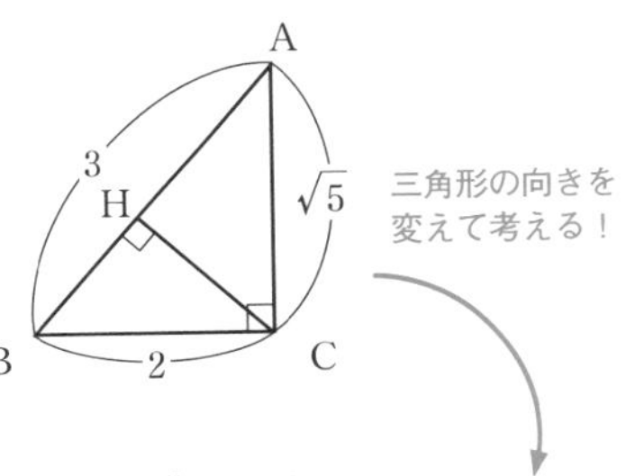

△ABCにおいて、三角比の定義より

$$\cos A = \frac{\sqrt{5}}{3}$$

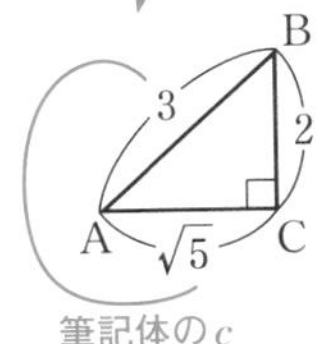

$$AH = AC \times \cos A$$

底辺＝斜辺×cos

$$= \sqrt{5} \times \frac{\sqrt{5}}{3}$$

$$= \frac{5}{3}$$

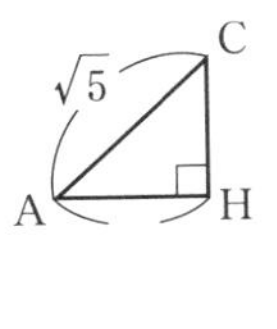

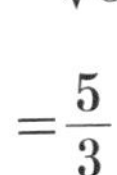

次に、$\frac{1}{\tan A} + \frac{1}{\tan B}$ の値を求めるために$\tan A$と$\tan B$の値を出そう。

△ABCにおいて三角比の定義より

$$\tan A = \frac{2}{\sqrt{5}}$$

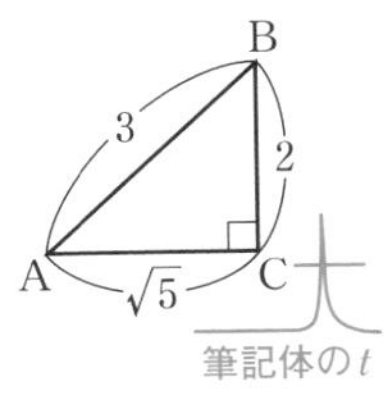

$$\tan B = \frac{\sqrt{5}}{2}$$

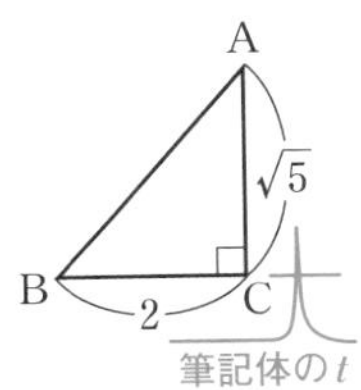

$$\frac{1}{\tan A} + \frac{1}{\tan B}$$

$$= \frac{\sqrt{5}}{2} + \frac{2}{\sqrt{5}}$$

$$= \frac{5+4}{2\sqrt{5}} \cdot \frac{\sqrt{5}}{\sqrt{5}}$$

← 分母と分子に$\sqrt{5}$をかけて有理化

$$= \frac{9\sqrt{5}}{10}$$

図形の問題なのに余弦定理、正弦定理をまったく使わずに解けちゃうんですね！

そうだね。とくに直角三角形が出てきたときは、今回のように**「三角比の定義が使えるんじゃないかな？」**と思いながらやってほしい！

わかりました〜！

POINT ● 三角比の定義からの応用を覚えて、使いこなそう！

16 周の長さが16の△ABCにおいて、BC＝4とする。CA＝xとおくとき、△ABCが存在するようなxの値の範囲は、□＜x＜□である。

2016 帝京大

イマイチ解答

これは医学部の問題の大問の(1)だよ。ちょっとやってみて。

う、医学部の問題ですか……。

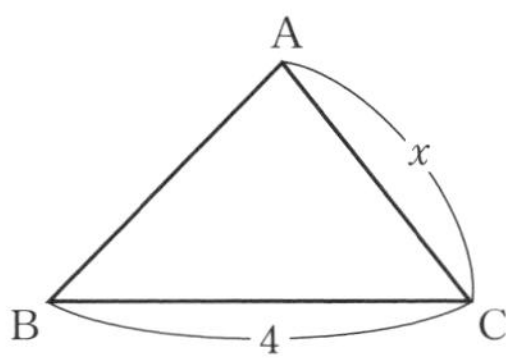

周の長さが16より、

AB＝16－4－x

＝12－x

3辺の長さはすべて正より、

$x>0$かつ$12-x>0$

∴$0<x<12$

じゃあ、たとえば、$x=10$を代入してみて。

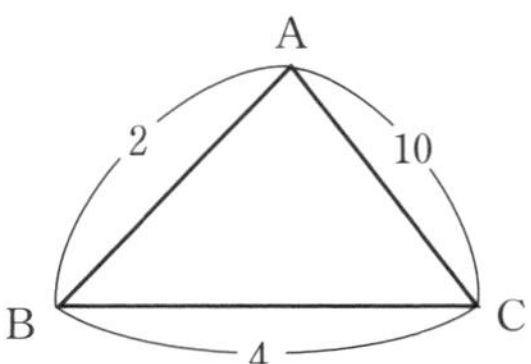

AC＝10でAB＝2ってことになりますね。あれ……？　この図、なんか変だなあ……。

そう、これだと三角形にならないんだよね。

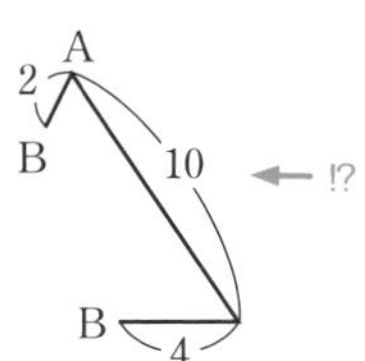

Bが「届かないよ～」って言ってる（笑）

だから、**2辺の和は残りの1辺よりも長くないといけない**のです。

$$\begin{cases} a+b>c \\ b+c>a \\ c+a>b \end{cases} \Leftrightarrow \begin{cases} c<a+b \\ c>a-b \\ c>b-a \end{cases}$$

cについてまとめると、

$a-b<c$または$b-a<c<a+b$

$|a-b|<c<a+b$

三角形の成立条件　覚えて！

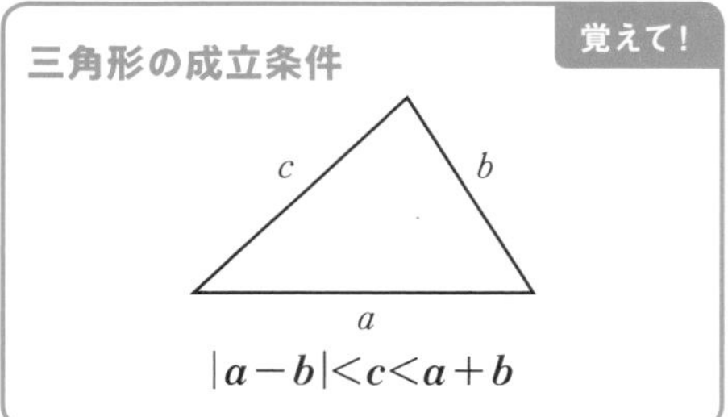

$|a-b|<c<a+b$

ピカイチ解答

この問題の場合は、cはどれですか？　x？　4？　$12-x$？

4でやってみて。やればその理由がわかるよ。

はーい。

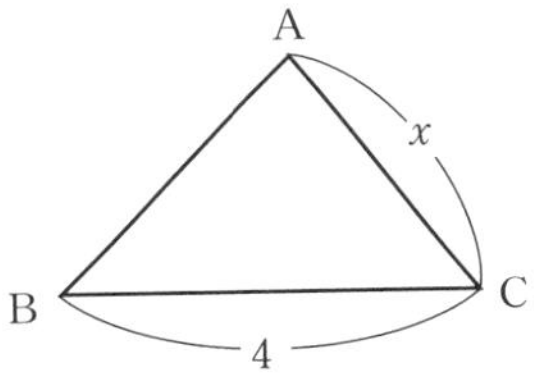

周の長さが16より、
$AB=16-4-x=12-x$

三角形の成立条件より、

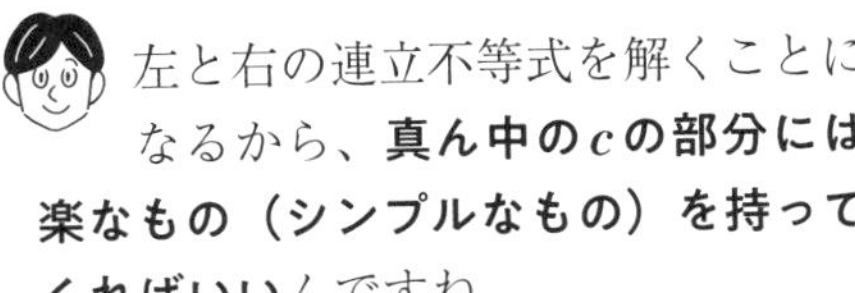

左と右の連立不等式を解くことになるから、**真ん中のcの部分には楽なもの（シンプルなもの）を持ってくればいい**んですね。

そういうこと！　今回、右の不等式$4<12$は自明だから気にしないで。
左の不等式、解けるかな？

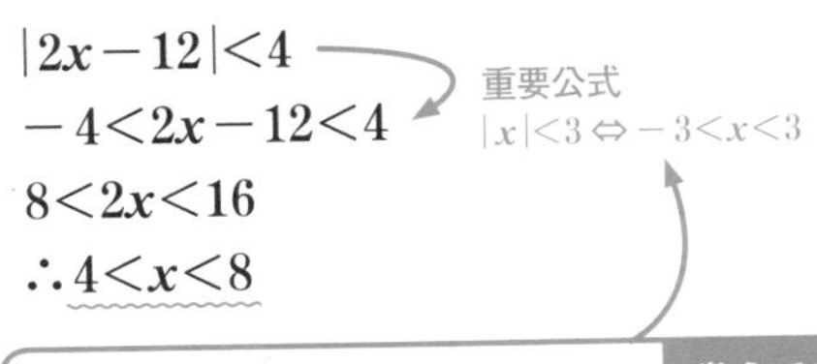

覚えて！

重要公式①

① $|x|=3$ ⇔ $x=\pm 3$
② $|x|<3$ ⇔ $-3<x<3$
③ $|x|>3$ ⇔ $x<-3,\ 3<x$

ここが数字のみになっている（文字が入っていない）方程式・不等式は、場合分けをする必要がない！

三角形の問題で、**辺の長さに文字が入っているときは、「三角形の成立条件」をチェックする**と覚えておいてほしいな。

了解です！

POINT
●**「三角形の辺の長さに文字が入っているとき」は、三角形の成立条件をチェック！**

外接円の半径が5の△ABCにおいて、∠A：∠B：∠C＝2：4：3のとき、辺ABは□$\sqrt{□}$である。

2020 西南学院大

イマイチ解答

よーし、「外接円の半径が5」って書いてあるから、これはさすがに正弦定理でいいですよね。

∠A：∠B：∠C＝2：4：3

三角形の内角の和が180°より、

$$\angle A = 180° \times \frac{2}{9} = 40°$$

$$\angle B = 180° \times \frac{4}{9} = 80°$$

$$\angle C = 180° \times \frac{3}{9} = 60°$$

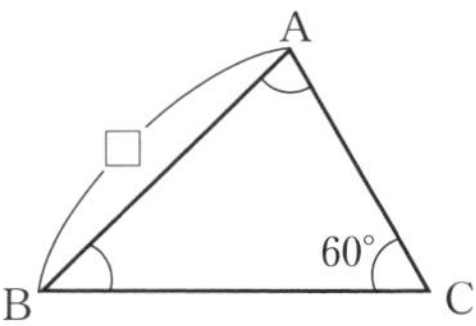

外接円の半径が5なので
正弦定理より、

$$\frac{AB}{\boxed{\sin 60°}} = 5 \qquad \left(\frac{\sqrt{3}}{2}\right)$$

$$AB = 5 \times \frac{\sqrt{3}}{2}$$

$$= \frac{5\sqrt{3}}{2}$$

あー、正弦定理を間違えて覚えてしまってるぞ〜。

覚えて！

正弦定理

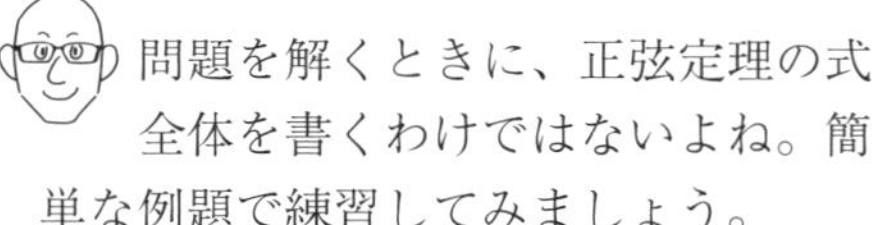

$$\frac{a}{\sin A} = \frac{b}{\sin B} = \frac{c}{\sin C} = 2R$$

R：外接円の半径

Rじゃなくて$2R$だったかあ……！

問題を解くときに、正弦定理の式全体を書くわけではないよね。簡単な例題で練習してみましょう。

例

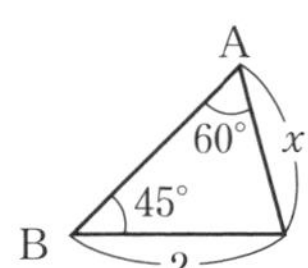

(1) x＝□

(2) △ABCの外接円の半径R＝□

(1) 正弦定理より、

$$\left(\frac{\sqrt{2}}{2}\right)\frac{x}{\boxed{\sin 45°}} = \frac{2}{\boxed{\sin 60°}}\left(\frac{\sqrt{3}}{2}\right)$$

$$x = \frac{\sqrt{2}}{\cancel{2}} \cdot \cancel{2} \cdot \frac{2}{\sqrt{3}}$$

$$= \frac{2\sqrt{2}}{\sqrt{3}} \cdot \frac{\sqrt{3}}{\sqrt{3}}$$

← 分母と分子に$\sqrt{3}$をかけて有理化

$$= \frac{2\sqrt{6}}{3}$$

(2) 正弦定理より、

$$2R=\frac{2}{\boxed{\sin 60^\circ}}\quad \frac{\sqrt{3}}{2}$$

$$R=\frac{1}{2}\cdot 2\cdot\frac{2}{\sqrt{3}}$$

$$=\frac{2}{\sqrt{3}}\cdot\frac{\sqrt{3}}{\sqrt{3}}$$

← 分母と分子に$\sqrt{3}$をかけて有理化

$$=\frac{2\sqrt{3}}{3}$$

正弦定理の各辺すべての逆数をとって、

$$\frac{\sin A}{a}=\frac{\sin B}{b}=\frac{\sin C}{c}=\frac{1}{2R}$$

$\sin A=\dfrac{a}{2R}$, $\sin B=\dfrac{b}{2R}$, $\sin C=\dfrac{c}{2R}$

これはこんな問題のときに使うよ。

例 $a\sin A=b\sin B$が成り立つとき、△ABCはどのような三角形か。

$\sin A=\dfrac{a}{2R}$, $\sin B=\dfrac{b}{2R}$を代入して、

$$a\cdot\frac{a}{2R}=b\cdot\frac{b}{2R}$$

両辺に×$2R$

$$a^2=b^2$$

$a>0$, $b>0$であるから$a=b$

よってBC＝CAの二等辺三角形

ピカイチ解答

∠A：∠B：∠C＝2：4：3

三角形の内角の和が180°より、

$$\angle A=180^\circ\times\frac{2}{9}=40^\circ$$

$$\angle B=180^\circ\times\frac{4}{9}=80^\circ$$

$$\angle C=180^\circ\times\frac{3}{9}=60^\circ$$

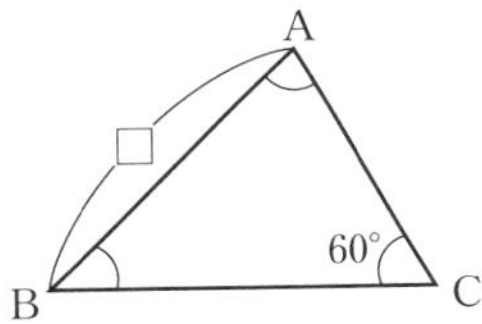

外接円の半径が5なので

正弦定理より、

$$\frac{AB}{\boxed{\sin 60^\circ}}=2\cdot 5\quad \frac{\sqrt{3}}{2}$$

$$AB=10\cdot\frac{\sqrt{3}}{2}$$

$$=5\sqrt{3}$$

よし。正弦定理はこれで大丈夫！もう間違えないようにしまーす。

間違えていいんだよ。間違えたときに**ごまかさずにちゃんと向き合い、同じミスをしないように準備することが大事だ！**

POINT ● **正弦定理とその使い方をマスターしよう！**

18

△ABCにおいて、AB：AC＝1：4，∠A＝120°とし、外接円の半径を$\sqrt{7}$とする。このとき、辺ABの長さを求めよ。

2019 北海学園大・改

イマイチ解答

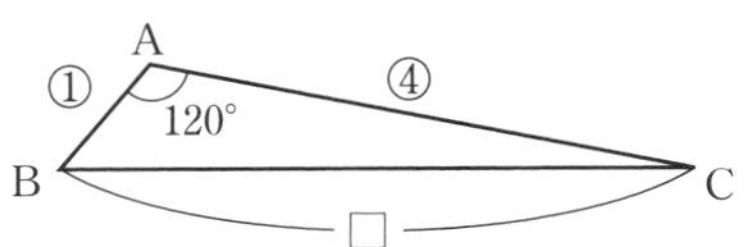

外接円の半径が$\sqrt{7}$なので
正弦定理より、

$$\frac{BC}{\sin 120^\circ} = 2\sqrt{7}$$

（$\sin 120^\circ = \frac{\sqrt{3}}{2}$）

$$BC = 2\sqrt{7} \cdot \frac{\sqrt{3}}{2}$$
$$= \sqrt{21}$$

AB：AC＝1：4より、
AB＝x, AC＝$4x$とおく
余弦定理より、

$$(\sqrt{21})^2 = x^2 + (4x)^2 + 2 \cdot x \cdot 4x \cdot \cos 120^\circ \quad \left(-\frac{1}{2}\right)$$
$$21 = x^2 + 16x^2 - 4x^2$$
$$21 = 13x^2$$
$$x^2 = \frac{21}{13}$$

$x>0$より $x = \dfrac{\sqrt{21}}{\sqrt{13}} \cdot \dfrac{\sqrt{13}}{\sqrt{13}}$ ← 分母と分子に$\sqrt{13}$をかけて有理化

$$= \frac{\sqrt{273}}{13}$$

$$\therefore AB = \frac{\sqrt{273}}{13}$$

正弦定理はいいけど、余弦定理がちょっと違うことしてるなあ。

余弦定理 覚えて！

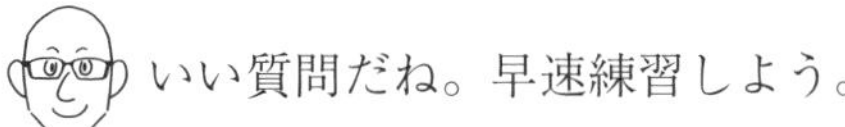

① $a^2 = b^2 + c^2 - 2bc\cos A$

↓ $\cos A$を主役にした式も覚えよう！

② $\cos A = \dfrac{b^2 + c^2 - a^2}{2bc}$

①は$a^2 = b^2 + c^2 \oplus 2bc\cos A$ではなくて、$a^2 = b^2 + c^2 \ominus 2bc\cos A$でしたね。①と②はどうやって使い分けるんですか？

いい質問だね。早速練習しよう。

例

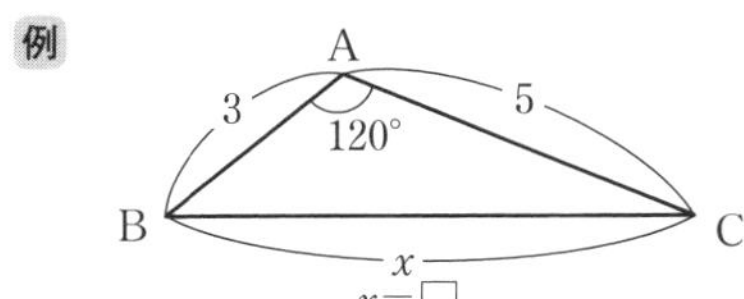

余弦定理より

$$x^2 = 3^2 + 5^2 - 2 \cdot 3 \cdot 5 \cdot \cos 120^\circ \quad \left(-\frac{1}{2}\right)$$
$$= 9 + 25 + 15$$
$$= 49$$

$x>0$より $\underline{x=7}$

例

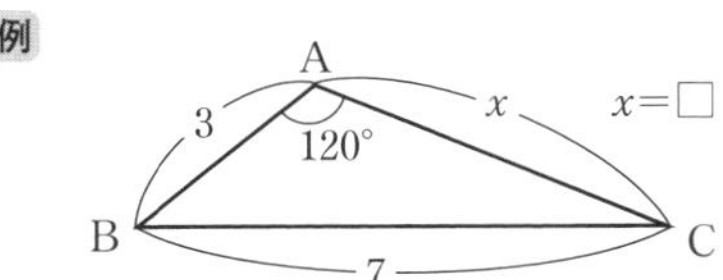

余弦定理より

$7^2 = x^2 + 3^2 - 2 \cdot 3 \cdot x \cdot \boxed{\cos 120^\circ}$ $-\frac{1}{2}$

$49 = x^2 + 9 + 3x$

$x^2 + 3x - 40 = 0$

$(x+8)(x-5) = 0$

$x > 0$ より $\underline{x = 5}$

例

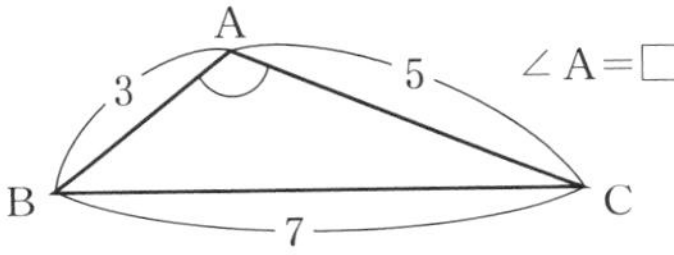

3辺の長さが与えられているときは、余弦定理②を使おう。

余弦定理より

$\cos A = \frac{3^2 + 5^2 - 7^2}{2 \cdot 3 \cdot 5}$

$= \frac{9 + 25 - 49}{2 \cdot 3 \cdot 5}$ 約分できるので積の形をキープしておく！

$= \frac{-15}{2 \cdot 3 \cdot 5}$

$= -\frac{1}{2}$

$\therefore \underline{\angle A = 120^\circ}$

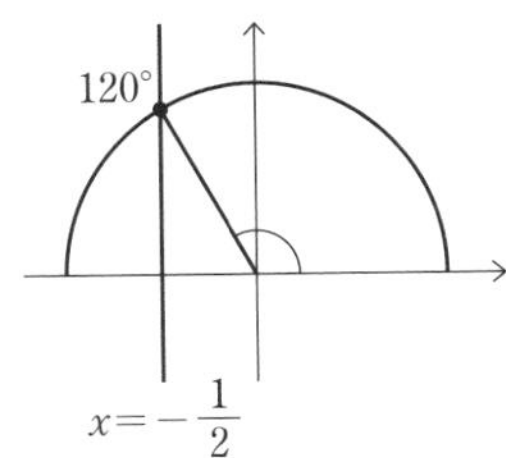

$x = -\frac{1}{2}$

ピカイチ解答

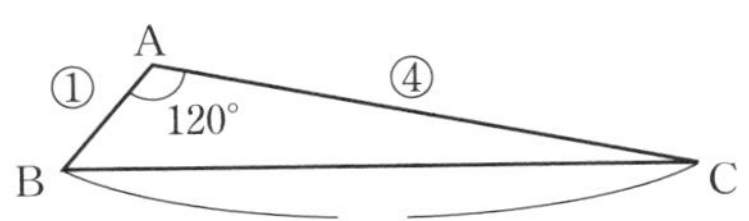

外接円の半径が $\sqrt{7}$ なので
正弦定理より、

$\frac{BC}{\boxed{\sin 120^\circ}} = 2\sqrt{7}$ $\quad \frac{\sqrt{3}}{2}$

$BC = 2\sqrt{7} \cdot \frac{\sqrt{3}}{2}$

$= \sqrt{21}$

AB：AC＝1：4より、
AB＝x, AC＝$4x$ とおく

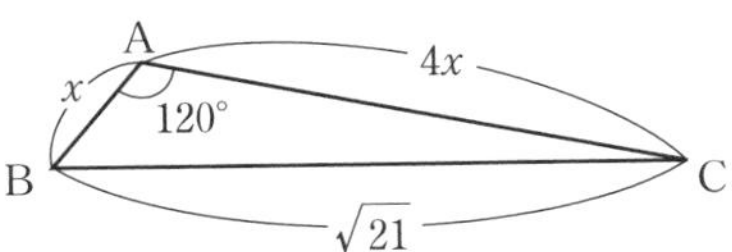

余弦定理より、

$(\sqrt{21})^2 = x^2 + (4x)^2 - 2 \cdot x \cdot 4x \cdot \boxed{\cos 120^\circ}$ $-\frac{1}{2}$

$21 = x^2 + 16x^2 + 4x^2$

$21 = 21x^2$

$x^2 = 1$

$x > 0$ より $x = 1$

$\therefore AB = \underline{1}$

よし、OKだね。今回は入試問題だけでなく、余弦定理を使った左の 例 3問をていねいに練習しておいてね。そしたら、余弦定理は完璧だよ！

POINT ● 余弦定理とその使い方をマスターしよう！

19

AB$=\sqrt{2}$，AC$=5\sqrt{2}$，$\angle$BAC$=60^\circ$となる三角形を考える。BC$=$□であり、△ABCの面積は□である。また、△ABCの内接円の半径は□である。

2020 慶応大

イマイチ解答

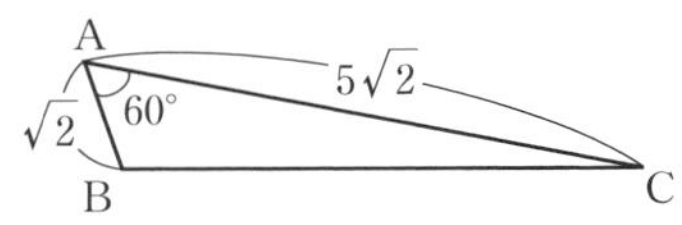

余弦定理より、

$$\mathrm{BC}^2=(\sqrt{2})^2+(5\sqrt{2})^2-2\cdot\sqrt{2}\cdot5\sqrt{2}\cdot\boxed{\cos 60^\circ}\ \tfrac{1}{2}$$
$$=2+50-10$$
$$=42$$

BC>0より、BC$=\sqrt{42}$

△ABCの面積Sは

$$S=\frac{1}{2}\mathrm{AB}\cdot\mathrm{AC}\cdot\boxed{\cos 60^\circ}\ \tfrac{1}{2}$$
$$=\frac{1}{2}\cdot\sqrt{2}\cdot5\sqrt{2}\cdot\frac{1}{2}$$
$$=\frac{5}{2}$$

余弦定理はOK、できるようになったね！　でも、三角形の面積公式が間違ってインプットされてるみたいだね。じゃあ、一気にまとめていくよ！

> **三角形の面積Sの公式**　覚えて！
>
> $$S=\frac{1}{2}ab\sin\theta$$

あぁ～cosじゃなくてsinだったか……！

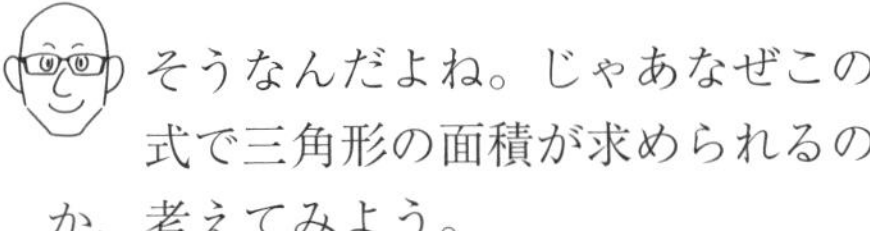

そうなんだよね。じゃあなぜこの式で三角形の面積が求められるのか、考えてみよう。

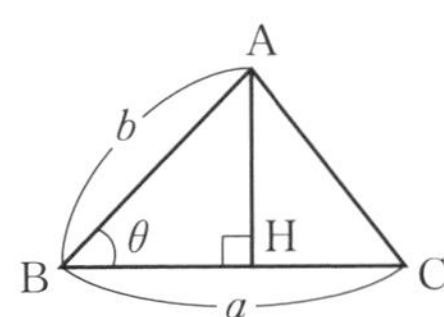

$S=\frac{1}{2}ab\sin\theta$の$b\sin\theta$は直角三角形ABHで斜辺×$\sin\theta$だから、高さ＝AHを表しているよ。

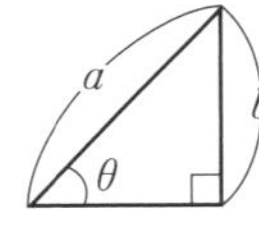

$a\times\sin\theta=b$

斜辺×$\sin\theta$＝高さ

$b\sin\theta$が高さということは、

$S=\frac{1}{2}ab\sin\theta$は底辺×高さ÷2

ってことですね。

そう。それをsinで表しているだけなんだよね。

あともう1つ。内接円の半径だ。

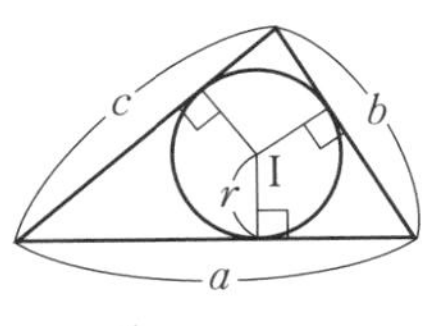

$$S=\frac{1}{2}r(a+b+c)$$

***S*が主役になっているけど、*r*を求めるときにしか使わない公式だよ。**これを導き出せるようにしてかないと応用が効かない。空間図形でも出てくるからね！

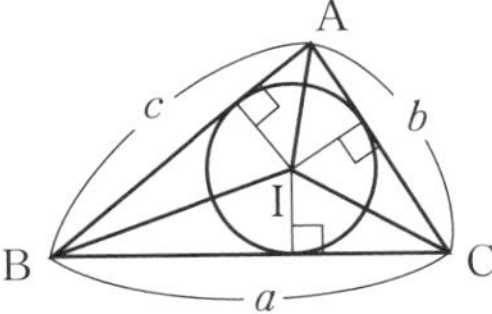

ABCを内心Iと頂点を結んで3分割するよ。

$$S=\triangle \mathrm{IBC}+\triangle \mathrm{ICA}+\triangle \mathrm{IAB}$$
$$=\frac{1}{2}ar+\frac{1}{2}br+\frac{1}{2}cr$$
$$=\frac{1}{2}r(a+b+c)$$

$\frac{1}{2}r$でくくる（因数分解）

なるほど〜。よくわかりました。これで、正弦定理、余弦定理、三角形の面積、内接円の半径は完璧です！

ピカイチ解答

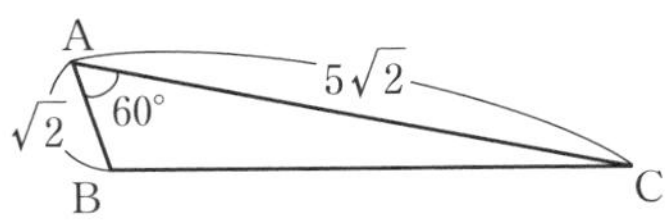

余弦定理より、

$$BC^2=(\sqrt{2})^2+(5\sqrt{2})^2-2\cdot\sqrt{2}\cdot5\sqrt{2}\cdot\boxed{\cos 60^\circ}\ \tfrac{1}{2}$$
$$=2+50-10=42$$

$BC>0$より、$BC=\sqrt{42}$

△ABCの面積Sは

$$S=\frac{1}{2}AB\cdot AC\cdot\boxed{\sin 60^\circ}\ \tfrac{\sqrt{3}}{2}$$
$$=\frac{1}{2}\cdot\sqrt{2}\cdot5\sqrt{2}\cdot\frac{\sqrt{3}}{2}$$
$$=\frac{5\sqrt{3}}{2}$$

△ABCの内接円の半径rは

$$\frac{5\sqrt{3}}{2}=\frac{1}{2}r(\sqrt{2}+5\sqrt{2}+\sqrt{42})$$

両辺に×2

$$5\sqrt{3}=(6\sqrt{2}+\sqrt{42})r$$
$$r=\frac{5\sqrt{3}}{6\sqrt{2}+\sqrt{42}}$$
$$=\frac{5\sqrt{3}}{\sqrt{2}(6+\sqrt{21})}\cdot\frac{6-\sqrt{21}}{6-\sqrt{21}}$$
$$=\frac{5\sqrt{3}(6-\sqrt{21})}{\sqrt{2}\cdot15}$$

$(a+b)(a-b)=a^2-b^2$を用いて有理化 $6^2-(\sqrt{21})^2$

$$=\frac{\sqrt{3}(6-\sqrt{21})}{3\sqrt{2}}\cdot\frac{\sqrt{2}}{\sqrt{2}}$$

分母と分子に$\sqrt{2}$をかけて有理化

$$=\frac{6\sqrt{6}-3\sqrt{14}}{6}$$
$$=\sqrt{6}-\frac{\sqrt{14}}{2}$$

POINT ● 三角形の面積Sの公式と、内接円の半径rの公式を覚えよう！

5個の数字0，1，2，3，4から重複を許して4個の数字を並べ、4桁の整数を作る。ただし、千の位に0を使用することはできない。このとき、全部で アイウ 個の整数ができる。

2019 金沢工業大

イマイチ解答

ここからは場合の数、そして確率をやっていくよ。

私は一番苦手な単元です……。

そうなんだ。でも大丈夫だよ。丁寧に教えていくからね。気合い入れていこう！　まず、上の問題をやってみて。

ハイ！

0, 1, 2, 3, 4で4桁
左（千の位）から数字を並べると考えて

千　百　十　一
□　□　□　□

5×4×3×2＝120通り

おっと。**まずは問題文をよく読もう。**
「千の位に0を使用することはできない」って書いてあるよ。

あ、ホントだ。千の位に0を置いたらたしかに4桁になりませんしね。

千の位に0は入れられないので4通り。

千　百　十　一
□　□　□　□
4×4×3×2＝96通り

おっとおっと。**問題文をよく読もう（2回目）。**
「重複を許して」って書いてあるよ。

（汗）

まずこの「場合の数・確率」で一番大切なことは**「自分で並べるならどうするか？を考える」**ことなんだ。

もちろん、「並べる」は問題によって変わるよね。「カードを並べる」や「玉を選ぶ」、「サイコロを投げる」などだけど、**とにかくね、「自分でやってみる」ってこと。**
「0, 1, 2, 3, 4を並べて4桁の整数を作ってください」に対して「十の位から並べよう！」って思う人、いる？

多分、いないです。

じゃ、どこから並べる？

やっぱり千の位ですね。

なんで？

千の位に0は入れられないから。

そうだね。ってことは千の位は、「1, 2, 3, 4の4通り」。

なるほど。こうやって考えるんで

すね。

そうだよ。で、あとは百の位、十の位、一の位と順番に考えていけばいいでしょう。

そして「重複を許して」だから、同じ数字が並んでもいいんですよね。

その通り！　じゃあまとめていくよ。

千の位に0は入れられないので4通り。
百、十、一の位は0, 1, 2, 3, 4の5通り。

千　百　十　一
□　□　□　□

$4\times5\times5\times5=$ **500通り**

楽勝ですね！

でしょでしょ！
よく「制限の強いところ（今回で言うと、千の位）から考える」っていう言い方をするんだけど、僕の授業では、**「自分で並べる（選ぶ、投げる……）ならどうするか？　を考える」**っていう言い方をしていくからね。

わかりました。式を立てる前にまず「自分でやる」ってことで解いていきますね！

そしたら最後にもう1つ。この問題をやってみて〜。

例　男子4人、女子3人を1列に並べる。男子が両端にくるような並べ方は□通り。

「自分で並べるならどうするか？」……ですよね。「男子が両端にくる」って言っているから、女子から並べるのはおかしい。**両端の男子は誰にするかを最初に決めたいです。**

両端の男子の決め方　4・3通り
間の5人の並ばせ方　　5!通り
よって、

$4\cdot3\cdot5!=12\times120$
$=$ 1440通り

素晴らしいよ！
この調子でどんどんいこう。

POINT ● 場合の数・確率は、「自分で並べるならどうするか？」を考えよう！

赤球3個、白球2個、青球2個を1列に並べるとき、並べ方は何通りあるか。

2015 中央大

イマイチ解答

赤球3個、白球2個、青球2個を1列に並べる。
全部で7個の球を並べるので
$7! = 7\times6\times5\times4\times3\times2\times1$
$= 5040$通り

っていうのはやっぱり違いますよね……（笑）

うん〜。ちょっと笑えないね……（泣）。

ちょっとこの問題で考えてみようか。

例 TOKYOの並ばせ方は□通り。

これはなんで5!としちゃいけないか説明できるかな？

Oが2つあるから？　……ですか？

そうだよね。これを、ちゃんと説明できるようにしておこう！

たとえばO2つがO_1, O_2って区別があるなら「TO_1KYO_2」と「TO_2KYO_1」は違う並ばせ方だよね。でもO_1, O_2の区別をなくせば2つとも「TOKYO」となるね。
このように5!(＝120)通りの中にO_1, O_2の区別をなくせば同じになるものが2!通りあるってことになるよね。

区別あり	O_1, O_2の区別なし
TO_1KYO_2 TO_2KYO_1	TOKYO
2!通り （O_1, O_2の並ばせ方）	1通り

だから、区別がないときの並ばせ方は、

$\frac{5!}{2!} = \frac{120}{2} = 60$通り

Oという同じものが2つあるから、「2つの文字の並ばせ方＝2!」で割ったっていうことですね。

そうそういい感じ！
それで、この公式は**同じものを含む順列**っていうんだよ。

> **同じものを含む順列** 　覚えて！
> n個のものを並ばせる。これらのうちaがp個、bがq個、cがr個…あるとき、1列に並べてできる順列の総数は、
> $\frac{n!}{p!q!r!\cdots}$ **通り**

じゃあ次に、これをやってみて。

例 TOKYOOの並ばせ方は□通り。

全部で6個のものを並べる。その中に同じものが3個あるので、

$\frac{6!}{3!} = 6\cdot5\cdot4 = 120$通り

いいねー。できたじゃん！

区別あり	O_1, O_2, O_3の区別なし
$TO_1KYO_2O_3$	TOKYOO
$TO_1KYO_3O_2$	
$TO_2KYO_1O_3$	
$TO_2KYO_3O_1$	
$TO_3KYO_1O_2$	
$TO_3KYO_2O_1$	
3!通り（O_1, O_2, O_3の並ばせ方）	1通り

6!通りの中にO_1, O_2, O_3の区別をなくしたら同じになるものがO_1, O_2, O_3の並ばせ方＝3!通りある。だから「3つの文字の並ばせ方＝3!」で割るんだね。

「同じものを含む順列」、わかってきました！

じゃあ、さっきの問題で「同じものを含む順列」を仕上げよう！

ピカイチ解答

赤球3個、白球2個、青球2個の7個を1列に並べる。
同じものが3個、2個、2個あるので

3!で約分

$$\frac{7!}{3!2!2!}=\frac{7\cdot6\cdot5\cdot\cancel{4}}{\cancel{2}\cdot1\cdot\cancel{2}\cdot1}$$

$=$**210通り**

あと、階乗についてなんだけど。次の階乗は計算しなくてもすぐ言えるように覚えておこう！

基本の階乗　覚えて！

0!＝1
1!＝1
2!＝2　←2×1
3!＝6　←3×2×1
4!＝24　←4×3×2×1
5!＝120　←5×4×3×2×1
6!＝720　←6×5×4×3×2×1

0!＝1って違和感がある人もいるかもしれないけれど、数学の世界で定義されていることだから、覚えちゃおう！

6!まで覚えておけば、だいぶ計算が楽になりそうですね。

そうそう、この後もまた出てくるからね！

POINT
- **同じものを含む順列を覚えよう！**
- **0!から6!までの数字は覚えておこう！**

H, O, G, A, R, A, K, Aという8つの文字すべてを左から横一列に並べる。ただし、AとOを母音字とし、他の文字を子音字とする。

(1) 8つの文字の並べ方は全部で アイウエ 通りである。

(2) H, O, G, R, A, A, A, Kのように、Aが3つ連続する並べ方は オカキ 通りである。

(3) H, A, O, G, R, A, K, Aのように、どのAも隣り合わせにならない並べ方は クケコサ 通りである。

2019 駒澤大

イマイチ解答

今回は小問ではなく、大問の(3)までにしてみたよ。力を入れずに朗らかに解いてみて！

(1) Aが3つあるので、

同じものを含む順列

$\frac{8!}{3!}=8\cdot7\cdot6\cdot5\cdot4=$**6720通り**

(2) AAAを1つとして見て、AAA, H, O, G, R, Kの6つの並ばせ方で

$6!=$**720通り**

(3) どのAも隣り合わせにならないということは、(全体)－(Aが隣り合う)なので、

$6720-720=$**6000通り**

先生、結構朗らかに解けました！でも、(3)は自信がないです……。

そうだね。(3)が不正解だ。でも、(1)(2)はよくできているよ。とくに(2)ができたのは感心、感心！

1つずつ確認していこう。まず、(1)は54ページで勉強した「同じものを含む順列」だね。(2)はAが3つ連続する問題。**「自分で並べるならどうするか？」**を考えよう。

でた！「自分でやるならどうするか？　シリーズ」ですね。

あ、そういう名前を付けてくれたのね（笑）ありがとう。

「Aが3つ連続する」、つまり「隣り合う」なのにA3つをバラバラにしたくないから、**自分で並べるときに「AAA」を1つのかたまりとして見ちゃえばいい。**「AAA」で1つとして数えよう。

> **「隣り合う」の考え方** 覚えて！
>
> 「Aが隣り合う」→**すべてのAを1つのかたまりとして見る！**

(3)は誤解している人がいると思うよ。「(全体)－(3つ隣り合う、つまり(2))」は×だよ。

「3つ隣り合う」は、

(AAA)〇〇〇〇〇

〇〇(AAA)〇〇〇　などのこと。

これらを全体から引いたら、

こっちは条件を満たす

〇A〇A〇〇A〇　とか

AA○○A○○○ も出てきてしまう。 こっちは条件を満たさない

AA○○A○○○は、「どのAも隣り合わせにならない」という条件を満たしていない。

たしかに、Aが2つ隣り合っちゃダメですよね。

だから余事象で考えると面倒だし、応用が効かない。ってことでこれを覚えてね。

> **覚えて！**
> **「隣り合わない」の考え方**
> 「Aが隣り合わない」ときは……
> **①A以外を先に並ばせる。**
> **②間、両端にAを並ばせる。**

例 男3人、女3人を1列に並べる。女が隣り合わないのは□通り。

男を先に並ばせて、　＿男＿男＿男＿
3!通り。
女3人は区別して、男の間と両端に女を並ばせる。
→4カ所の＿に女3人を入れていくイメージ

女aさんどこ行く？　4通り。
女bさんどこ行く？　3通り。
女cさんどこ行く？　2通り。
まとめて、女の並び方は4・3・2通り
よって、3!・4・3・2＝6・24＝144通り

ピカイチ解答

(1) Aが3つあるので、

$\frac{8!}{3!}$＝8・7・6・5・4＝6720通り
（同じものを含む順列）

(2) AAAを1つとして見て、
(AAA), H, O, G, R, Kの6つの並ばせ方で
6!＝720通り

(3) まず、A以外のH, O, G, R, Kを先に並べて、5!＝120通り。
次に、間と両端にAを並べる。

＿H＿O＿G＿R＿K＿
A　A　　A

$_6C_3=\frac{6\cdot5\cdot4}{3\cdot2\cdot1}$＝20通り

A3つに区別はないので、間、両端からAが3つが入る場所を選べばいいだけ！

よって、120×20＝2400通り

$_6C_3$としたのは、Aに区別がないから。6・5・4通りとしないように気をつけよう。
こっちの問題では女3人には区別がある（人は全員区別がある）ので、4・3・2通りでいいんだよ。

POINT ●「隣り合わない」の考え方を覚えよう！

5人の大人と3人の子供が、円形のテーブルの周りに座る。子供同士が隣り合わない座り方は全部で□通りある。ただし、回転して一致するものは同じ座り方とみなす。

2016 立教大

イマイチ解答

そしたら次は円順列の問題をやってみましょう。

n人の円順列は$(n-1)!$通りでしたよね。それを使えば解けると思うなあ。やってみまーす。

大人5人を先に座らせる。
$(5-1)!$通り
間に子供3人を座らせる。
$(3-1)!$通り
よって$4!\times2!=24\times2=48$通り

> **円順列** 覚えて！
> n人を円形に座らせる場合の数は、
> **$(n-1)!$通り**

どうして「−1」するか、理解できてるかい？

わ、わかりません……。

そう、だから間違えちゃってるんだよ。

グサッ……（汗）

じゃあ、例題で解説していくよ。
説明がちょっと長くなるけど、よく聞いててよ。

例 父と子どもA、B、Cの4人が円形に座る座り方は□通りである。

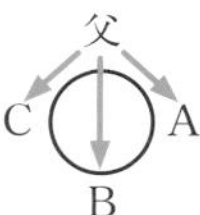

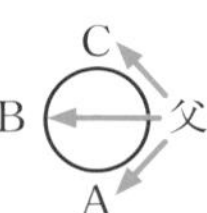

同じ座り方

上の2つの図を見てごらん。
左の図を時計回りに90°回転したのが右の図だよね。
どちらにおいても、父にとって正面にいるのはB、右にいるのはC、左にいるのはA、と父にとっては変わらない景色だよね。これを**「人の景色が変わらない」**という言い方をしておくね。
もちろん、父にとってだけでなく、AにとってもBにとっても、Cにとっても「人の景色は変わらない」よね。
こうやって**「人の景色が変わらない」座り方は、同じ座り方と見ていかなきゃならない。**

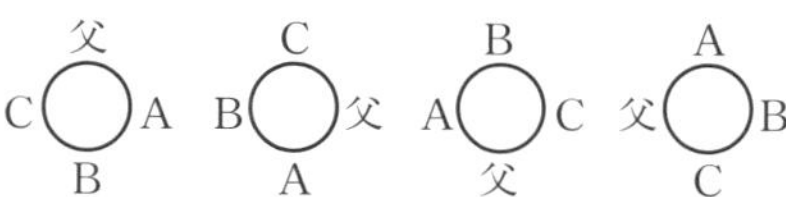

このように、回転したものは全部同じ座り方、つまり1通りと考える。
回転したものがすべて同じだから、回転しないように1人固定するよ。

残りの3人は普通に並ばせて
$(4-1)!=3!=$6通り

まち針を打って、固定するイメージ！

だから$n-1$にするんですね。円順列、わかってきました。

ピカイチ解答

うん、じゃあ問題に戻って……。今回は「隣り合わない」って書いてあるから、57ページで勉強した「隣り合わない」の考え方を使うよね。

先に大人を並ばせて、間に子どもを並ばせる！

57ページでは「間と両端に」だったけど、今回は円形に座る。だから「両端」という概念はない。

その通り！　大人をA, B, C, D, E、子どもをa, b, cにするね。先に大人5人を並ばせる。回転したものが同じだから、一人を固定しよう。

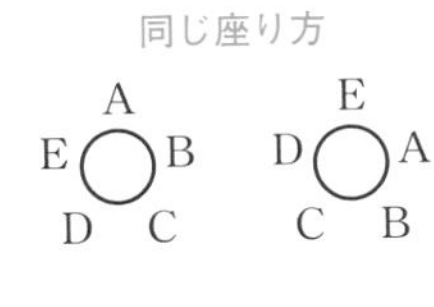

これは円順列ですね。(5－1)!通りで合ってる！

大人を座らせたあと、間に子ども3人を座らせてみよう。

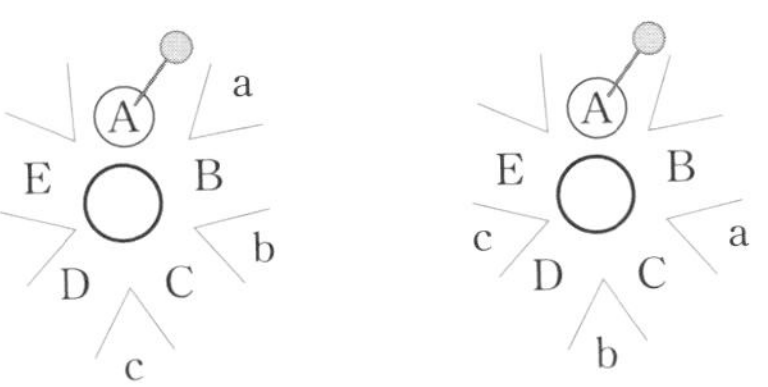

この図、座り方は同じ？　違う？

全然違いますよ。aくんにとって左の図ではAさんとBさんの間だったのが、右の図だとBさんとCさんの間で「人の景色が違う」。

ってことは円順列では……

ない！　普通の順列ですね。$5\times4\times3$通りだ。

aくんはどの席に座る？　5通り
bくんはどの席に座る？　4通り
cくんはどの席に座る？　3通り

大人5人を先に座らせる。
(5－1)!通り
間に子供3人を座らせる。
5·4·3通り
よって$4!\times60=24\times60$
$=1440$通り

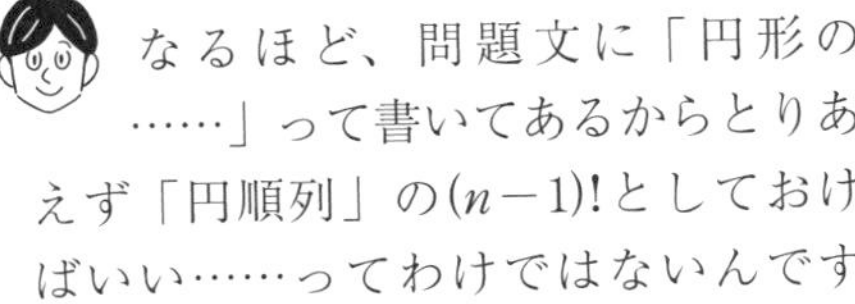

なるほど、問題文に「円形の……」って書いてあるからとりあえず「円順列」の$(n-1)!$としておけばいい……ってわけではないんですね。

そうだよ。回転したものが同じ座り方と言えるかどうかもしっかり判断していこう！

POINT
- **円順列の公式の成り立ちを理解しよう！**
- **回転させたときに同じ座り方だったら円順列！**

1から40までの整数の中から異なる3個の数を選ぶとき、3個の数の和が偶数となる選び方は何通りあるか。

2017 中央大

イマイチ解答

1から40の中から3個を選ぶ。
3個の数の和が偶数となるのは偶数を3個選んだときである。
偶数は全部で20個あるので、

$$_{20}C_3 = \frac{\overset{10}{\cancel{20}} \cdot 19 \cdot \overset{6}{\cancel{18}}}{\cancel{3} \cdot \cancel{2} \cdot 1}$$
$$= 1140\text{通り}$$

残念。違うなぁ。

なんか、これだと一瞬で終わっちゃうから、違うだろうなぁという気はしていました。
なんでこんなに間違えちゃうんだろう～。

そう。そこを考えることは人として成長していく上でとても大切なことだよね。精神的な反省はする必要はないけど、技術的な反省はしていかなくちゃね。

はい。いちいち落ち込んでられないですもんね。次に同じ失敗をしないように頑張ります。

よし！　頑張ろうぜ！
まず、この単元で一番大切なことは何だっけ？

「自分でやるならどうするか？」シリーズ！

今回の問題なら、自分で選ぶってことですよね。

その通り！　そこを怠っていると正確に数えることはできないぞ！
じゃあ早速、1～40の中から3つの整数を選んで、和が偶数になるように言ってみて！

はい！
{1, 2, 3}{5, 10, 15}{10, 20, 30}　…
あ～。書き出していったらさっきの答案が不正解なのがわかっちゃった……。

ね。実際に選んでみると、間違ってた理由がわかるよね。
3つの数字が{偶数, 偶数, 偶数}だけでなく、あとどんなのがあった？

{奇数, 奇数, 偶数}です。その2つしかないわけだから、場合分けして求められそうです。

その通り！　場合分け！
じゃ、解答をつくっていこう！

ピカイチ解答

1から40の中から3個を選ぶ。
3個の数の和が偶数となるのは、

（i）偶数を3個選んだとき
偶数は全部で20個あるので、

$$_{20}C_3=\frac{\overset{10}{\cancel{20}}\cdot 19\cdot \overset{6}{\cancel{18}}}{\cancel{3}\cdot \cancel{2}\cdot 1}$$
$$=1140\text{通り}$$

（ii）奇数を2個、偶数を1個選んだとき

$$_{20}C_2\times {}_{20}C_1=\frac{\overset{10}{\cancel{20}}\cdot 19}{\cancel{2}\cdot 1}\times 20$$
$$=3800\text{通り}$$

（i）（ii）より求める選び方は
1140＋3800＝4940通り

というわけで、まとめると……。
字面だけですぐに式を立てようと思わないこと！
とにかく、まず自分で数えたり、実験したりしていくことが大切なんだ。難関大学になればなるほど、すぐに式は立たず、**地道な実験が必要**となるよ。今から少しずつ慣れていこう！

はい！　わかりました。

ちょっと一息

焦って解くことが力になる！

「計算ミスが多いのですが、どうすればいいですか？」
こんな質問をよくされます。どうすればいいと思う？　と聞くと、「丁寧に、慎重にやろうと思います」
と答えてくる場合が多いです。
でも私の考えとしては、ミスをしないように丁寧にやる、は少し違うと思います。焦ってやることを薦めます。

え、焦ってやったらミスが増えるんじゃないかって？　もちろん、単元や問題にもよると思いますが、計算問題の話で言えば、本番は丁寧にはやらないですよね。制限時間という制約がある中で取り組むわけですから、それを想定していないといけません。本番に初めて焦ってやると、そりゃミスります。少しでも本番の状態に近づけるために、ぜひ普段から、急いで解いてほしいです。

また、そもそも、丁寧にやるよりも焦ってやったほうがミスは減ります。「焦る→緊張する→集中する」からです。
ただ、それでも人間ですから失敗はしてしまいます。焦ってやった中でミスしたものは、本番も同様にミスする可能性が高いので、そこを丁寧に分析すればいいんです。
たとえば分配法則でマイナス×マイナスをマイナスにしてしまう癖があるようだ、とわかれば、その場面にきたときは再度チェックする癖をつけよう、という感じです。
失敗してもいいから、スピード重視で解いてみてください。

POINT
- **いきなり式は立てない！**
- **まず、「自分で選ぶなら？」を考えて、場合分けする！**

10人を2人、2人、3人、3人の4つのグループに分ける方法は、全部で□通りである。

2020 立教大

イマイチ解答

組分けの問題って知ってるかな？

はい、知ってますよ。できるかはどうかはわかりませんけど……。やってみまーす！

$$\frac{{}_{10}C_2 \cdot {}_8C_2 \cdot {}_6C_3 \cdot \boxed{{}_3C_3}^{1}}{4!}$$

$$=\frac{\frac{\overset{5}{\cancel{10}}\cdot 9}{\cancel{2}\cdot 1}\cdot\frac{\overset{4}{\cancel{8}}\cdot 7}{\cancel{2}\cdot 1}\cdot\frac{\cancel{6}\cdot 5\cdot 4}{\cancel{3}\cdot\cancel{2}\cdot 1}\cdot 1}{4\cdot 3\cdot 2\cdot 1}$$

$$=\frac{5\cdot\overset{3}{\cancel{9}}\cdot\cancel{4}\cdot 7\cdot 5\cdot\cancel{4}^{2}}{\cancel{4}\cdot\cancel{3}\cdot\cancel{2}\cdot 1}$$

$=$1050通り

うん、こういう間違いをする生徒は本当に多いから、気を付けてほしいなあ。

え～、どこが違うんですか？

たとえばこれを解いてみて。

例

(1) A, B, C, Dの4人を2人ずつ①号室、②号室に分ける分け方は？

①	②
AB	CD
AC	BD
AD	BC
BC	AD
BD	AC
CD	AB

の6通り。これを式で表すと、

$${}_4C_2 \times {}_2C_2$$

${}_4C_2$：4人の中から2人を選んで①へ

${}_2C_2$：残り2人の中から2人を選んで②へ

$$=\frac{4\cdot 3}{2\cdot 1}\times 1=6\text{通り}$$

(2) A, B, C, Dの4人を2人ずつ2組に分ける分け方は？

こっちは(1)との違いはわかるかな？

(1)は①号室、②号室って組に区別があるけど、(2)では区別がないですね。

そうそう。だからさっき書き出したものを使って説明すると……。

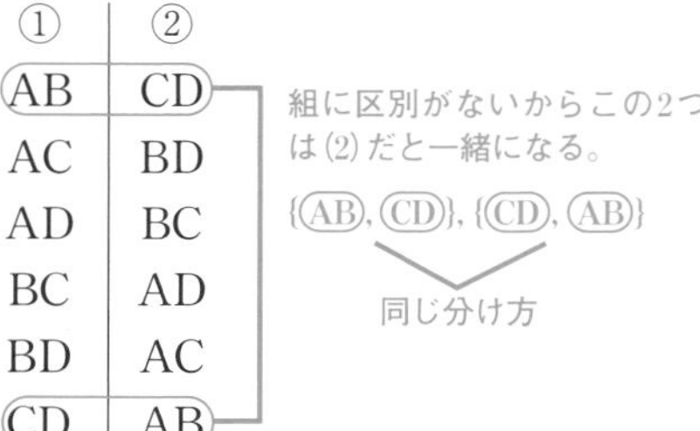

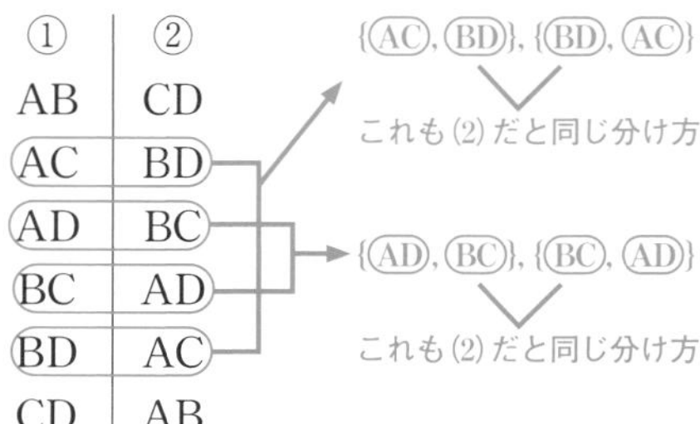

よって求める式は

$$\frac{{}_4C_2\cdot{}_2C_2}{2!}=\frac{6}{2}=3\text{通り}$$

2組をひっくり返したものが同じ分け方になるわけだから、2つのものの分け方で割るんだ。
これは54ページの「TOKYOの分け方は？」の問題で、「2つのOをひっくり返しても同じ」だから5!を「2!で割る」と同じ考えだよ。

組分け 覚えて！

区別がない組に分けるとき

①区別があるものとしてふり分ける。

② $\dfrac{\text{①の結果}}{(\text{区別がない組の個数})!}$

ここ大事！　言葉で正確に覚えよう！

そっかあ。じゃあさっきの問題の「10人を2人、2人、3人、3人の4つのグループに分ける」は、4グループに分けるからといって4!で割るわけではないんですね。

そう、そう。この中で区別がない組は「2人、2人」の2組と「3人、3人」の2組だよね。
だから①区別があるものとしてふり分けて、②2!・2!で割っていくよ。

ピカイチ解答

$$\frac{{}_{10}C_2\cdot{}_8C_2\cdot{}_6C_3\cdot{}_3C_3}{2!\cdot2!}$$

$$=\frac{\dfrac{10\cdot9}{2\cdot1}\cdot\dfrac{8\cdot7}{2\cdot1}\cdot\dfrac{6\cdot5\cdot4}{3\cdot2\cdot1}}{2\cdot1\cdot2\cdot1}$$

$$=\frac{5\cdot9\cdot4\cdot7\cdot5\cdot4}{2\cdot2}$$

$=6300$通り

よし、OK。そしたら最後にこれをやってみて。

例 A，B，C，D，E，Fの6人を2人ずつ3組に分ける分け方は？

まず3組に区別がある（①号室、②号室、③号室）ものとして振り分ける。

6人の中から2人を選んで①へ、
${}_6C_2$通り
残り4人の中から2人を選んで②へ、
${}_4C_2$通り
残り2人の中から2人を選んで③へ、
${}_2C_2$通り

最後に区別がない組の個数3!で割ればいいですね。

$$\frac{{}_6C_2\cdot{}_4C_2\cdot{}_2C_2}{3!}=\frac{\dfrac{6\cdot5}{2\cdot1}\cdot\dfrac{4\cdot3}{2\cdot1}}{3\cdot2\cdot1}$$

$$=\frac{6\cdot5\cdot3}{3\cdot2}=15\text{通り}$$

POINT ●**区別がない組に分けるときは、振り分けた結果を「区別がない組の個数の階乗」で割る！**

a, a, a, a, o, o, y, y, m の9個の文字がある。この中から6個を続けて選んで、選んだ順に左から並べる。このとき、a, o, y, a, m, a と並ぶ確率は $\dfrac{\square}{\square}$ である。

2017 青山学院大

イマイチ解答

9個の中から6個選ぶので、

$${}_9C_6=\frac{\overset{3}{\cancel{9}}\cdot\overset{4}{\cancel{8}}\cdot7\cdot\cancel{6}\cdot\cancel{5}\cdot\cancel{4}}{\cancel{6}\cdot\cancel{5}\cdot\cancel{4}\cdot\cancel{3}\cdot\cancel{2}\cdot1}=84\text{通り}$$

起こり得るすべての場合の数

a, o, y, a, m, a と並ぶのは、

$${}_4C_1\cdot{}_2C_1\cdot{}_2C_1\cdot{}_3C_1\cdot{}_1C_1\cdot{}_2C_1$$
$$=4\cdot2\cdot2\cdot3\cdot1\cdot2$$
$$=96\text{通り}$$

よって求める確率は、

12で約分

$$\frac{\cancel{96}}{\cancel{84}}=\frac{8}{7}$$

うわ～！ 確率なのに1より大きくなっちゃったよ～。

そうだね、エキセントリックなことが起きてるね。あのね、分母は ${}_9C_6$ ではないんだよね。左から並べるわけだから、

${}_9P_6=9\cdot8\cdot7\cdot6\cdot5\cdot4$ 通りだよね。

あ、そうですね。問題文に「選んで」って書いてあるからそれだけで ${}_9C_6$ にしちゃいました。

あ～、気をつけて～。まず確率について説明しておくね。

$$(\text{Aが起こる確率})=\frac{(\text{Aが起こる場合の数})}{(\text{起こり得るすべての場合の数})}$$

例 下図の展開図のようになっているさいころを、1回投げる。

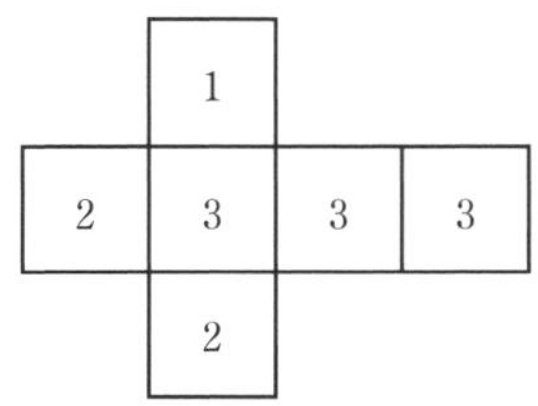

(1) 出る目の場合の数は□通り。
1と2と3の3通り。

(2) 1が出る確率は□

1も2も3も出る確率は $\dfrac{1}{3}$ って言ったら×ですよね。

そうだね。1の目は1個、2の目は2個、3の目は3個あるわけだから、等確率なわけがないよね。
確率の問題では、見た目に区別のつかない2の目、3の目をそれぞれ区別して考えるんだ。

1
2の1 3の1 3の2 3の3
2の2

図にすると、こんな感じ。
そうすると、1が出る確率を求めようとすると起こり得るすべての場合の数は、

1　　　が出る
2の1　が出る
2の2　が出る
3の1　が出る
3の2　が出る
3の3　が出る　　の6通り

当然、1が出る場合の数は1通り。
よって、1が出る確率は $\frac{1}{6}$

確率の問題のときは、全部区別して考えるんですね！

そういうこと！

確率の問題　覚えて！
見た目の区別がつかないものも、すべて区別して考える。

これをふまえて、さっきの問題を考えてみよう。

ピカイチ解答

aの1、aの2、aの3、aの4、oの1、oの2、yの1、yの2のように、区別ありで考える。
9個の文字の中から6個選んで左から並べる。
並べ方は9・8・7・6・5・4通り

a, o, y, a, m, aと並ぶのは、
4・2・2・3・1・2通り

「a_1, a_2, a_3, a_4の中から1つを選ぶ」で4通り
「o_1, o_2の中から1つ選ぶ」で2通り
「y_1, y_2の中から1つを選ぶ」で2通り
「残りのa3つの中から1つを選ぶ」で3通り
mは1つしかないから1通り
「残りのa2つの中から1つを選ぶ」で2通り

よって求める確率は、

$$\frac{4\cdot2\cdot2\cdot3\cdot1\cdot2}{9\cdot8\cdot7\cdot6\cdot5\cdot4}=\frac{1}{630}$$

別解

別解で、こんなやり方もあるよ。

1番目にaを取り出し、
2番目にoを取り出し、
3番目にyを取り出し、……
6番目にaを取り出す確率を求める。
と考えて、
a, o, y, a, m, aと取り出す確率は

$$\frac{4}{9}\cdot\frac{2}{8}\cdot\frac{2}{7}\cdot\frac{3}{6}\cdot\frac{1}{5}\cdot\frac{2}{4}=\frac{1}{630}$$

（順に a　o　y　a　m　a）

POINT ●確率の問題では、モノは区別して考える！

大小2個のさいころを同時に投げるとき、出た目の積が6の倍数になる確率は□である。

2018 京都産業大

イマイチ解答

大小2個のさいころを同時に投げて、出る目の場合の数は6^2＝36通り

出た目の積が6の倍数となるのは{大のさいころの目, 小のさいころの目}とすれば、
{1, 6}, {6, 1}
{2, 3}, {3, 2}
{2, 6}, {6, 2}
{3, 4}, {4, 3}
{3, 6}, {6, 3}
{4, 6}, {6, 4}
{5, 6}, {6, 5}
{6, 6}, {6, 6}
の16通り

よって求める確率は $\frac{16}{36}=\frac{4}{9}$（4で約分）

これは自信ありますよ！

残念ながら不正解なんだよね。

ハイ、チーン。

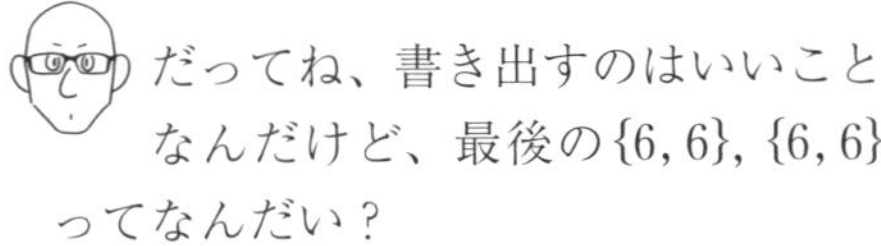

だってね、書き出すのはいいことなんだけど、最後の{6, 6}, {6, 6}ってなんだい？

{大, 小}と区別のある2つのさいころだから、{1, 2}, {2, 1}みたいに逆にしたものは違いますよね。

違うんだな～。{1, 2}で1通り、{2, 1}で1通り、合わせて2通り。それは合ってるよ。
でも、**{6, 6}は逆にしても{6, 6}だから、{6, 6}で1通り**。これで終わりだよ。

そっか。同じ数字のときはひっくり返しても同じ数字ですもんね。

こういったミスを減らすために、表を書いてみようか。

6×6＝36マスの表だ。2個のさいころの目の出方36通りを、一目で把握できるので見やすいよ。

大＼小	1	2	3	4	5	6
1						
2						
3						
4			○			
5						
6						

ここは何を表しているかというと……

小さいさいころが3　大きいさいころが4

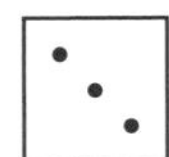

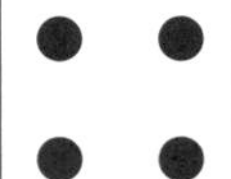

ピカイチ解答

6×6＝36マスの表を書こう！
出た目の積が6の倍数のところに○をつけていくよ。

大＼小	1	2	3	4	5	6
1						○
2			○			○
3		○		○		○
4			○			○
5						○
6	○	○	○	○	○	○

全部で15通り

3で約分

よって求める確率は $\frac{15}{36}=\frac{5}{12}$

うわ！　これ便利！

でしょう？
こういう表は、「2つのさいころを同時に投げる」だけでなく「1つのさいころを2回投げる」ときも使えるよ。しっかりと覚えておこう！

例　1つのさいころを2回投げる。1回目に出た目と2回目に出た目の和が5以下または3の倍数となる確率は□

目の和が5以下○
目の和が3の倍数●

1回目＼2回目	1	2	3	4	5	6
1	○	○●	○	○	●	
2	○●	○	○	●		
3	○	○	●			●
4	○	●			●	
5	●			●		
6			●			●

よって求める確率は $\frac{20}{36}=\frac{5}{9}$

4で約分

設問が複雑だと少しドキドキしちゃうけど、表を書いて落ち着いてやっていけば、怖いことはないですね！

POINT
●**「2つのさいころを同時に投げる」「1つのさいころを2回投げる」ときは、とにかく表を書く！**

28

下図のように1から5までの数字が1つずつ記入された5枚のカードがある。

1 2 3 4 5

この中から1枚のカードを引く操作を3回繰り返す。ただし、各操作において、引いたカードは元に戻さないものとする。引いた順に3枚のカードを左から右に並べて作られる3桁の整数をaとする。このとき、aが3で割り切れる確率は□であり、また、5で割り切れる確率は□である。

2019 立教大

イマイチ解答

3枚のカードを引いて左から並べる。

3桁の整数の作り方は

$5\cdot4\cdot3=60$通り

aが3で割り切れる各位の和が3の倍数となるのは

$\{1, 2, 3\}, \{1, 3, 5\}$

$\{2, 1, 3\}, \{2, 3, 4\}$

$\{3, 1, 2\}, \{3, 1, 5\}, \{3, 2, 4\}$

$\{4, 1, 5\}, \{4, 2, 3\}$

$\{5, 1, 3\}, \{5, 3, 4\}$の11通り

よって求める確率は$\dfrac{11}{60}$

ちょっと違うなぁ。でも、たしかに3の倍数って難しいんだよね。まずは**倍数判定法をしっかり頭に入れておこう！** これらは常識として覚えておきたいな。

倍数判定法 覚えて！

2の倍数…1の位が2の倍数
3の倍数…各位の和が3の倍数
4の倍数…下2桁が4の倍数
5の倍数…1の位が0 or 5
6の倍数…1の位が2の倍数かつ各位の和が3の倍数
8の倍数…下3桁が8の倍数
9の倍数…各位の和が9の倍数

入試では3の倍数って超頻出。

なぜかというと、「各位の和が3の倍数」になるものを書き出さなくちゃいけないからだ！

でも、「書き出す」って基本なんだけど、結構難しくないかい？

そうなんですよ。漏れがないか？ とか、重複してないか？ とか、心配になります。

そうなんだよね。**だからこそ入試では頻出なのです！** よくよく練習しよう。

今回は各位の和が3の倍数になる「組み合わせ（顔ぶれ）」をまずは書き出していく。{1, 2, 3}と{2, 1, 3}は同じ組み合わせだよね。

たしかに。順番の並び替えは後で考えればいいわけですね。

そういうことだ！
じゃあやっていくよ。

ピカイチ解答

3枚のカードを引いて、左から並べる。
3桁の整数の作り方は
5・4・3通り

aが3で割り切れる各位の和が3の倍数となるのは
{1, 2, 3}, {1, 3, 5}
{2, 3, 4}
{3, 4, 5}

←漏れや重複がないようにするために、{小, 中, 大}の順番で書き出す！

順番を並び替えるのも考えて
3!×4通り

→{1, 2, 3}, {1, 3, 5}, {2, 3, 4}, {3, 4, 5}の4組
→{1, 2, 3}という組で作られる3桁の整数は123, 132, 213, 231, 312, 321の3! = 6通り

よって求める確率は

$$\frac{3!\cdot 4}{5\cdot 4\cdot 3}=\frac{2}{5}$$

（3! = 3・2・1）

また、aが5で割り切れるには、1の位が5の倍数となればよい。

□ □ [5]

4×3通り

よって求める確率は

$$\frac{4\cdot 3}{5\cdot 4\cdot 3}=\frac{1}{5}$$

各位の和が「3の倍数」となるものを**「小さい順に書き出す」は本当に大事**だからね。もう1つ練習しておこう。

例 5個の数字0, 1, 2, 3, 4の中から異なる3個の数字を選んで3桁の整数を作るとき、3の倍数は□個できる。

各位の和が3となるのは
{0, 1, 2}, {0, 2, 4}
{1, 2, 3}
{2, 3, 4}

0が入っている組は気をつけなきゃ。先頭（百の位）に0はもってこられないから……。

0はダメ ← □ □ □
{0, 1, 2}のとき2×2×1 = 4通り
{1, 2, 3}のとき3! = 6通り

よって、求める個数は
4×2 + 3!×2 = 8 + 12
= 20通り

POINT
- **「3の倍数」を求めるときは、書き出す！**
- **小さい順に書き出す！**

正解率が$\frac{1}{3}$の3択クイズを7問解答するとき、全問が不正解となる確率は$\frac{\boxed{アイウ}}{\boxed{エオカキ}}$であり、7問中5問が正解となる確率は$\frac{\boxed{クケ}}{\boxed{コサシ}}$である。

2019 星薬科大

イマイチ解答

正解率が$\frac{1}{3}$より、

7問全問不正解となる確率は

$$\left(\frac{2}{3}\right)^7=\frac{128}{2187}$$

7問中5問が正解となる確率は

$$\left(\frac{1}{3}\right)^5\left(\frac{2}{3}\right)^2=\frac{4}{2187}$$

……と、いうふうにやっちゃう生徒、結構多いから気をつけてほしいんだ。

ああ、やっぱり間違いなんですね……。

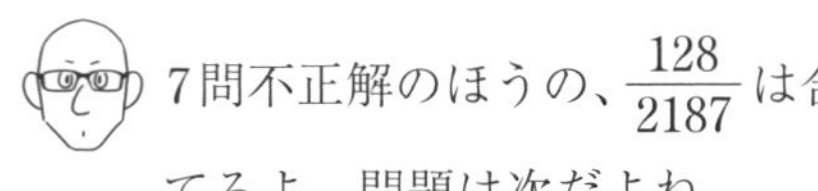

7問不正解のほうの、$\frac{128}{2187}$は合ってるよ。問題は次だよね。

7問中5問正解ということは、2問は不正解なわけだから、

正解5問×不正解2問$=\left(\frac{1}{3}\right)^5\times\left(\frac{2}{3}\right)^2$

じゃダメなんですか？

それだと、たとえば「1番、2番、3番、4番、5番は正解、6番、7番は不正解となる確率を求める」ってなっちゃうよ。

……ん？　この問題とは何が違うんですか？

今回は7問中5問正解だから、**「どの5問が正解でもいい」**ってことなんだ。

①②③④⑤⑥⑦

○○○○○××→$\left(\frac{1}{3}\right)^5\left(\frac{2}{3}\right)^2$

○×○○○×○→$\left(\frac{1}{3}\right)^5\left(\frac{2}{3}\right)^2$

××○○○○○→$\left(\frac{1}{3}\right)^5\left(\frac{2}{3}\right)^2$

×○○×○○○→$\left(\frac{1}{3}\right)^5\left(\frac{2}{3}\right)^2$

⋮

このすべての確率を求めたい！

そっかあ。5問○であれば、何番が○でもいいんですよね。

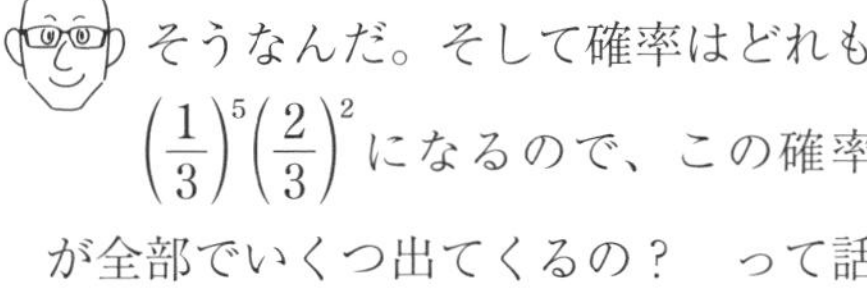

そうなんだ。そして確率はどれも$\left(\frac{1}{3}\right)^5\left(\frac{2}{3}\right)^2$になるので、この確率が全部でいくつ出てくるの？　って話になるんだ。

「○○○○○××」の並ばせ方の分だけあるから、$\frac{7!}{5!2!}$ですね。

そう。もしくは「7題の中からどの5題が正解になるの？（7個の□から5個を選ぶ）」と考えて$_7C_5$通り。じゃあ式を立てて答えまでいってみよう。

ピカイチ解答

正解率が$\frac{1}{3}$より、

7問全問不正解となる確率は

$$\left(\frac{2}{3}\right)^7=\frac{128}{2187}$$

7問中5問が正解となる確率は

$$_7C_5\left(\frac{1}{3}\right)^5\left(\frac{2}{3}\right)^2=\frac{7\cdot 6}{2}\cdot\frac{4}{2187}$$

（6と2、2187を約分して729）

$$=\frac{28}{729}$$

これを**「反復試行の確率」**というよ。「反復試行」の問題だってわかった瞬間、**10秒で最初の式は書けるようになって！**

10秒ですか!?

うん、そう。5分考えたら式立てられましたーっていうような問題じゃないんだよ。理解できたら、練習して問題読んだ瞬間、手が動くようになってほしいな。

そして、さっき君が言っていたように$_7C_5\left(\frac{1}{3}\right)^5\left(\frac{2}{3}\right)^2$でも$\frac{7!}{5!2!}\left(\frac{1}{3}\right)^5\left(\frac{2}{3}\right)^2$でもどっちでもOK！　のちに、同じものを含む順列で書いたほうが早く済むものも出てくる。だから両方でしっかり対応できるようになろう！

わかりました！

じゃあ、最初の式が10秒で書けるか、練習してみようか。

例　1つのさいころを4回投げて1の目がちょうど2回出る確率は□。

1の目を○、それ以外を×で表すと

①②③④

○○××　→$\left(\frac{1}{6}\right)^2\left(\frac{5}{6}\right)^2$

⋮

式は$_4C_2\left(\frac{1}{6}\right)^2\left(\frac{5}{6}\right)^2$

正解！　4回中どの2回で1の目が出たか？　で$_4C_2$通り。

あとは1の目が出る確率$=\frac{1}{6}$が2回で

$\left(\frac{1}{6}\right)^2$

1以外の目が出る確率$=\frac{5}{6}$が2回で

$\left(\frac{5}{6}\right)^2$

$$_4C_2\left(\frac{1}{6}\right)^2\left(\frac{5}{6}\right)^2=\frac{25}{216}$$

もしくは$\frac{4!}{2!2!}\left(\frac{1}{6}\right)^2\left(\frac{5}{6}\right)^2=\frac{25}{216}$

POINT

- **同じことを何度も反復して、回数が決まっている問題は、反復試行の確率の問題！**

青玉2個、白玉3個、赤玉5個の合計10個の玉が入っている袋から玉を1個取り出し、色を調べてもとに戻すことを4回続けて行うとき、4回目に2度目の赤玉が出る確率は$\frac{\square}{\square}$である。

2016 日本大

イマイチ解答

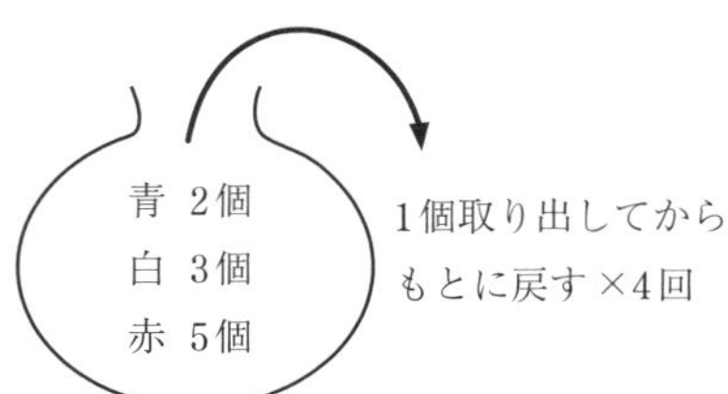

1回の操作で赤が出る確率は

$$\frac{5}{10} = \frac{1}{2}$$

よって4回目に2度目の赤が出る確率は

$$_4C_2\left(\frac{1}{2}\right)^2\left(\frac{1}{2}\right)^2 = \frac{4\cdot3}{2\cdot1}\cdot\frac{1}{16} = \frac{3}{8}$$

あちゃ〜、ひっかかってるぞ〜。

え、本当ですか？

君の書いた式だと**「4回中2回赤が出る確率を求めよ」**っていう問題に対する答えになるよ。

ん？　その違いが、よくわかんないです……。

4回中2回赤が出るってことは、

①②③④
○○赤赤　でもいいし、
赤○赤○　でもいいよね。

でも今回の問題は、4回目に2度目の赤だから、
①②③④
○赤○赤　っていうこと。

つまり、**4回目は絶対に赤じゃないといけない**んですね。

そうそう、わかってきたね！
だから、**3回目までに赤1回、それ以外2回**となればいいんだ。

じゃあ、**3回目までに対して、反復試行の確率**で考えるんですね！

①②③④
赤○○赤 → 4回目は絶対に赤！
赤1回、それ以外2回
という反復試行の確率

ピカイチ解答

1回の操作で赤が出る確率は

$$\frac{\cancel{5}}{\cancel{10}_{2}}=\frac{1}{2}$$

よって4回目に2度目の赤が出る確率は

① ② ③ | ④
○ 赤 ○ | 赤
（①〜③：反復試行の確率）

3回目までに赤1回、それ以外2回、4回目に赤が出る確率は

$$\underbrace{{}_3C_1\left(\frac{1}{2}\right)^1\left(\frac{1}{2}\right)^2}_{\text{反復試行の確率}}\times\underbrace{\frac{1}{2}}_{\text{4回目が赤の確率}}=\frac{3}{16}$$

なるほど〜。少しずつわかってきましたよ。

それはヨカッタ、ヨカッタ。

結局大事なことは、**「自分で玉を取り出すつもりになって考えること」**なんだよね。「4回目に2度目の赤玉が出る」ってことは、

①②③④
○ ○ 赤 赤
赤 ○ ○ 赤
○ 赤 ○ 赤
○ 赤 赤 ○ ←これは違う！

ってわかるよね。**失敗してもいいから、自分で取り出すつもりになって、こうやって書き出していくこと。**で、失敗したのはなぜなんだろうと考えたとき、「4回目が赤になってないからだ！」とわかり、じゃあ「3回目までに赤が1回、他が2回で、4回目は絶対に赤だ」という反復試行の確率だ、とつながっていくわけです。

なるほど〜。書き出すときって間違えないようにしなきゃって思ってしまうんですけど、**むしろ失敗したときに、方針が見えてくる**ってこともあるんですね。

すごくいいこと言ってくれたね！

「失敗」と書いて「成長」と読もう！

あ〜、先生もいいこと言う！

POINT ●**自分で玉を取り出すつもりになって考えると、解き方が見えてくる！**

点Pはxyz空間の原点Oから出発し、さいころを投げるごとに次の規則に従って動く。点Pが点(a, b, c)にいるとき

出た目が3以下ならば$(a+1, b, c)$に動く。
出た目が4または5ならば$(a, b+1, c)$に動く。
出た目が6ならば$(a, b, c+1)$に動く。

(1) さいころを5回投げるとき、点Pのy座標が3である確率は$\dfrac{\boxed{アイ}}{\boxed{ウエオ}}$である。

(2) さいころを9回投げるとき、点Pがちょうど$(4, 3, 2)$の位置に来る確率は$\dfrac{\boxed{カキ}}{\boxed{クケコ}}$である。

2019 青山学院大

イマイチ解答

よし、もう反復試行の確率は完璧だぞ～。任せてください！

さいころを1回投げて1, 2, 3が出る事象をAとする。このときx軸方向に＋1でその確率$P(A)=\dfrac{1}{2}$

さいころを1回投げて4, 5が出る事象をBとする。このときy軸方向に＋1でその確率$P(B)=\dfrac{1}{3}$

さいころを1回投げて6が出る事象をCとする。このときz軸方向に＋1でその確率$P(C)=\dfrac{1}{6}$

(1) 5回投げてy座標が3

①	②	③	④	⑤
B	○	B	○	B

Bが3回、他が2回となればよい。

$${}_5C_3\left(\frac{1}{3}\right)^3\left(\frac{2}{3}\right)^2=10\cdot\frac{4}{3^5}=\underline{\frac{40}{243}}$$

(2) 9回投げて(4, 3, 2)

①	②	③	④	⑤	⑥	⑦	⑧	⑨
A	A	A	A	B	B	B	C	C

Aが4回、Bが3回、Cが2回となればよい。

$${}_9C_4\left(\frac{1}{2}\right)^4\left(\frac{1}{3}\right)^3\left(\frac{1}{6}\right)^2$$
$$=\frac{9\cdot 8\cdot 7\cdot 6^2}{4\cdot 3\cdot 2\cdot 1}\cdot\frac{1}{2^4}\cdot\frac{1}{3^3}\cdot\frac{1}{6^2}$$
$$=\frac{7}{2^3\cdot 3^1\cdot 36}=\underline{\frac{7}{864}}$$

で、できました……。

なんだい。自信なさそうじゃないか？ (1)は正解だよ。たしかに(2)がね……。

やっぱり、そうですよね。ピカイチ解答、教えてください！

(2)は、Aが4回、Bが3回、Cが2回出れば、その順番はなんでもいいよね。

①	②	③	④	⑤	⑥	⑦	⑧	⑨
A	A	A	A	B	B	B	C	C
A	C	A	A	A	C	B	B	B
C	B	A	B	A	A	C	A	B
				⋮				

これらの並ばせ方はいくつある？

同じものを含む順列で$\frac{9!}{4!3!2!}$通りですよね。

そういうこと。これを${}_9C_4$通りにしてしまうと、**①〜⑨のうち、どこの4回でAになるかを決めるだけで、他のB3回、C2回がどこに来るかが決まってないよ**ね。

じゃあB3回、C2回を決めるという意味で

$\underbrace{{}_9C_4}_{A4回}\cdot\underbrace{{}_5C_3}_{B3回}\cdot\underbrace{{}_2C_2}_{C2回}$でもいいですか？

うん。それでも大丈夫だよ。でも同じものを含む順列で$\frac{9!}{4!3!2!}$としたほうがコンパクトにまとまるし、見やすいから、こっちを使うようにしよう！

ピカイチ解答

さいころを1回投げて1, 2, 3が出る事象をAとする。このときx軸方向に＋1でその確率$P(A)=\frac{1}{2}$

さいころを1回投げて4, 5が出る事象をBとする。このときy軸方向に＋1でその確率$P(B)=\frac{1}{3}$

さいころを1回投げて6が出る事象をCとする。このときz軸方向に＋1でその確率$P(C)=\frac{1}{6}$

(1)　5回投げてy座標が3

①	②	③	④	⑤
B	○	B	○	B

Bが3回、他が2回となればよい。

$${}_5C_3\left(\frac{1}{3}\right)^3\left(\frac{2}{3}\right)^2=10\cdot\frac{4}{3^5}=\underline{\frac{40}{243}}$$

(2)　9回投げて(4, 3, 2)

①	②	③	④	⑤	⑥	⑦	⑧	⑨
A	A	A	A	B	B	B	C	C

Aが4回、Bが3回、Cが2回となればよい。

$$\frac{9!}{4!3!2!}\left(\frac{1}{2}\right)^4\left(\frac{1}{3}\right)^3\left(\frac{1}{6}\right)^2$$

$$=\frac{\cancel{9}\cdot\cancel{8}\cdot 7\cdot\cancel{6}\cdot 5}{\cancel{3}\cdot\cancel{2}\cdot 1\cdot\cancel{2}\cdot 1}\cdot\frac{1}{\underset{2^2}{\cancel{2^4}}}\cdot\frac{1}{\underset{3}{\cancel{3^3}}}\cdot\frac{1}{6^2}$$

$$=\underline{\frac{35}{432}}$$

POINT ●「反復試行の確率」の式の立て方をマスターしよう！

3個のさいころを投げるとき、出た目の最大値が6である確率は□である。

2020 名城大・改

イマイチ解答

（ⅰ）1個のさいころで6が出る

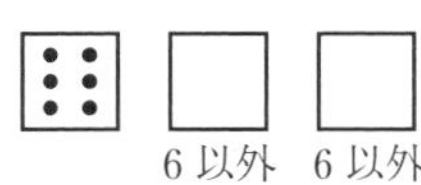

$$\underbrace{{}_3C_1\left(\frac{1}{6}\right)^1\left(\frac{5}{6}\right)^2}_{\text{反復試行の確率}}=\frac{\cancel{3}\cdot 25}{\underset{2}{\cancel{6}}\cdot 6\cdot 6}=\frac{25}{72}$$

（ⅱ）2個のさいころで6が出る

$$\underbrace{{}_3C_2\left(\frac{1}{6}\right)^2\left(\frac{5}{6}\right)^1}_{\text{反復試行の確率}}=\frac{\cancel{3}\cdot 5}{\underset{2}{\cancel{6}}\cdot 6\cdot 6}=\frac{5}{72}$$

（ⅲ）3個のさいころで6が出る

$$\left(\frac{1}{6}\right)^3=\frac{1}{216}$$

（ⅰ）〜（ⅲ）より求める確率は

$$\frac{75+15+1}{216}=\frac{91}{216}$$

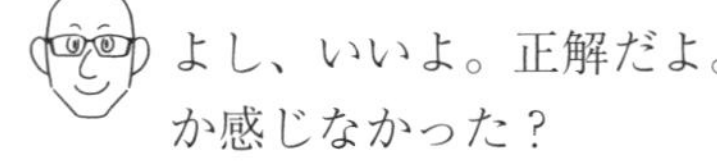

よし、いいよ。正解だよ。でも何か感じなかった？

ん〜。**反復試行の確率ができるようになってきて嬉しいなあ〜**って思いました。

それはいいことだ。頑張ったことが成果として出るのはやっぱり嬉しいし、自信になるよね。
他に何かある？

え、他にですか？
ん〜そうだなあ。**場合分け3通りはちょっと面倒かな。**

そうだよね、言ってほしかったのはそれなんだよね（笑）。

確率は、直接求めるよりも**余事象の確率を利用して求めたほうが楽**なこともあるんだ！

ピカイチ解答

3個のさいころを区別して考える。
このとき目の出方の総数は6^3通り。

出た目の最大値が6

↓

1個のさいころで6が出る。 ⚅ □（6 以外） □（6 以外）
2個のさいころで6が出る。 ⚅ ⚅ □（6 以外）
3個のさいころで6が出る。 ⚅ ⚅ ⚅

余事象で考える。 □（6 以外） □（6 以外） □（6 以外）

↓

6が出るさいころが1個もない。

→ こちらで計算するほうが楽！

6が1個も出ないのは5^3通り。
よって求める確率は

$$1-\frac{5\cdot5\cdot5}{6\cdot6\cdot6}=1-\frac{125}{216}$$
$$=\frac{91}{216}$$

お～計算量が少ないし、一瞬で終わりましたね。

そうだね。**「自分でさいころを投げる」つもりになって考えて**、まずは場合分けをしてみよう！　それが面倒なとき、**余事象のほうが楽にならないか、考えてみる**。この手順で考えていくのがポイントだね。

ところで、占いには行ったことはあるかい？

え、ないですけど、先生急にどうしたんですか？

たとえばね、太郎が花子にプロポーズしたとするよ。花子は「返事はちょっと待ってね」って言ってきた。花子の返事は「OK」か「NO」か？　はたしてどっちを言ってくるか、太郎は気になってしまい、3人の占い師さんに占ってもらうことにしたんだ。

占い師A「私の占いの当たる確率は**70%**だよ」
占い師B「私の占いの当たる確率は**50%**だよ」
占い師C「私の占いの当たる確率はたった**20%**だよ」

太郎は占い師A，B，Cの誰か1人にしか占ってもらえないとすると、誰に聞けばいいと思う？　太郎の占い師への質問は↓こうだよ。

太郎「花子の返事は"OK"か"NO"か、どっちだと思いますか？」

え、やっぱ占い師Aじゃないですか？　70%でいちばん当たる確率が高いわけだし……。

まぁ、そう考える気持ちもわかるよ。でも、よく考えて。今回は2択だよ。「OK」or「NO」だよ。ってことは……。

……あ！　わかった！
占い師Cだ。Cがもし「OKって花子は言うよ」って言ったら、本当にそうなる確率が20%、逆の言い方をすれば「NO」と花子が言う確率が80%。これは他の占い師のどの確率よりも高いです。

正解！　占い師Cに占ってもらって、言われたことと逆のこと、つまり余事象を信じればいいんだ。ってことで余事象の勉強は以上です！

POINT
- **自分でさいころを投げるつもりになって、考える！**
- **まずは場合分け→面倒なら余事象を使えないか考える！**

店に立ち寄るたびに$\frac{1}{7}$の確率で傘を忘れる人が、店A、店B、店A（店Aには2回立ち寄っている）の順に立ち寄ったあと、傘を忘れたことに気づいた。店Aに傘を忘れた確率は□である。ただし、最初に傘は1本だけ持っていたとする。

2018 東海大

イマイチ解答

何これ、おもしろい問題ですね。店A→店B→店Aって、どういうお店なのかな、と気になってしまうけど（笑）。とりあえず解いてみますね。

傘を忘れる確率$\frac{1}{7}$なので、店Aに傘を忘れる確率は、

（ｉ）（最初の）店Aで忘れる

$$\frac{1}{7}$$

（ii）店Aで忘れない→店Bで忘れない→店Aで忘れる

$$\frac{6}{7}\times\frac{6}{7}\times\frac{1}{7}=\frac{36}{343}$$

（ｉ）（ii）より店Aで忘れる確率は、

$$\frac{49+36}{343}=\frac{85}{343}$$

できました。結構簡単にできたけど……。

ん〜、それっぽい解法だけど、違うんだ。

問題文をよく読んでごらん。「傘を忘れたことに気づいた」と書いてあるよね。「店Aに傘を忘れる確率を求めよ」ではないってこと！

つまり、「傘を忘れたという前提（条件）で店Aに忘れていた確率を求めよ」という……

あ、**条件付き確率**ですか？

そういうこと！

覚えて！

条件付き確率

$$P_A(B)=\frac{P(A\cap B)}{P(A)}$$

Aが起こるという条件の下で、
Bが起こる（起こっていた）確率

イメージとしては、**「①第一志望校に合格する確率」**と**「②共通テストIAで満点を取るという条件の下で第一志望校に合格する確率」**だったら、どっちのほうが確率は低いかな？

②です！　共通テストで満点を取って、さらに第一志望校受かるってそりゃあ難しいですよ。

だよね。それが条件付き確率。
②の求め方は、

$$\frac{\text{共通テストIAで100点ゲットし、かつ第一志望校に合格する確率}}{\text{共通テストIAで100点ゲットする確率}}$$

っていうふうになるんだ。

あとね「**③第一志望校に合格していたとき、共通テストIAが満点だった確率**」という聞かれ方もあるよ。時系列が逆になると違和感をもつ人がいるかもしれないけど、同じように

$$\frac{\text{共通テストIAで100点ゲットし、かつ第一志望校に合格する確率}}{\text{第一志望校に合格する確率}}$$

と出していけばいいんだ。

今回の問題のタイプですね。「傘を(どこかの店で)忘れたという条件で、店Aに忘れていた確率」だから、時系列としては戻る形になりますね。

その通り！
だから、まず「傘を(どこかの店で)忘れる確率」を場合分けして求めよう。そして「傘を店Aで忘れる確率」を求めよう。
求める条件付き確率は、

$$\frac{\text{「傘を店Aで忘れる確率」}}{\text{「傘を(どこかの店で)忘れる確率」}}$$

ということになるよ。

ピカイチ解答

(ⅰ)(最初の)店Aで忘れる場合

$$\frac{1}{7}$$

(ⅱ)店Aで忘れない→店Bで忘れる場合

$$\frac{6}{7}\times\frac{1}{7}=\frac{6}{49}$$

(ⅲ)店Aで忘れない→店Bで忘れない→店Aで忘れる場合

$$\frac{6}{7}\times\frac{6}{7}\times\frac{1}{7}=\frac{36}{343}$$

(ⅰ)〜(ⅲ)より、どこかの店で傘を忘れる確率は

$$\frac{49+42+36}{343}=\frac{127}{343}$$

店Aに傘を忘れるのは、(ⅰ)と(ⅲ)なので

$$\frac{49+36}{343}=\frac{85}{343}$$

よって求める条件付き確率は

分子と分母に343をかける

$$\frac{\frac{85}{343}}{\frac{127}{343}}=\frac{85}{127}$$

条件付き確率は共通テストでもほぼ毎年出題されているよ(2023年は出なかったけど)。しっかり練習していきましょう！

POINT ●**条件付き確率の式の立て方をマスターしよう！**

不思議なさいころがあり、奇数の目は偶数の目の2倍の確率で出るという。このさいころを1回だけ振って出た目の数が得点になるゲームを行う。得点の期待値は、次のうちのどれか。小数第2位を四捨五入して小数第1位まで求めよ。ただし奇数の目1，3，5の出る確率は等しく、偶数の目2，4，6の出る確率は等しいとする。

① 3.0　② 3.1　③ 3.2　④ 3.3　⑤ 3.4

2013 湘南工科大

イマイチ解答

得点をXとする。
奇数の目は偶数の目の2倍の確率だから、

$$P(X=1)=P(X=3)=P(X=5)=\frac{2}{6}$$

$$P(X=2)=P(X=4)=P(X=6)=\frac{1}{6}$$

期待値$E(X)$は、

$$E(X)=1\times\frac{2}{6}+2\times\frac{1}{6}+3\times\frac{2}{6}+4\times\frac{1}{6}+5\times\frac{2}{6}+6\times\frac{1}{6}$$

$$=\frac{2}{6}+\frac{2}{6}+\frac{6}{6}+\frac{4}{6}+\frac{10}{6}+\frac{6}{6}$$

$$=\frac{30}{6}=5$$

あ、あれ……選択肢に5がない……。

$P(X=1)\sim P(X=6)$の確率が間違ってるよ。まずは期待値について解説するね。

たとえば、本数10本のくじに次のような賞金がついている。

100円	1本
10円	3本
はずれ	6本
計	10本

どれだけの賞金が期待できるか考えてみよう。
10本の賞金の総額は
$100\times1+10\times3+0\times6=130$円　…①
くじ1本あたりでは
$130\div10=13$円

したがってくじを1本引くとき、平均して13円の賞金を期待できるんですね。

そうそう。実際に13円の賞金をゲットすることはないけどね。あくまで「平均」なんだ。

ここで①の両辺を10で割ると、

$$100\times\frac{1}{10}+10\times\frac{3}{10}+0\times\frac{6}{10}=13\text{円}$$

つまり、**「(賞金額×確率)の和＝(平均に期待される金額)」**で、これのことを**「期待値」**というんだ。

期待値の計算の手順は次の通りだよ。
①変量Xのとりうる値を確認。
②Xに対する確率$P(X)$を求める。

③（Xの値×確率$P(X)$）の和が期待値となる。

ピカイチ解答

得点をXとする。
Xのとりうる値は
$X=1, 2, 3, 4, 5, 6$

①変量Xのとりうる値を確認

奇数の目は偶数の目の2倍の確率だから、
$P(X=1)=P(X=3)=P(X=5)$
$=2a$
$P(X=2)=P(X=4)=P(X=6)$
$=a$

$P(X=1)$から$P(X=6)$の和は1だから、
$2a\times3+a\times3=1$
$6a+3a=1$
$9a=1$
$\therefore a=\dfrac{1}{9}$

②Xに対する確率$P(X)$を求める

確率はすべて足すと1になるよ。

確率分布表は

X	1	2	3	4	5	6	計
$P(X)$	$\frac{2}{9}$	$\frac{1}{9}$	$\frac{2}{9}$	$\frac{1}{9}$	$\frac{2}{9}$	$\frac{1}{9}$	1

たしかに、確率分布表を見ると全部足して1になっていますね！
イマイチ解答では、確率を全部足して1になってなかったんですね……。

期待値$E(X)$は、

$$E(X)=1\times\frac{2}{9}+2\times\frac{1}{9}+3\times\frac{2}{9}+4\times\frac{1}{9}+5\times\frac{2}{9}+6\times\frac{1}{9}$$
$$=\frac{1}{9}(2+2+6+4+10+6)$$
$$=\frac{30}{9}=\frac{10}{3}=3.33\cdots$$

よって、答えは ④3.3

この「期待値」の問題は、2023年度に高校2年生になる生徒から数学A「場合の数と確率」に新たに加わったものだよ。
2023年度に高校3年生になった人にとっては数学B「確率分布と統計的な推測」の学習内容なんだよね。

POINT
- 確率の和が1になることを確かめよう！
- 期待値$E(X)=$（値×確率）の和

$\frac{1}{m}-\frac{1}{2n}=\frac{1}{10}$ を満たす自然数の組 (m, n) をすべて求めると、□である。

2018 関西大

イマイチ解答

$$\frac{1}{m}-\frac{1}{2n}=\frac{1}{10}$$

両辺に $\times 10mn$

$$10n-5m=mn$$

$$mn+5m-10n=0$$

$$(m-10)(n+5)-(-50)=0$$

$$(m-10)(n+5)=-50$$

$m-10$	-1	-2	-5	-10	-25	-50	1	2	5	10	25	50
$n+5$	50	25	10	5	2	1	-50	-25	-10	-5	-2	-1
m	9	8	5	0	-15	-40	11	12	15	20	35	60
n	45	20	5	0	-3	-4	-55	-30	-15	-10	-7	-6

$+10$、-5

m, n は自然数より、

$(m, n)=(9, 45), (8, 20), (5, 5)$

先生、できました！　結構、自信がありますよ！

うん、いいよ。自信があるだけあって正解よ！　でも、もう少しスマートな解法を身につけてほしいんだ。ちょっとこの練習問題をやってみて。

例　$xy-x-2y=0$ を満たす整数解 (x, y) を求めよ。

目標の形

$(\qquad)\times(\qquad)=$ 整数

積の形

このタイプの問題は**強引に因数分解して、「$(\qquad)\times(\qquad)=$ 整数」という形をつくっていくよ**。xy を強引に $(x-□)(y-○)$ と分解していくんだ。

展開すると、

$(x-□)(y-○)$

$=xy-○x-□y+○\cdot□$

この右辺が $xy-x-2y$ となればいいから……、

○が1、□が2ですね。

そうだね。

そうすると $(x-2)(y-1)$ を展開してみると、

$(x-2)(y-1)=xy-x-2y+2$

この「$+2$」が蛇足だよね（与式にはない）。

その分を引いてあげて

$(x-2)(y-1)-2=0$

└ 展開したら $xy-x-2y+2$

$(x-2)(y-1)=2$

整数×整数＝2

$x-2$ も $y-1$ も整数だから、かけて2になる整数の組を考えるよ。

$x-2$	1	2	-1	-2
$y-1$	2	1	-2	-1
x	3	4	1	0
y	3	2	-1	0

$+2$、$+1$

$\therefore (x, y)=(3, 3), (4, 2), (1, -1), (0, 0)$

この解き方で考えると、さっきより効率的に答えが出てくるから、やってみよう！

ピカイチ解答

$$\frac{1}{m}-\frac{1}{2n}=\frac{1}{10}$$ 両辺に×$10mn$

$$10n-5m=mn$$

$$mn+5m-10n=0$$

$$(m-10)(n+5)-(-50)=0$$

→ $mn+5n-10n-50$ なので、「-50」が蛇足

$$(m-10)(n+5)=-50$$

m, n は自然数より、（→正の整数）

$m\geqq1$ なので $m-10\geqq-9$（両辺から -10）

$n\geqq1$ なので $n+5\geqq6$（両辺に $+5$）

-9 以上の数と 6 以上の数をかけて -50 になる数を考えよう。

$m-10$	-1	-2	-5
$n+5$	50	25	10
m	9	8	5
n	45	20	5

$(m, n)=(9, 45), (8, 20), (5, 5)$

今回は、m, n は自然数なんですよね。

そう。だから表を書いて、積が -50 の数を見つける前に **$m-10$, $n+5$ の範囲を絞り込んでいきましょう。**

最初の解答だと、かけて -50 になるものを全部書き出したけど、こうやって範囲を絞り込むことによって、答えは最短距離で出せますね。

そうなんだ。もう1つセンター試験の過去問（一部抜粋だけどね）をやってみよう。

例 a と b はともに2以上の整数とする。
$(3a-1)(6-b)=130$ を満たす a, b は
$a=$ アイ, $b=$ ウ である。

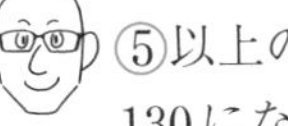

うわ〜、130かぁ。これは大変。上手に $3a-1$ と $6-b$ の範囲を調べなきゃ。

$a\geqq2$ より（両辺に×3）
$3a\geqq6$（両辺から -1）
$3a-1\geqq5$

$b\geqq2$ より（両辺に×(-1)）
$-b\leqq-2$（両辺に $+6$）
$6-b\leqq4$

5 以上の数と 4 以下の数をかけて130になる数を考えよう。

$3a-1$	130	65
$6-b$	1	2
a	／	22
b	／	4

（整数にならない）

よって $a=22, b=4$

POINT
- **整数解の問題は、「(　)×(　)＝整数」の形をつくろう！**
- **範囲を絞り込んで、無駄な計算を省こう！**

1591と1517の最大公約数は□である。

2020 京都産業大

イマイチ解答

) 1591　1517

せ、先生……。
割れる数が見つかりません……。

ドンマイ！　ドンマイ！
素因数分解以外で、最大公約数を求める方法を覚えているかい？

いや、全然記憶にございません……（笑）

「ユークリッドの互除法」だよ。

最大公約数の性質　覚えて！

自然数$a, b\ (a>b)$について、aをbで割った商をq、余りをrとすると

$$a=bq+r$$

であり、このとき、「aとbの最大公約数」＝「bとrの最大公約数」となる。

「割られる数と割る数の最大公約数」は「割る数と余りの最大公約数」と等しい

例　104と91の最大公約数を求めよ。

$104=91\times1+13$ ←「104と91の最大公約数」は「91と13の最大公約数」と等しい！

$91=13\times7$

となり、割り切れたから、91と13の最大公約数は13になる。
よって104と91の最大公約数は13

この一連の除法を繰り返して最大公約数を求める方法を**「ユークリッドの互除法」**と言うんだ。

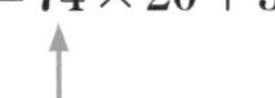

ピカイチ解答

$1591=1517\times1+74$

↑「1591と1517の最大公約数」は「1517と74の最大公約数」と等しい

$1517=74\times20+37$

↑「1517と74の最大公約数」は「74と37の最大公約数」と等しい

$74=37\times2$ ← 割り切れた！

よって1591と1517の最大公約数は37

なんか思い出しました。

よかったよかった。
「ユークリッドの互除法」を応用すると、いろいろな問題が解けるようになるよ。
次の問題も実はその1つなんだ。いってみよう！

ちょっと一息

受験数学 ≒ 数学

あくまでも個人的な意見ですが、「受験数学」と「数学」は違うと思います（ここでは大学入学共通テストと大学の一般入試の数学のことを「受験数学」と言い、学問としての「数学」とは区別します）。

やはり制限時間があるか、ないか、というのは大きな違いです。「受験数学」は、その制限時間内により多くの点数をもぎ取って、相対的に評価し合否を分けるわけです。
ですから、「受験数学」には覚えることがやはり必要。「知ってるから解ける」という問題が多くあるわけですから。

よく生徒に聞かれます。
「先生は覚える派ですか？　考える派ですか？」
数学を教える上で生徒に「覚えなさい」と言うか「考えて解きなさい」と言うか、どっちを大事にしているか、という議論なわけですが、一般的には受験数学の最初は「覚える」でいいでしょう。基本レベルの問題の解法をパターンとして覚えたら、標準レベルの問題は少し考えるだけで解けるようになります。
そして、標準レベルの問題の解法をパターンとして覚えたら、発展レベルの問題は少し考えるだけで解けるようになっていく……。この繰り返しです。

過去問題があるというのも「受験数学」の1つの特徴です。たとえば、次のような私立の過去問があったとしましょう。

1 小問集合
（1）半角の公式、合成で最大値最小値を求める問題（本書62のような）
（2）対数不等式の問題（本書70のような）
（3）n 進法の問題（本書38のような）
（4）数列の漸化式の問題（本書91のような）
2 大問
確率（1）～（4）まで
3 大問
微積分（1）～（4）まで

そしたらまず、1の小問集合は4問中4問しっかり正解したいところ！　小問は頻出単元が決まっている大学は少ないので、本書を使って訓練していってください。
また、小問は記述形式ではなく答えのみでよい問題が多いので、計算なんかしなくても答えを予測できる場合があったりします。

「これって$\frac{\pi}{2}$かπのどっちかだよね（笑）」
先日の授業でも、こんなことがありました。

そして、小問が解けるような基礎学力がついたら、大問も（1）は解けるはずです。
あとは過去問を何年分か見てください。3は微分積分が必ず毎年出るねー、とか、2は確率、数列、ベクトルが隔年で出るんだー、とかわかるはずです。
それらの単元を徹底的に潰していきましょう。そうすると設問が（1）～（4）まであったとき、（3）ぐらいまでいければ、合格最低点は超えるはずです。
そう、「受験数学」は「制限時間内に合格最低点を超えればいい」のです。
考え方と努力の仕方で、君たちの人生はいくらでも変えられるぞ！

POINT

- **最大公約数を求める問題では「ユークリッドの互除法」も使えるようになろう！**

37

方程式$13x+31y=1$の整数解のうち、xの値が最小の正の数であるものは$x=\square$, $y=\square$であり、xの値が最大の負の数であるものは$x=\square$, $y=\square$である。

2020 京都産業大

イマイチ解答

$13x+31y=1$
$13\cdot1+31y=1$　×
$13\cdot2+31y=1$　×
$13\cdot3+31y=1$　×
$13\cdot4+31y=1$　×
$13\cdot5+31y=1$　×
$13\cdot6+31y=1$　×
$13\cdot7+31y=1$　×
$13\cdot8+31y=1$　×
$13\cdot9+31y=1$　×
$13\cdot10+31y=1$　×
$13\cdot11+31y=1$　×
$13\cdot12+31y=1$　$y=-5$

はあ〜。やっと見つかった（笑）
$x=12$, $y=-5$

じゃあ、次！
xの値が最大の負の数だから、xに$-1, -2, \cdots$と代入していくか。

はい、ストップー!!
多分そのやり方だと日が暮れるね。

先生、今、夜ですね。

じゃあ、日が明けるね。っていうのはどうでもよくて！
この問題も「ユークリッドの互除法」を使って解いてみよう。

まず、「$13x+31y=1$」を満たす(x, y)は無数にあるよ。$(x, y)=(12, -5)$, $(43, -18)$, $\left(0, \frac{1}{31}\right)$, $\left(\frac{1}{13}, 0\right)$……など。
このように解が定まらないことを**「不定」**と言うんだ。

で、解が無数にある方程式だから**「不定方程式」**と言うんですね。

そういうこと！
「不定方程式」は、何か1つ解（これを「特殊解」という）を見つけることができれば、それを利用してすべての解（一般解）を求めることができるんだ。

その特殊解を見つけるために**「ユークリッドの互除法」**を利用するんですね！

ピカイチ解答

$$13x+31y=1$$

余り　　余りを主役に直す

$31=13\times2+5 \Rightarrow 5=31-13\times2$

$13=5\times2+3 \Rightarrow 3=13-5\times2$

$5=3\times1+2 \Rightarrow 2=5-3\times1$

$3=2\times1+1 \Rightarrow 1=3-2\times1$

この式からスタート

$1=3-(5-3\times1)\times1$

$=3-5\times1+3\times1$

$=3\times2-5\times1$

$=(13-5\times2)\times2-5\times1$

$=13\times2-5\times5$

$=13\times2-(31-13\times2)\times5$

$=13\times2-31\times5+13\times10$

$=13\times12-31\times5$

よって$13x+31y=1$を満たす整数解(x, y)の1つは$(x, y)=(12, -5)$である。

$$\begin{array}{r} 13x+31y=1 \\ -)\ 13\cdot12+31\cdot(-5)=1 \\ \hline 13(x-12)+31(y+5)=0 \end{array}$$

移項

$$13(x-12)=-31(y+5)$$

13と31は互いに素。
それらがイコールで結ばれているから、両方とも13の倍数かつ31の倍数。
すなわち$13\times31k$（k：整数）

$$13(x-12)=-31(y+5)=13\times31k$$
（k：整数）

$13(x-12)=13\times31k$の両辺を13で割った

$$\begin{cases} x-12=31k \\ y+5=-13k \end{cases}$$

$-31(y+5)=13\times31k$の両辺を-31で割った

$$\begin{cases} x=31k+12 \\ y=-13k-5 \end{cases}$$
← これが一般解！

xの値が最小の正の数であるものは

$k=0$で$x=12$
$k=-1$で$x=-31+12=-19$
$k=-1$はxが負になるのでNG！

$k=0$のときで$x=12$, $y=-5$

xの値が最大の負の数であるものは
$k=-1$のときで$x=-19$, $y=8$

不定方程式で特殊解を見つけるときは、いつでも必ず「ユークリッドの互除法」を使うわけではないよ。簡単に見つかる場合もあるし。
でも、**どうしても見つからない場合は「ユークリッドの互除法」を使って特殊解を出す**って覚えておこう！

POINT
- **不定方程式の特殊解を、ユークリッドの互除法で見つけられるようにしよう！**

10進法で表された2桁の自然数Aを4進法で表すと、数字の並び方が反対の順になった。このときAを10進数で表すと、$A=$□である。

2017 立教大

イマイチ解答

$A=xy_{(10)}=yx_{(4)}$

$10x+y=16y+4x$

$6x=15y$

これを満たす整数(x, y)の1つは

$(x, y)=(5, 2)$

よって$A=52$

残念、違うな〜。

まずは、n進法についてまとめると……。

> **n進法** 覚えて！
>
> 0から$n-1$までのn種類の数字を用いて、nで1つ位が繰り上がるように表す方法

気を付けてほしいのは、**n進法のとき、1の位がn^0になる**ってこと。

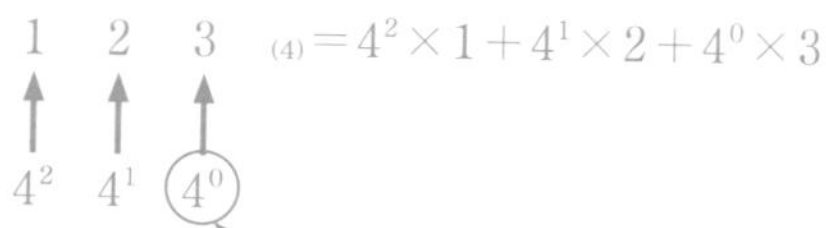

$123_{(4)}=4^2\times1+4^1\times2+4^0\times3$

ここを4^1にしないように注意！

例

(1) 2進法で表された$101011_{(2)}$を10進法で表すと□

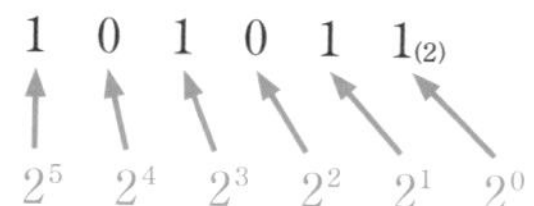

$101011_{(2)}$（各位は2^5, 2^4, 2^3, 2^2, 2^1, 2^0）

$=2^5\times1+2^4\times0+2^3\times1+2^2\times0$
$+2^1\times1+2^0\times1$

$=32+8+2+1$

$=43$

(2) 10進法で表された194を5進法で表すと□

$194=a\ b\ c\ d_{(5)}$（各位は5^3, 5^2, 5^1, 5^0）

$194\div5^3=1\cdots69$ より $a=1$

$69\div5^2=2\cdots19$ より $b=2$

$19\div5^1=3\cdots4$ より $c=3$

$4\div5^0=4$

よって $194=1234_{(5)}$

(2)は194を順次5で割った余りと最後の商を求めて、矢印の流れに沿って数字を並べると、10進法で表された194が5進法で$1234_{(5)}$と表されることになるんだよ。

5) 194
5) 38 … 4
5) 7 … 3
1 … 2

10進法からn進法、n進法から10進法、理解できましたよ、先生！

そしたら、さっきの問題に戻ろうか。

ピカイチ解答

4進法ということは、1つの桁に入る数字を0, 1, 2, 3の4種類の数字を用いて表すってことだよね。

$123_{(4)}$とかですよね。
$543_{(4)}$なんてことは絶対にない。

ってことは……。

$A=xy_{(10)}=yx_{(4)}$

$10x+y=4y+x$

$9x=3y$

$3x=y$　…★

（x ← 10^1、$y_{(10)}$ ← 10^0、$=y$ ← 4^1、$x_{(4)}$ ← 4^0）

ここで、x, yは0, 1, 2, 3のどれかってことですね。

ん～。もう一息！
たとえば、$x=0$, $y=0$だとすると$A=0$になり、2桁の自然数ではなくなってしまうね。

おお、なるほど！
それじゃあ、x, yは1, 2, 3のどれかってことですね。

そうそう！

x, yは$1 \leqq x$, $y \leqq 3$を満たす整数より、★を満たす(x, y)は
$(x, y)=(1, 3)$
$A=13$

OK。よく頑張りました。最後に、小数が入ってくるn進法の問題もやってみましょう。

例

(1) 2進法で表された$0.101_{(2)}$を10進法で表すと□

0.　1　0　$1_{(2)}$
（2^0、2^{-1}、2^{-2}、2^{-3}）

やっぱりここは2^0（2^1ではないことに注意）

$=\dfrac{1}{2}\times1+\dfrac{1}{8}\times1$

$=0.5\times1+0.125\times1$

$=\underline{0.625}$

(2) 10進法で表された0.304を5進法で表すと□

$0.304=0.\ a\ b\ c$
（a ← $5^{-1}=0.2$、b ← $5^{-2}=0.04$、c ← $5^{-3}=0.008$）

$0.304=0.2\times1+0.104$ より $a=1$

$0.104=0.04\times2+0.024$ より $b=2$

$0.024=0.008\times3$ より $c=3$

よって $0.304=\underline{0.123_{(5)}}$

POINT
- **n進法は、1の位がnの0乗になる！**
- **n進法で使う数字は、0～$n-1$まで！**

39 半径1の円に外接する正六角形の面積を求めよ。

2018 早稲田大

イマイチ解答

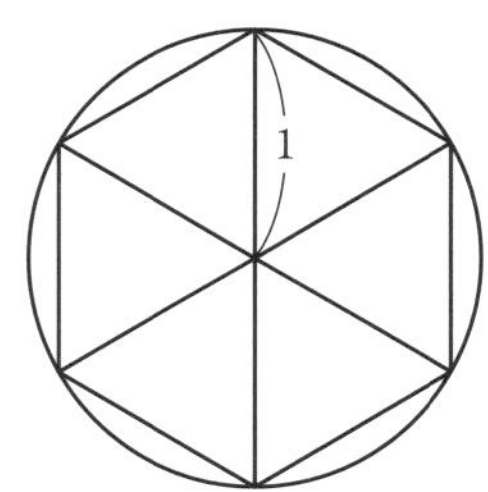

求める正六角形は1辺が1の正三角形を6個並べたもので、求める面積をSとすると

$$S=\overset{3}{\cancel{6}}\times\frac{1}{\cancel{2}}\cdot1\cdot1\cdot\boxed{\sin 60^\circ}^{\frac{\sqrt{3}}{2}}$$

$$=\frac{3\sqrt{3}}{2}$$

できましたー！

あのう……問題文をよく読んで。**一番やっちゃいけないことをやってしまっているぞ！**

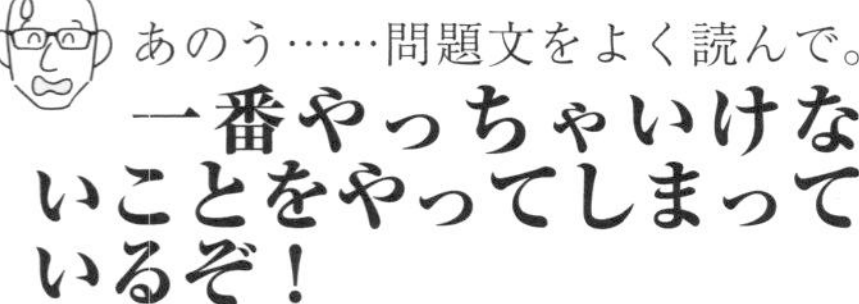

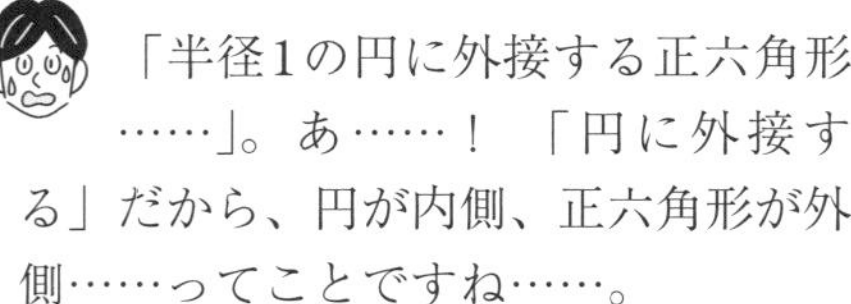

「半径1の円に外接する正六角形……」。あ……！ 「円に外接する」だから、円が内側、正六角形が外側……ってことですね……。

どっちがどっちに外接、内接っていう問題は、間違える生徒が意外と多いからね。同じような読み間違いをしないように、とにかく気を付けて！

ミスはつぶしていかないといけませんね。いや～、入試本番じゃなくてよかった～。

正六角形が正三角形×6個ってところはOK。面積を出すときにこのことを利用していくよ。

> **覚えて！**
>
> **正n角形**
>
> ・円に内接する。
>
> ・円に外接する。
>
> ⇒頂角が$\frac{360^\circ}{n}$の二等辺三角形をn個しきつめたもの。

正三角形

円に内接する

円に外接する

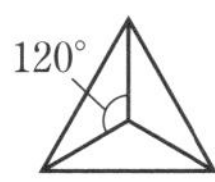

頂角120°の二等辺三角形×3

正方形（正四角形）

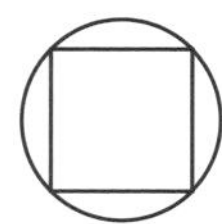

円に内接する

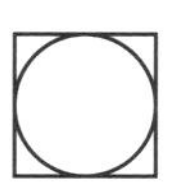

円に外接する

頂角90°の二等辺三角形×4（直角二等辺三角形）

正五角形

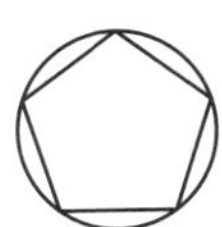

円に内接する

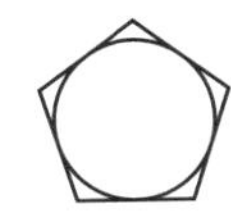

円に外接する

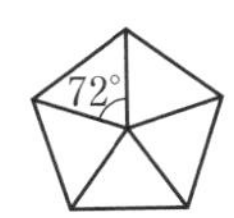

頂角72°の
二等辺三角形×5

正六角形

円に内接する

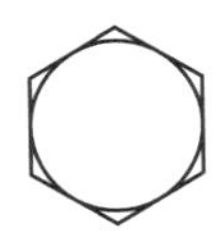

円に外接する

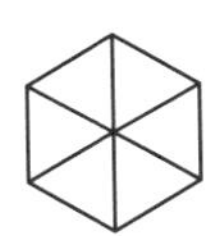

頂角60°の
二等辺三角形×6
（正三角形）

これらは、入試問題を解くうえで非常に大事な性質だ！
しっかり覚えて、理解して、図もかけるようにしておいてほしい。

ピカイチ解答

正六角形
頂角60°の二等辺三角形（つまり正三角形）×6

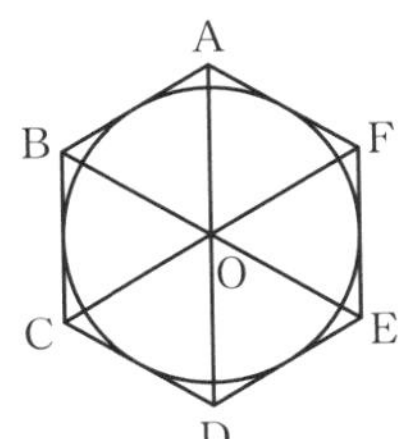

半径1の円ってことですけど、どこに1をかけばいいですかね。

こんな感じでOから垂線OHを下ろすよ。

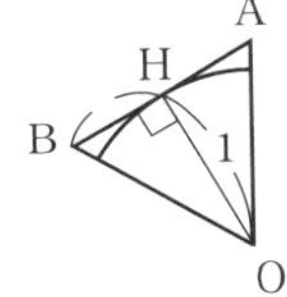

OH＝円の半径＝1ですね。

△OABにおいてOからABに垂線OHを下ろす。

$\mathrm{BH}:\mathrm{OH}=1:\sqrt{3}$ より $\mathrm{BH}=\dfrac{1}{\sqrt{3}}$

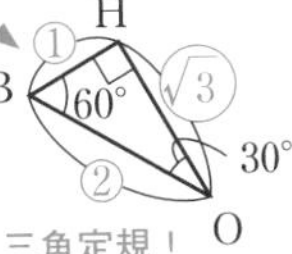

三角定規！

$\therefore \mathrm{AB}=2\mathrm{BH}=\dfrac{2}{\sqrt{3}}$

△OABの面積は

$\dfrac{1}{2}\mathrm{AB}\cdot\mathrm{OH}=\dfrac{1}{2}\cdot\dfrac{2}{\sqrt{3}}\cdot 1=\dfrac{1}{\sqrt{3}}$

よって求める正六角形の面積をSとすると

$S=\triangle\mathrm{OAB}\times 6$

$=\dfrac{1}{\sqrt{3}}\times 6\cdot\dfrac{\sqrt{3}}{\sqrt{3}}$ ← 分母と分子に$\sqrt{3}$をかけて有理化

$=2\sqrt{3}$

POINT
- 内接、外接の問題ではとくに、問題文の読み間違いに気を付ける！
- 正n角形の性質を覚えよう！

40

Oを原点とする座標平面において、点P(3, 1)を通る直線が円 $x^2+y^2=1$ 上の2点A, Bで交わる。ただし、AとBはそれぞれ第1象限、第2象限内の点である。PA $=\sqrt{5}$ のとき、AB $=\dfrac{\square\sqrt{\square}}{\square}$ である。

2016 東邦大

イマイチ解答

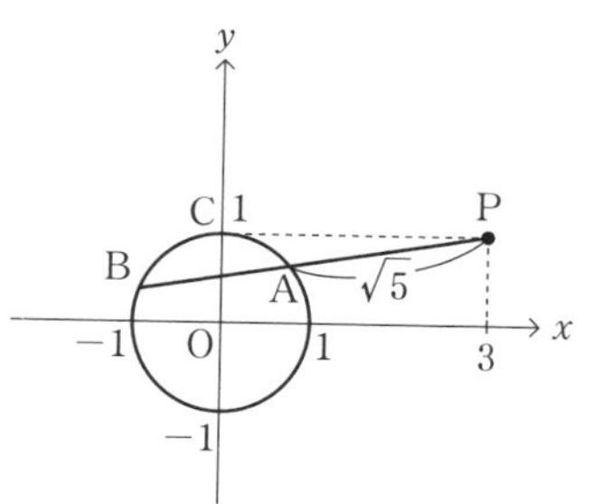

点(0, 1)を点Cとおく。

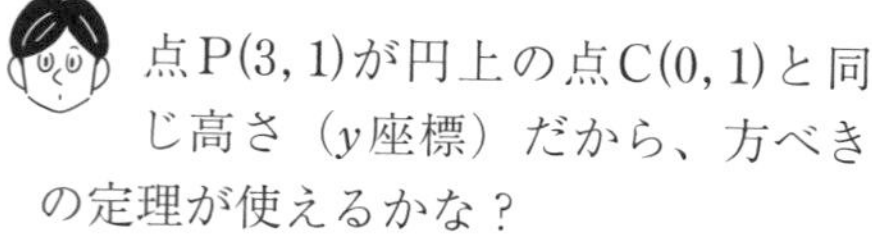

点P(3, 1)が円上の点C(0, 1)と同じ高さ（y座標）だから、方べきの定理が使えるかな？

方べきの定理より、

$\underset{\sqrt{5}}{\underline{\mathrm{PA}}}\cdot\mathrm{AB}=\underset{3}{\underline{\mathrm{PC}}}^2$

$\sqrt{5}\cdot\mathrm{AB}=9$

$\mathrm{AB}=\dfrac{9}{\sqrt{5}}\cdot\dfrac{\sqrt{5}}{\sqrt{5}}$ ← 分母と分子に $\sqrt{5}$ をかけて有理化

$=\dfrac{9\sqrt{5}}{5}$

お～すごい！　よく方べきの定理だって気付けたね。
ただ答えは間違っているんだよね～。

ガーーーン……。

まずは**方べきの定理**の確認からしていこう！

方べきの定理　覚えて！

①点Pが円の内側にあるとき

PA・PB＝PC・PD

必ず点Pからスタート！

②点Pが円の外側にあるとき

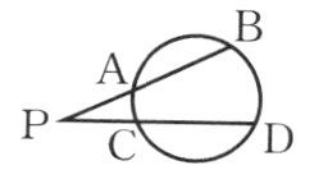

PA・PB＝PC・PD

必ず点Pからスタート！

③点Pが円の外側にあり、1本が接線のとき

②の直線PCDが円と接しているときと考えればよいからC＝Dととらえる。

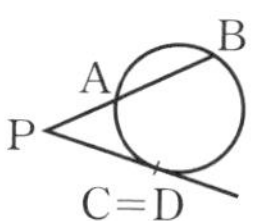

PA・PB＝PC・PD(＝PC²)

必ず点Pからスタート！

例

(1)

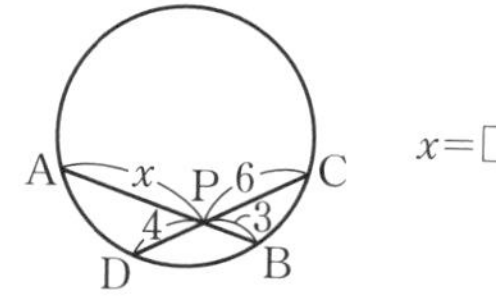

方べきの定理より

PA・PB＝PC・PD

$x\cdot3=6\cdot4$

$3x=24$

$\therefore x=\underline{8}$

(2)

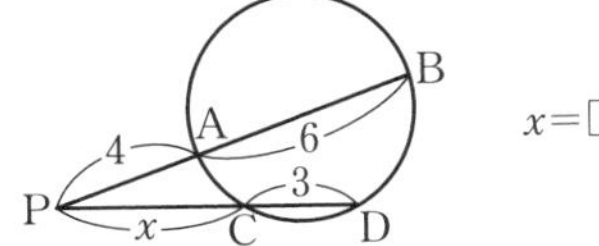

方べきの定理より

$PA\cdot \underset{4+6}{\underline{PB}}=PC\cdot \underset{x+3}{\underline{PD}}$

$4\cdot 10=x(x+3)$

$40=x^2+3x$

$x^2+3x-40=0$

$(x+8)(x-5)=0$

$x>0$ より　$x=\underline{5}$

(3)

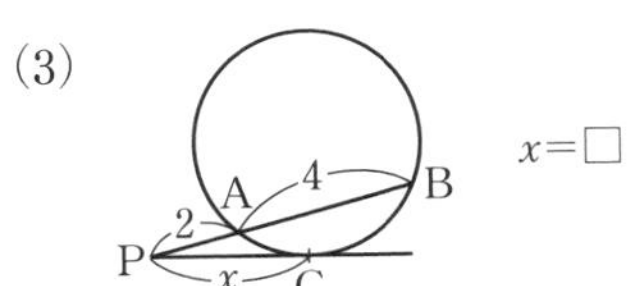

方べきの定理より

$PA\cdot \underset{2+4}{\underline{PB}}=PC^2$

$2\cdot 6=x^2$

$x^2=12$

$x>0$ より　$x=\underline{2\sqrt{3}}$

さっきの問題、必ず点Pからスタートしなくちゃいけないんですね。間違っていたのはそこですね。

その通り。今回の問題では「方べきの定理」を使うというところもポイントになるよね。

・P(3, 1)とC(0, 1)が同じ高さ（y座標）だからPC＝3とすぐわかる。

・「PA＝$\sqrt{5}$」と問題文に書いてある。

この2つから「AB＝□」と聞かれたら「方べきの定理」だ！　と気づきたいところなんだよね。
そしてABを聞かれてるんだけど、PA・AB＝…… としないように！

「方べきの定理」は必ず点Pスタートで PA・PB＝……ですね！

そういうことだ。そしたら解法をつくって仕上げるよ！

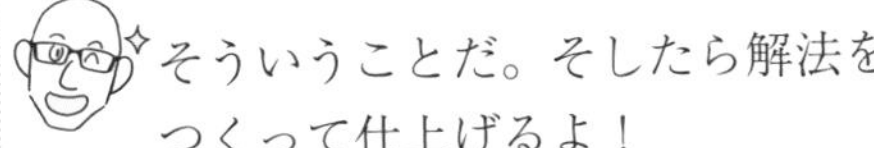

ピカイチ解答

方べきの定理より

$$\underset{\sqrt{5}}{\underline{PA}}\cdot PB=\underset{3}{\underline{PC}}^2$$ ← 必ず点Pからスタート！

$$\sqrt{5}\cdot PB=9$$

$$PB=\frac{9}{\sqrt{5}}\cdot\frac{\sqrt{5}}{\sqrt{5}}$$ ← 分母と分子に$\sqrt{5}$をかけて有理化

$$=\frac{9\sqrt{5}}{5}$$

$$AB=PB-PA$$

$$=\frac{9\sqrt{5}}{5}-\sqrt{5}$$

$$=\frac{4\sqrt{5}}{5}$$

POINT ●方べきの定理の式を正確に覚えよう。必ず点Pからスタート！

41

△OABにおいて、辺OAを1：2に内分する点をC、辺OBを3：4に内分する点をDとし、線分ADとBCの交点をP、直線OPと辺ABとの交点をQとする。このとき $\dfrac{\mathrm{AP}}{\mathrm{PD}}=\square$ であり、$\dfrac{\mathrm{OP}}{\mathrm{PQ}}=\square$ である。

2018 明治薬科大

イマイチ解答

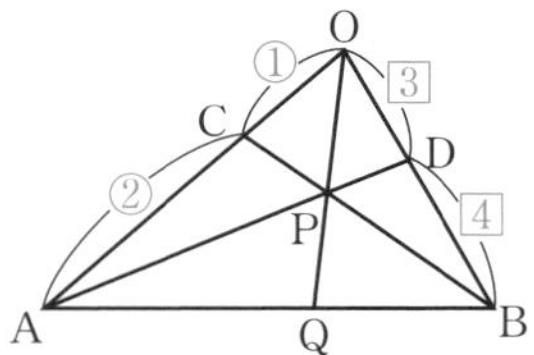

APとPDを聞かれてるから、これは「メ、メ、メラニン……、

メネラウスの定理かな（笑）

あ〜それそれ。

メネラウスの定理より、

$$\frac{\mathrm{DO}}{\mathrm{BD}}\cdot\frac{\mathrm{CA}}{\mathrm{OC}}\cdot\frac{\mathrm{PD}}{\mathrm{AP}}=1$$

$$\frac{3}{\cancel{4}_{2}}\cdot\frac{\cancel{2}}{1}\cdot\frac{\mathrm{PD}}{\mathrm{AP}}=1$$

$$\frac{3}{2}\cdot\frac{\mathrm{PD}}{\mathrm{AP}}=1$$

$$\frac{\mathrm{PD}}{\mathrm{AP}}=\frac{2}{3}$$

$$\therefore\ \frac{\mathrm{AP}}{\mathrm{PD}}=\frac{3}{2}$$

うん、「メネラウスの定理」と気づいたところまではよかったよ！でも正しくインプットできていないみたいだから、確認しておこう。正確に覚えてね！

覚えて！

メネラウスの定理

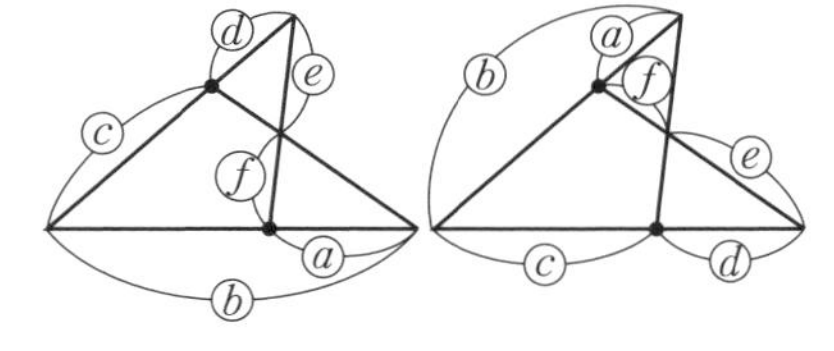

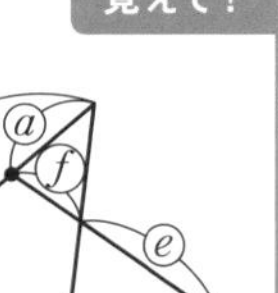

キツネの顔が見えたらメネラウスの定理！

① 耳の付け根スタート
② 耳の先っちょに行く。ⓐ
③ 鼻の先っちょに行く。ⓑ
④ あとは隣に行けばいいだけ

ⓒ→ⓓ→ⓔ→ⓕ

$$\frac{b}{a}\times\frac{d}{c}\times\frac{f}{e}=1$$

①、②、③、④で覚えると、いいかんじ！

そして、「メネラウスの定理」とよくセットで出題されるのが**チェバの定理**だ！

覚えて！

チェバの定理

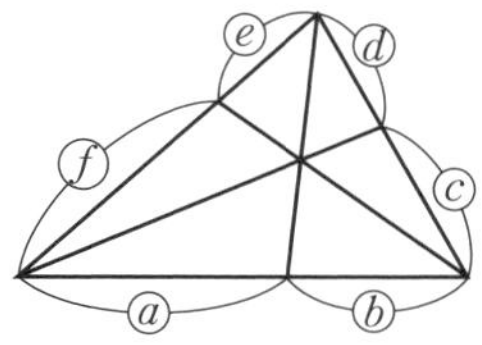

$$\frac{b}{a}\times\frac{d}{c}\times\frac{f}{e}=1$$

・どこからスタートしてもよい。
・時計回り、反時計回りどちらでもよい。
・グルグル回って1回転。

ピカイチ解答

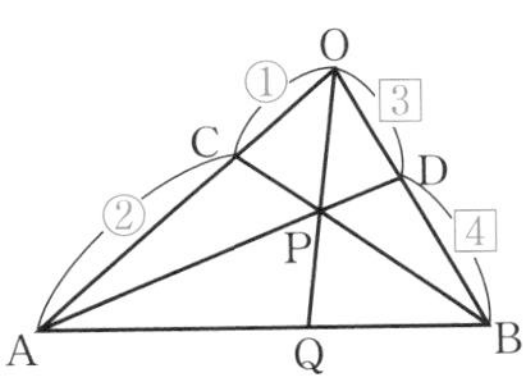

メネラウスの定理より、

$$\overset{b}{\frac{BO}{\underset{a}{DB}}}\cdot\overset{d}{\frac{CA}{\underset{c}{OC}}}\cdot\overset{f}{\frac{PD}{\underset{e}{AP}}}=1$$

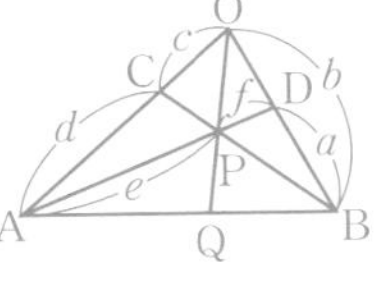

$$\frac{7}{\underset{2}{\cancel{4}}}\cdot\frac{\cancel{2}}{1}\cdot\frac{PD}{AP}=1$$

$$\frac{7}{2}\cdot\frac{PD}{AP}=1$$

$$\therefore\ \frac{AP}{PD}=\frac{7}{2}$$

次、PQとOPの比を出すためには、AQとQBの比がわかっていないと出せないんだ。

そのために「チェバの定理」ですね。

チェバの定理より、

$$\overset{b}{\frac{QB}{\underset{a}{AQ}}}\cdot\overset{d}{\frac{DO}{\underset{c}{BD}}}\cdot\overset{f}{\frac{CA}{\underset{e}{OC}}}=1$$

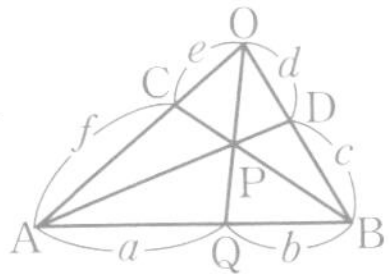

$$\frac{QB}{AQ}\cdot\frac{3}{\cancel{4}}\cdot\frac{\cancel{2}}{1}=1$$

$$\frac{QB}{AQ}\cdot\frac{3}{2}=1$$

$$\therefore\ AQ：QB=3：2$$

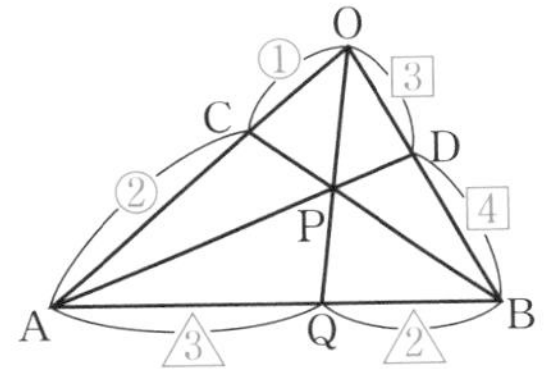

メネラウスの定理より、

$$\overset{b}{\frac{AB}{\underset{a}{QA}}}\cdot\overset{d}{\frac{DO}{\underset{c}{BD}}}\cdot\overset{f}{\frac{PQ}{\underset{e}{OP}}}=1$$

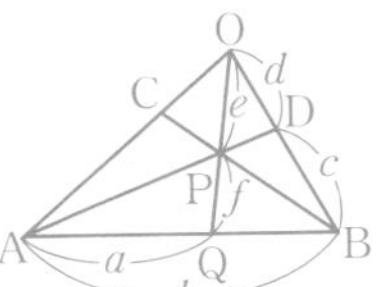

$$\frac{5}{\cancel{3}}\cdot\frac{\cancel{3}}{4}\cdot\frac{PQ}{OP}=1$$

$$\frac{5}{4}\cdot\frac{PQ}{OP}=1$$

$$\therefore\ \frac{OP}{PQ}=\frac{5}{4}$$

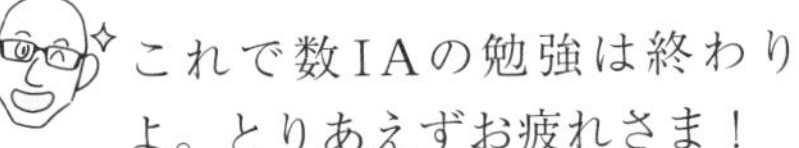

これで数IAの勉強は終わりだよ。とりあえずお疲れさま！
でも入試では当然ⅡBやベクトルも小問で扱われるし、覚えることがいっぱいあるからね。引き続き、頑張ろう！

よ～し、気合い入れていきましょう！

POINT ●メネラウスの定理とチェバの定理を正確に覚えよう！

$\left(x^3+\dfrac{2}{x^2}\right)^5$ を展開したとき、x^5 の係数は□である。

2019 千葉工業大

イマイチ解答

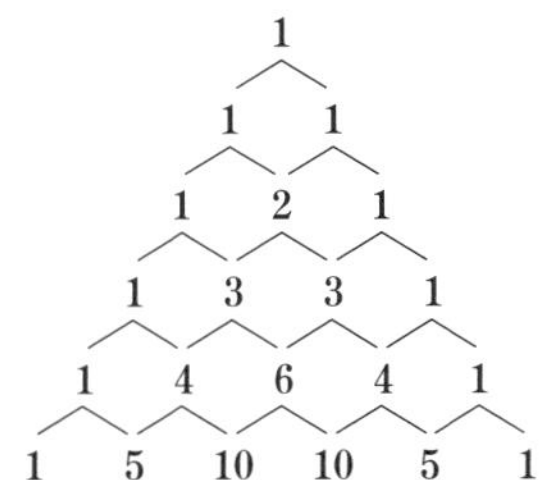

$$\left(x^3+\frac{2}{x^2}\right)^5$$
$$=(x^3)^5+5(x^3)^4\left(\frac{2}{x^2}\right)^1$$
$$\boxed{+10(x^3)^3\left(\frac{2}{x^2}\right)^2}$$
$$+10(x^3)^2\left(\frac{2}{x^2}\right)^3$$
$$+5(x^3)^1\left(\frac{2}{x^2}\right)^4+\left(\frac{2}{x^2}\right)^5$$

x^5 となるのは、

$$\boxed{10(x^3)^3\left(\frac{2}{x^2}\right)^2}=40x^5$$

よって求める係数は40

先生、できました！

パスカルの三角形から展開したときの係数を調べて、上手に答えが出せたね！

ありがとうございます。

でも**二項定理**を使えばもっと早く答えが出せるんだ。

展開公式

$(a+b)^2=1\cdot a^2+2ab+1\cdot b^2$ （係数 $1, 2, 1$ → ${}_2C_0, {}_2C_1, {}_2C_2$）

$(a+b)^3=1\cdot a^3+3a^2b+3ab^2+1\cdot b^3$ （係数 → ${}_3C_0, {}_3C_1, {}_3C_2, {}_3C_3$）

$(a+b)^4=1\cdot a^4+4a^3b+6a^2b^2+4ab^3+1\cdot b^4$ （係数 → ${}_4C_0, {}_4C_1, {}_4C_2, {}_4C_3, {}_4C_4$）

⋮

展開したときの係数に注目！

Cを使って表すことができるんですね。

その通り。そして$a+b$の2乗、3乗、4乗……から一般化してn乗としたときの展開公式を**二項定理**と言うよ。

> **覚えて！**
>
> **二項定理**
>
> $(a+b)^n$
> $={}_nC_0a^n+{}_nC_1a^{n-1}b+\cdots$
> $\quad+{}_nC_{n-1}ab^{n-1}+{}_nC_nb^n$
> $(n=1,2,3\cdots)$

$(a+b)^n$になると式が長くなりますね……。

そうだね。右辺を…を使わずにまとめるとこうなるよ。

覚えて！

$(a+b)^n$ の展開式の一般項は
${}_n\mathrm{C}_r a^{n-r} b^r$ $(r=0, 1, \cdots n)$

じゃあこれを簡単な例で確認しておこう。

例 $(x^2+2)^8$ を展開したときの x^4 の係数は□

$(x^2+2)^8$ の展開式の一般項は、二項定理より、
$(a+b)^n$ の一般項 ${}_n\mathrm{C}_r a^{n-r} b^r$ に
$a=x^2, b=2, n=8$ を代入

$${}_8\mathrm{C}_r (x^2)^{8-r} 2^r$$
$$= \underbrace{{}_8\mathrm{C}_r 2^r}_{\text{係数}} x^{16-2r}$$

$(a^x)^y = a^{xy}$ より
$(x^2)^{8-r} = x^{16-2r}$

x^4 となるのは
$16-2r=4$
$2r=12$
$\therefore r=6$

よって、求める係数は、
${}_8\mathrm{C}_r 2^r$ に $r=6$ を代入
$${}_8\mathrm{C}_6 2^6 = \frac{8\cdot 7}{2\cdot 1}\cdot 64$$
$$= \underline{1792}$$

$(x^2+2)^8$ を全部展開しなくても、x^4 の係数だけがこうやって出せるんですね！

ピカイチ解答

$\left(x^3+\dfrac{2}{x^2}\right)^5$ の展開式の一般項は、
二項定理より、
$(a+b)^n$ の一般項 ${}_n\mathrm{C}_r a^{n-r} b^r$ に
$a=x^3, b=\dfrac{2}{x^2}, n=5$ を代入

$${}_5\mathrm{C}_r (x^3)^{5-r} \left(\frac{2}{x^2}\right)^r$$
$$= {}_5\mathrm{C}_r 2^r x^{15-3r} x^{-2r}$$
$$= \underbrace{{}_5\mathrm{C}_r 2^r}_{\text{係数}} x^{15-5r}$$

$\dfrac{1}{a^x} = a^{-x}$ より
$\dfrac{1}{x^{2r}} = x^{-2r}$

$a^x a^y = a^{x+y}$ より
$x^{15-3r} x^{-2r} = x^{15-5r}$

x^5 となるのは
$15-5r=5$
$5r=10$
$\therefore r=2$

よって求める係数は、
${}_5\mathrm{C}_r 2^r$ に $r=2$ を代入
${}_5\mathrm{C}_2 2^2 = \underline{40}$

今回の $x^3+\dfrac{2}{x^2}$ のように**逆数の和 $\left(x^{\bigcirc}+\dfrac{\triangle}{x^{\square}}\right)$ の形が出てくると正答率はかなり下がるよ。**しっかり復習しよう！

POINT
- 二項定理を覚えよう！
- 展開式はすべては書かず、展開式の一般項を使い、上手に求めよう！

43 iを虚数単位とする。$\dfrac{2+5i}{4+i}-\dfrac{i}{4-i}$の値は$\dfrac{\square}{17}$である。

2018 関西大

イマイチ解答

$$\frac{2+5i}{4+i}-\frac{i}{4-i}$$
$$=\frac{2+5i}{4+i}\cdot\frac{4-i}{4-i}-\frac{i}{4-i}\cdot\frac{4+i}{4+i}$$
$$=\frac{8+18i-5i^2}{16-i^2}-\frac{4i+i^2}{16-i^2}$$
$$=\frac{13+18i}{17}-\frac{-1+4i}{17}$$
$$=\frac{14+14i}{17}$$

お、答えは合ってるよ！
もう少しスマートに計算できるといいよね。

えー。スマートに計算したーい！

まずは「虚数」と「複素数」のおさらいだ！

> **虚数単位i** 覚えて！
> $i=\sqrt{-1}$と定義し、iを「虚数単位」とよぶ。

$i=\sqrt{-1}$だから$i^2=-1$になるんですよね。

そうだね。
さらに、$i=\sqrt{-1}$だから両辺に$\sqrt{a}$をかけて$\sqrt{a}i=\sqrt{-a}$←これもすんなり言えるように。
「$\sqrt{}$の中の$-$をとってiをつける」と覚えよう！

例 $x^2+x+1=0$を解け。

解の公式より
$$x=\frac{-1\pm\sqrt{1^2-4\cdot1\cdot1}}{2\cdot1}$$
$$x=\frac{-1\pm\sqrt{1-4}}{2}=\frac{-1\pm\sqrt{3}i}{2}$$
（$\sqrt{-3}=\sqrt{3}i$）

こんなふうに「$a+bi$」の形で表される数を、**複素数**というんだ。

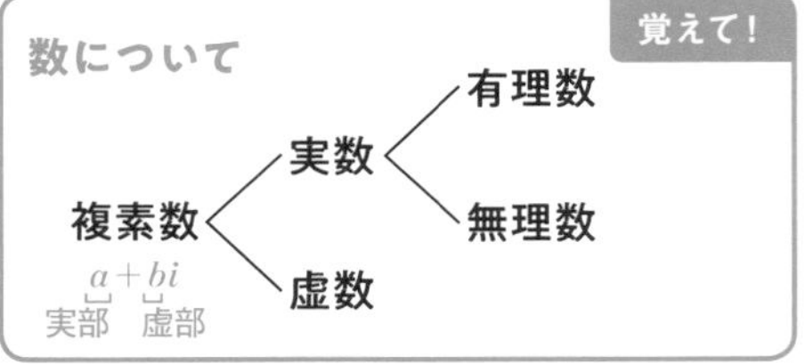

数IAまでは実数のみの話で済ませてたのが、数IIBからは複素数が数全体を表すんですね。

そうだね。そしてあともう1つ。
ある複素数$a+bi$に対して共役複素数は$a-bi$で定義されるんだ。「共役」は「きょうやく」と読むよ。

$2+3i$の共役複素数は$2-3i$
$2-3i$の共役複素数は$2+3i$

$a+bi$に対して、虚部の符号が逆になったものですね。

そうだね。そしたら少し複素数の計算に慣れておこう。

例 (1) $(2+3i)(4-3i)=\square$

(2) $\dfrac{3i}{2-i}=\square$

・iは普通の文字と同じように計算する。
・i^2は-1に直す。

(1) $(2+3i)(4-3i)$
$=8-6i+12i-9i^2$ （$i^2 \to -1$）
$=\underline{17+6i}$

(2) $\dfrac{3i}{2-i}=\dfrac{3i}{2-i}\cdot\dfrac{2+i}{2+i}$
$=\dfrac{6i+3i^2}{4-i^2}$ （$i^2 \to -1$）
$=\dfrac{-3+6i}{5}$
$=\underline{-\dfrac{3}{5}+\dfrac{6}{5}i}$

分母と分子に$2+i$をかけて、分母を実数のみにする。
$(a+b)(a-b)=a^2-b^2$

分母の複素数に対する共役複素数を分母と分子にかけることで、分母を実数だけにしていくんですね。

これを**「分母の実数化」**というよ。そしたら最初の問題だ！

ピカイチ解答

$\dfrac{2+5i}{4+i}-\dfrac{i}{4-i}$

通分して分母を実数のみにする！

分配法則

$=\dfrac{(2+5i)(4-i)-i(4+i)}{(4+i)(4-i)}$

$=\dfrac{8+18i-5i^2-4i-i^2}{16-i^2}$ （$i^2=-1$）

$=\dfrac{8+18i+5-4i+1}{16+1}$

$=\dfrac{14+14i}{17}$

$\dfrac{2+5i}{4+i}$と$\dfrac{i}{4-i}$のそれぞれで分母を実数化してもいいけれども、**一気に通分してしまえばよかった**んですね。

そうだね！　**最初は失敗してもいいから、式全体を見渡して、適切な判断ができるようにしていこう！**

POINT
- **複素数の計算をマスターしよう！**
- $i^2=-1$、$\sqrt{-a}=\sqrt{a}\,i$ **を利用して、分母を実数化しよう！**

2次方程式 $3x^2+5x+8=0$ の2つの解を α, β とするとき、

$\alpha^2+\beta^2=-\dfrac{\boxed{アイ}}{\boxed{ウ}}$, $\alpha^3+\beta^3=\dfrac{\boxed{エオカ}}{\boxed{キク}}$ である。

2017 日本大

イマイチ解答

解の公式より、

$$x=\frac{-5\pm\sqrt{5^2-4\cdot3\cdot8}}{2\cdot3}$$

$\sqrt{-71}=\sqrt{71}i$

$$=\frac{-5\pm\sqrt{25-96}}{6}$$

$$=\frac{-5\pm\sqrt{71}i}{6}$$

$\alpha=\dfrac{-5-\sqrt{71}i}{6}$, $\beta=\dfrac{-5+\sqrt{71}i}{6}$ とする。

$$\alpha^2+\beta^2$$

$$=\left(\frac{-5-\sqrt{71}i}{6}\right)^2+\left(\frac{-5+\sqrt{71}i}{6}\right)^2$$

$i^2=-1$　　$i^2=-1$

$$=\frac{25+10\sqrt{71}i+71i^2+25-10\sqrt{71}i+71i^2}{36}$$

$$=\frac{50-142}{36}$$

$$=\frac{-92}{36}$$ (23/9 に約分)

$$=-\frac{23}{9}$$

ちょっと計算、大変でした……(汗)

よく頑張りました。答えは合っているけれど、もう少しスマートに解いていこう！ **解と係数の関係**だよ。

> **解と係数の関係**　覚えて！
>
> $ax^2+bx+c=0$ $(a\neq0)$ の解を α, β とおくと、
>
> $$\begin{cases}\alpha+\beta=-\dfrac{b}{a}\\[2ex] \alpha\beta=\dfrac{c}{a}\end{cases}$$
>
> が成り立つ。

2次方程式の解の和 $(\alpha+\beta)$ と積 $(\alpha\beta)$、は二次方程式の係数から求めることができる、ってこと。

例 $3x^2-2x-4=0$ の解を α, β とする。（a：3、b：−2、c：−4）

(1) $\alpha+\beta=\square$　　(2) $\alpha\beta=\square$

解と係数の関係より

(1) $\alpha+\beta=-\dfrac{-2}{3}=\dfrac{2}{3}$

(2) $\alpha\beta=\dfrac{-4}{3}=-\dfrac{4}{3}$

解と係数の関係を使えば瞬殺ですね。わざわざ解の公式で α, β を求める必要なし！

そしてその和 $(\alpha+\beta)$ と積 $(\alpha\beta)$ のことを**基本対称式**というよ。

対称性のある式（対称式）を見つけたら、基本対称式（和と積）で

表すんですよね。

覚えて！

基本対称式
和$(x+y)$と積(xy)のみに式変形できる！

①$\boldsymbol{x^2+y^2=(x+y)^2-2xy}$
2乗の和＝和の2乗－2積

②$\boldsymbol{x^3+y^3=(x+y)^3-3xy(x+y)}$
3乗の和＝和の3乗－3積和

14ページで「対称式」を取り上げたよね。久しぶりだから、少し練習しておこう。

例 $x=\sqrt{10}-3$のとき、$x^2+\dfrac{1}{x^2}=\square$

$$x+\frac{1}{x}=\sqrt{10}-3+\frac{1}{\sqrt{10}-3}\cdot\frac{\sqrt{10}+3}{\sqrt{10}+3}$$
$$=\sqrt{10}-3+\frac{\sqrt{10}+3}{10-9}$$
$$=\sqrt{10}-3+\sqrt{10}+3$$
$$=2\sqrt{10}$$

$$x^2+\frac{1}{x^2}=\left(x+\frac{1}{x}\right)^2-2x\cdot\frac{1}{x}$$
2乗の和＝和の2乗－2積
（$x+\frac{1}{x}$ は $2\sqrt{10}$）
$$=(2\sqrt{10})^2-2\cdot1$$
$$=40-2$$
$$=\underline{38}$$

ピカイチ解答

$$\underset{a}{3}x^2+\underset{b}{5}x+\underset{c}{8}=0$$

解と係数の関係より、

$$\begin{cases}\alpha+\beta=-\dfrac{5}{3}\ \dfrac{b}{a}\\[2ex]\alpha\beta=\dfrac{8}{3}\ \dfrac{c}{a}\end{cases}$$

$$\alpha^2+\beta^2=(\underbrace{\alpha+\beta}_{-\frac{5}{3}})^2-2\underbrace{\alpha\beta}_{\frac{8}{3}}$$
2乗の和＝和の2乗－2積
$$=\frac{25}{9}-2\cdot\frac{8}{3}$$
$$=\frac{25-48}{9}$$
$$=\underline{-\frac{23}{9}}$$

$$\alpha^3+\beta^3=(\underbrace{\alpha+\beta}_{-\frac{5}{3}})^3-3\underbrace{\alpha\beta}_{\frac{8}{3}}(\underbrace{\alpha+\beta}_{-\frac{5}{3}})$$
3乗の和＝和の3乗－3積和
$$=\left(-\frac{5}{3}\right)^3-3\cdot\frac{8}{3}\cdot\left(-\frac{5}{3}\right)$$
$$=\frac{-125}{27}+\frac{40}{3}$$
$$=\frac{-125+360}{27}$$
$$=\underline{\frac{235}{27}}$$

「対称式」と「解と係数の関係」は、仲がいい！

POINT
- 対称式は基本対称式（和と積）に直そう！
- 2次方程式の解の和と積の問題は、解と係数の関係で解こう！

整式 $P(x)=x^4+ax^2+bx+17$ は x^2+3x+4 で割ると余りが $-2x+1$ になるとする。このとき $a=\square$, $b=\square$ である。

2020 関西学院大

イマイチ解答

$$
\begin{array}{r|llll}
 & 1 & a-3 & & \\
\hline
1\ 3\ 4 & 1 & a & b & 17 \\
 & 1 & 3 & 4 & \\
\hline
 & & a-3 & b-4 & 17 \\
 & & a-3 & 3a-9 & 4a-12 \\
\hline
 & & & -3a+b+5 & -4a+29
\end{array}
$$

この余りが $-2x+1$ になるので、

$$
\begin{cases} -3a+b+5=-2 & \cdots① \\ -4a+29=1 & \cdots② \end{cases}
$$

②より $-4a=-28$

$\therefore a=7$

①に代入して、

$-21+b+5=-2$

$b=14$

$\therefore a=7, b=14$

「整式の除法」がうまくできてないなぁ。ちょっと練習してみよう。

例 $2x^3+x^2-2x+3$ を x^2+x+1 で割った商は□, 余りは□

$$
\begin{array}{r|l}
 & 2x-1 \\
\hline
x^2+x+1 & 2x^3+x^2-2x+3 \\
 & 2x^3+2x^2+2x \quad \leftarrow Ⓐ \\
\hline
 & -x^2-4x+3 \\
 & -x^2-x-1 \quad \leftarrow Ⓑ \\
\hline
 & -3x+4
\end{array}
$$

Ⓐ x^2+x+1 の x^2 に $2x$ をかけて $2x^3$ に合わせる。

Ⓑ x^2+x+1 の x^2 に -1 をかけて $-x^2$ に合わせる。

よって、商は $2x-1$, 余りは $-3x+4$

たとえば $30\div4$ のような数字のときの割り算と同じで、

$30 = 4 \times 7 + 2$

割られる数＝割る数×商＋余り

$2x^3+x^2-2x+3$

$=(x^2+x+1)(2x-1)-3x+4$

割られる式＝割る式× 商 ＋ 余り

のように表すことができるよ。

そして、この式は、x の恒等式（(左辺)と(右辺)が一緒）になっているんだ。

私はさっきの問題の $x^4+ax^2+bx+17$ を、係数だけ取り出して $1\ a\ b\ 17$ と書いたんですけど……。

今回は x^3 がない（係数が0）から、$1\ 0\ a\ b\ 17$ と書かなくてはいけなかったね。こういうミスを減らすために、x という文字も書いて除法をやっていくよ。

ピカイチ解答

$$
\begin{array}{r}
x^2-3x+(a+5) \\
x^2+3x+4\,\big)\,\overline{x^4\ \square\ +ax^2+bx+17} \\
x^4+3x^3+4x^2 \\
\hline
-3x^3+(a-4)x^2+bx \\
-3x^3-9x^2-12x \\
\hline
(a+5)x^2+(b+12)x+17 \\
(a+5)x^2+(3a+15)x+4a+20 \\
\hline
(-3a+b-3)x-4a-3
\end{array}
$$

（x^4 の行）← x^3のところを空けておく
（$x^4+3x^3+4x^2$ の行）← Ⓐ
（$-3x^3-9x^2-12x$ の行）← Ⓑ
（$(a+5)x^2+(3a+15)x+4a+20$ の行）← Ⓒ

Ⓐ x^2+3x+4 の x^2 に x^2 をかけて x^4 に合わせる。
Ⓑ x^2+3x+4 の x^2 に $-3x$ をかけて $-3x^3$ に合わせる。
Ⓒ x^2+3x+4 の x^2 に $a+5$ をかけて $(a+5)x^2$ に合わせる。

この余りが $-2x+1$ になるので

$$
\begin{cases}
-3a+b-3=-2 & \cdots① \\
-4a-3=1 & \cdots②
\end{cases}
$$

②より $-4a=4$
$\therefore a=-1$
①に代入して、
$3+b-3=-2$
$\therefore b=-2$
$\therefore a=-1,\ b=-2$

なるほど〜。係数だけ取り出して割り算するのは、結構高度なんですね。
ミスを防ぐために、少し面倒でも x という文字も書きながら、やっていきます！

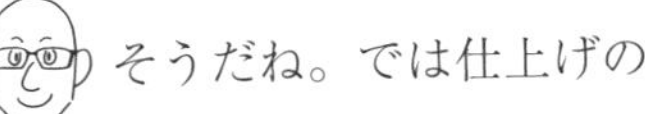

そうだね。では仕上げの1問！

例 多項式 $2x^3-7x^2+9x+4$ を多項式 A で割ると商が $2x-3$，余りが $5x+1$ であるとき、A を求めよ。

$2x^3-7x^2+9x+4=A\times(2x-3)+5x+1$
割られる数＝割る数×商＋余り

$2x^3-7x^2+4x+3=A\times(2x-3)$
ここで $2x^3-7x^2+4x+3$ を $2x-3$ で割ると、

$$
\begin{array}{r}
x^2-2x-1 \\
2x-3\,\big)\,\overline{2x^3-7x^2+4x+3} \\
2x^3-3x^2 \\
\hline
-4x^2+4x \\
-4x^2+6x \\
\hline
-2x+3 \\
-2x+3 \\
\hline
0
\end{array}
$$

（$2x^3-3x^2$ の行）← Ⓐ
（$-4x^2+6x$ の行）← Ⓑ
（$-2x+3$ の2行目）← Ⓒ

Ⓐ $2x-3$ の $2x$ に x^2 をかけて $2x^3$ に合わせる。
Ⓑ $2x-3$ の $2x$ に $-2x$ をかけて $-4x^2$ に合わせる。
Ⓒ $2x-3$ の $2x$ に -1 をかけて $-2x$ に合わせる。

よって $A=x^2-2x-1$

POINT ● **整式の除法を正確に行うためには、係数だけ取り出さず、式全体を書く！**

aを実数の範囲で変化させるとき、$f(x)=4x^3+5ax^2+a^2x+3x-a$を$x-1$で割ったときの余り$R$のとり得る値の範囲は□である。

2020 東海大

イマイチ解答

$$
\begin{array}{r}
4x^2+(5a+4)x+a^2+5a+7 \\
x-1\,\big)\,4x^3+5ax^2+(a^2+3)x-a \\
4x^3-4x^2 \qquad\qquad\qquad\qquad \\
\hline
(5a+4)x^2+(a^2+3)x \qquad \\
(5a+4)x^2-(5a+4)x \qquad \\
\hline
(a^2+5a+7)x-a \\
(a^2+5a+7)x-a^2-5a-7 \\
\hline
a^2+4a+7
\end{array}
$$

$R=a^2+\boxed{4}a+7$

半分　平方完成

$=(a+\boxed{2})^2+3$

3

-2

Rは最小値が3より

$R\geqq 3$

先生、**今回はかなり自信ありますよ！**

うん、今回は整式の除法もうまくできたね。答えも合ってるよ。

ただ……**「剰余の定理」を使ってほしかった**んだよね。

> **剰余の定理**　覚えて！
>
> $f(x)$を1次式$x-a$で割った余りは$f(a)$
>
> $x-a=0$の解aを代入

1次式で割った余りを求めたいときは「剰余の定理」を使うってやつでしたっけ？

そうそう。「剰余の定理」を導き出す過程も大切だから確認しておこう！

$f(x)$を$x-a$で割ったときの商をQ、余りをRとすると

$f(x)=(x-a)\times Q+R$

割られる式＝割る式×商＋余り

$x=a$を代入して、← $x-a=0$の解aを代入

$f(a)=0\times Q+R$

$f(a)=R$　← これが剰余の定理！

この問題は割り算をして商と余りを出してもいいんだけど、余りRが話題になっているだけで、商を求める必要はないよね。

「1次式で割った余り→剰余の定理！」

と覚えておこう！

少し慣れてほしいから2問だけ練習してみよう。

例

(1) $f(x)=x^3+x^2+x+1$ を $x-1$ で割った余りは□

剰余の定理より

$f(x)=1+1+1+1=\underline{4}$ ← $x-1=0$の解1を代入

(2) $f(x)=x^3+x^2+x+1$ を $2x-1$ で割った余りは□

これも剰余の定理と同様に考えて、$2x-1=0$の解$x=\dfrac{1}{2}$を代入

していきます。

$$f\left(\frac{1}{2}\right)=\left(\frac{1}{2}\right)^3+\left(\frac{1}{2}\right)^2+\frac{1}{2}+1$$

$$=\frac{1}{8}+\frac{1}{4}+\frac{1}{2}+1$$

$2x-1=0$の解$\frac{1}{2}$を代入

$$=\frac{1+2+4+8}{8}$$

$$=\underline{\frac{15}{8}}$$

ピカイチ解答

$f(x)=4x^3+5ax^2+a^2x+3x-a$
$x-1$で割った余りRは剰余の定理で考えて、

1次式で割った余り ➡ 剰余の定理！

$R=f(1)$ ← $x-1=0$の解1を代入

$=4+5a+a^2+3-a$

$=a^2+\boxed{4}a+7$

↓半分　↓平方完成

$=(a+\boxed{2})^2+3$

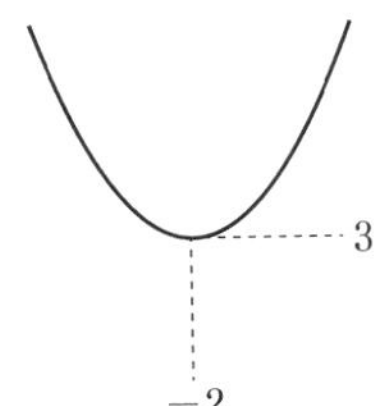

Rは最小値が3より $\underline{R\geqq 3}$

うわ〜、あっという間に終わりますね。スッキリしました。

では、もう1つ。

例 $f(x)=x^3-x^2+2x-2$ を $x-1$ で割った余りは□

剰余の定理より、

$f(1)=1-1+2-2=\underline{0}$ ← $x-1=0$の解1を代入

このように余りが0になるということは、$f(x)=(x-1)\times Q$となるから、$f(x)$は$x-1$で割り切れる。これを**因数定理**と言ったよね。

> **覚えて！**
> **因数定理**
> 整式$f(x)$について$f(a)=0$
> $\Leftrightarrow f(x)$は$x-a$で割り切れる

剰余の定理の特別な場合（余りが0になってるときバージョン）って感じですね。

そうだね。この因数定理を使って、次の問題では高次方程式を解いていくよ！

POINT ●「1次式で割った余り」ときたら、**剰余の定理！**

3次方程式 $x^3-2x^2-3x+10=0$ の異なる2つの虚数解を α, β とするとき、$\dfrac{\beta^2}{\alpha}+\dfrac{\alpha^2}{\beta}=\dfrac{\square}{\square}$ である。

2020 日本大

イマイチ解答

$f(x)=x^3-2x^2-3x+10$ とおく

$f(1)=1-2-3+10\neq 0$

$f(-1)=-1-2+3+10\neq 0$

$f(2)=8-8-6+10\neq 0$

$f(-2)=-8-8+6+10=0$

$f(-2)=0$ なので因数定理より

$f(x)$ は $x+2$ で割り切れる。

$$
\begin{array}{r l}
 & x^2-4x+5 \\
x+2 \,\big)\! & x^3-2x^2-3x+10 \\
 & x^3+2x^2 \quad \leftarrow Ⓐ \\
\hline
 & -4x^2-3x \\
 & -4x^2-8x \quad \leftarrow Ⓑ \\
\hline
 & 5x+10 \\
 & 5x+10 \quad \leftarrow Ⓒ \\
\hline
 & 0
\end{array}
$$

Ⓐ $x+2$ の x に x^2 をかけて x^3 に合わせる。

Ⓑ $x+2$ の x に $-4x$ をかけて $-4x^2$ に合わせる。

Ⓒ $x+2$ の x に 5 をかけて $5x$ に合わせる。

$f(x)=(x+2)(x^2-4x+5)$

$x^2-4x+5=0$ の解は虚数解となるので、この解が α, β である。

解と係数の関係より

$$\begin{cases}\alpha+\beta=4\\ \alpha\beta=5\end{cases}$$

$$\frac{\beta^2}{\alpha}+\frac{\alpha^2}{\beta}=\frac{\beta^3+\alpha^3}{\alpha\beta}$$

$$=\frac{(\alpha+\beta)^3-3\alpha\beta(\alpha+\beta)}{\alpha\beta}$$

$$=\frac{64-60}{5}$$

$$=\frac{4}{5}$$

できたー！

おう、よく頑張った！　正解だよ〜。

じゃあもう終了ってことでいいですかね。

それはダメー。

な、な、なんで⁉

組立除法を使えるようになってほしいんだ！

例 $x^3-4x^2+x+6=0$ を解け。

このような式のことを**高次方程式**（3次方程式、4次方程式……）というよ。まず手順を先にまとめると、こんな感じ。

覚えて!

高次方程式の解法

①±定数項の約数で解を見つける。

前述の**例**では定数項が6だから、その約数（1, −1, 2, −2, 3, −3, 6, −6）のどれかが解になっているということ！

②「組立除法」を利用して割り算をしたら、因数分解する。

$f(x)=x^3-4x^2+x+6$とおく。

定数項6の約数を代入して解を見つける。

$f(1)=1-4+1+6 \fallingdotseq 0$

$f(-1)=-1-4-1+6=0$

$f(-1)=0$なので因数定理より$f(x)$は$x+1$で割り切れる。

つまり、「$f(x)=(x+1)$（xの2次式）」と因数分解できるんだね。で、このxの2次式を求めるために**組立除法**を使うんだ。

覚えて!

組立除法：割り算において、商と余りを素早く求めるやり方

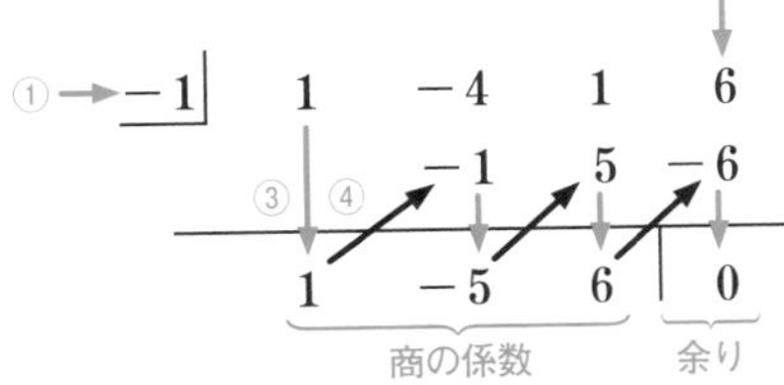

①±（定数項の約数）で見つけた解を、BOXに入れる。

今回見つけた解は−1なので、−1と書く。

②$f(x)$の係数のみを書く。

今回は$f(x)=x^3-4x^2+x+6$なので、係数1　−4　1　6と書く。

③下向きの矢印（↓）は縦に足す。

一番左は1をおろすだけ。左から2列目なら$(-4)+(-1)=-5$

④右上向きの矢印（↗）は解とかけ算する。

今回の解は−1。一番左の↗は$1\times(-1)=-1$、左から2番目の↗は$(-5)\times(-1)=5$

これを続けると、商の係数が1, −5, 6より

$f(x)=(x+1)(x^2-5x+6)$

と因数分解できるので、

$(x+1)(x-2)(x-3)=0$

$\therefore$ $\underline{x=-1, 2, 3}$

慣れれば「整式の除法」よりも「組立除法」のほうが速く解けるよ。もう1問練習しておこう。

例　$x^3+x-2=0$を解け。

$f(x)=x^3+x-2$とおく。

定数項2の約数1, −1, 2, −2を代入して解を見つける。

$f(1)=1+1-2=0$

$f(1)=0$なので因数定理より$f(x)$は$x-1$で割り切れる。

組立除法

x^2は今回はないから0とかく

1	1	⓪	1	−2
		1	1	2
	1	1	2	0

商の係数　　余り0

よって$f(x)=(x-1)(x^2+x+2)$

と因数分解できるので

$(x-1)(x^2+x+2)=0$

$x^2+x+2=0$において

解の公式より

$$x=\frac{-1\pm\sqrt{1^2-4\cdot1\cdot2}}{2\cdot1}$$

$\sqrt{-7}=\sqrt{7}i$

$$x=\frac{-1\pm\sqrt{1-8}}{2}=\frac{-1\pm\sqrt{7}i}{2}$$

よって$f(x)=0$の解は

$$x=1,\ \frac{-1\pm\sqrt{7}i}{2}$$

そして「解と係数の関係」の確認だ。100ページでも出たけどもう一回まとめておくよ。

解と係数の関係　覚えて！

$ax^2+bx+c=0\ (a\neq0)$の解をα, βとおくと、

$$\begin{cases}\boldsymbol{\alpha+\beta=-\dfrac{b}{a}}\\[2ex]\boldsymbol{\alpha\beta=\dfrac{c}{a}}\end{cases}$$

が成り立つ。

2次方程式の解の和$(\alpha+\beta)$と積$(\alpha\beta)$は解の公式で直接解を求めるということはせずに、係数を使って表すことができましたね。

そうそう。いいぞ、いいぞ！

そして対称式の確認もしておこう。x^2+y^2とかx^3+y^3などの対称式は基本対称式（和$x+y$と積xy）を使って表すことができたよね。

基本対称式　覚えて！

和$(x+y)$と積(xy)のみに式変形できる！

①$\boldsymbol{x^2+y^2=(x+y)^2-2xy}$

2乗の和＝和の2乗－2積

②$\boldsymbol{x^3+y^3=(x+y)^3-3xy(x+y)}$

3乗の和＝和の3乗－3積和

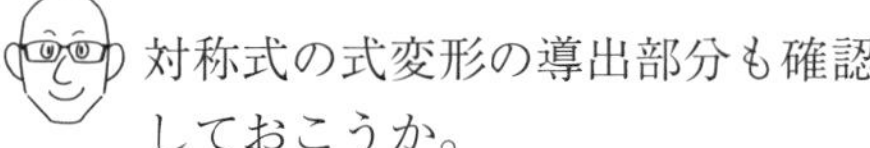

対称式の式変形の導出部分も確認しておこうか。

え一難しそう。

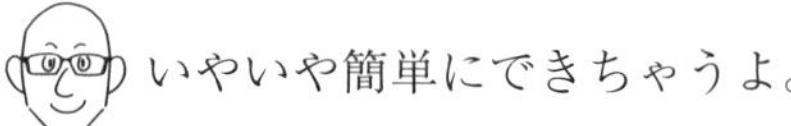

いやいや簡単にできちゃうよ。

2乗の展開公式

$(x+y)^2=x^2+2xy+y^2$より

$x^2+y^2=(x+y)^2-2xy$

2乗の和　和の2乗　－2積

3乗の展開公式

$(x+y)^3=x^3+3x^2y+3xy^2+y^3$

$x^3+y^3=(x+y)^3-3x^2y-3xy^2$

$-3xy$でくくる（因数分解）

$x^3+y^3=(x+y)^3-3xy(x+y)$

3乗の和　和の3乗　－3積和

本当だ。意外と簡単にできるんですね。

そうなんだよね。あとはしっかり言葉を覚えていくこと。そして**「対称式」と「解と係数の関係」はめちゃくちゃ仲がいい**から、今回のように融合問題で訓練していってほしい。そしたらやってみよう。

ピカイチ解答

$x^3-2x^2-3x+10=0$

$f(x)=x^3-2x^2-3x+10$ とおく

定数項10の約数（1, −1, 2, −2, 5, −5, 10, −10）を代入して解を見つける。

$f(1)=1-2-3+10\neq0$

$f(-1)=-1-2+3+10\neq0$

$f(2)=8-8-6+10\neq0$

$f(-2)=-8-8+6+10=0$

$f(-2)=0$ なので因数定理より $f(x)$ は $x+2$ で割り切れる。

組立除法

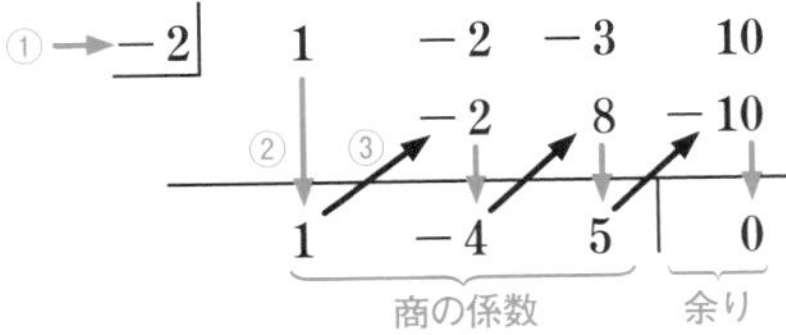

①見つけた−2をBOXに入れる。その隣に $f(x)$ の係数のみ1 −2 −3 10を書く。

②下向きの矢印（↓）は縦に足す。一番左は1をおろすだけ。左から2列目なら $(-2)+(-2)=-4$

③右上向きの矢印（↗）は解とかけ算する。一番左の↗は $1\times(-2)=-2$、左から2番目の↗は $(-4)\times(-2)=8$

よって $f(x)=(x+2)(x^2-4x+5)$ と因数分解できるので

$(x+2)(x^2-4x+5)=0$

$x^2-4x+5=0$ において解と係数の関係より

$$\begin{cases}\alpha+\beta=4\\ \alpha\beta=5\end{cases}$$

$$\frac{\beta^2}{\alpha}+\frac{\alpha^2}{\beta}=\frac{\beta^3+\alpha^3}{\alpha\beta}$$

$$=\frac{(\alpha+\beta)^3-3\alpha\beta(\alpha+\beta)}{\alpha\beta}$$

$$=\frac{64-60}{5}$$

$$=\frac{4}{5}$$

組立除法、解と係数の関係、対称式の融合問題でしたね！

数Ⅱの問題には数Ⅰの内容も当然のように入ってくるんだ。1つひとつ思い出しながら、丁寧にやっていこう！

POINT ● 組立除法を利用して、上手に高次方程式を解こう！

$x=1+\sqrt{2}i$ のとき、x^3+2x^2-3x-5 の値は□である。ただし、i を虚数単位とする。

2020 京都産業大

イマイチ解答

$x=1+\sqrt{2}i$ のとき

x^3+2x^2-3x-5

$(a+b)^3=a^3+3a^2b+3ab^2+b^3$

$=(1+\sqrt{2}i)^3+2(1+\sqrt{2}i)^2$
$-3(1+\sqrt{2}i)-5$

$2i^2=-2$

$=1^3+3\cdot1^2\cdot\sqrt{2}i+3\cdot1\cdot(\sqrt{2}i)^2$

$2\sqrt{2}i^2\cdot i=-2\sqrt{2}i$

$+(\sqrt{2}i)^3+2(1+2\sqrt{2}i+2i^2)$ （i^2 → -1）
$-3-3\sqrt{2}i-5$

$=1+3\sqrt{2}i-6-2\sqrt{2}i$
$+2(-1+2\sqrt{2}i)-8-3\sqrt{2}i$
$=-5+\sqrt{2}i-2+4\sqrt{2}i-8-3\sqrt{2}i$
$=-15+2\sqrt{2}i$

おお、3乗の展開、よく頑張ったね。

大変でした……。

ね、大変だよね。
そこで覚えてほしいのが **「次数下げ」！**
解法は2つあるから、紹介していくよ。

ピカイチ解答

その1

$x=1+\sqrt{2}i$
$x-1=\sqrt{2}i$ （$\sqrt{2}i$ だけ右辺におく）

両辺を2乗して、（2乗することで $\sqrt{\ }$ と i を消す！）
$x^2-2x+1=2i^2$ （i^2 → -1）
$x^2-2x+3=0$ （最高次だけ＝の左におく（最高次を主役にする））
$x^2=2x-3$ …①
2次を1次に次数下げ！

（両辺に×x）

$x^3=2x^2-3x$
$=2(2x-3)-3x$ （① $x^2=2x-3$ を代入）
$=4x-6-3x$
$=x-6$ …②
3次を1次に次数下げ！

与式に①、②を代入する。
x^3+2x^2-3x-5
$=x-6+2(2x-3)-3x-5$
$=x-6+4x-6-3x-5$
$=2x-17$
$=2(1+\sqrt{2}i)-17$ （$x=1+\sqrt{2}i$ を代入）
$=-15+2\sqrt{2}i$

最高次（今回は x^2）を主役にして、どんどん次数を下げていくんですね！

その2

$x=1+\sqrt{2}i$ 　$\sqrt{2}i$だけ右辺におく
$x-1=\sqrt{2}i$

両辺を2乗して、　2乗することで$\sqrt{\ }$とiを消す！
$x^2-2x+1=2i^2$　$i^2=-1$
$x^2-2x+3=0$ ← ここまでは その1 と一緒！

ここでx^3+2x^2-3x-5を
x^2-2x+3で割ると、

$$
\begin{array}{r}
x+4 \\
x^2-2x+3 \overline{) x^3+2x^2-3x-5} \\
x^3-2x^2+3x \quad \leftarrow Ⓐ \\
\hline
4x^2-6x-5 \\
4x^2-8x+12 \quad \leftarrow Ⓑ \\
\hline
2x-17
\end{array}
$$

Ⓐ x^2-2x+3のx^2にxをかけてx^3に合わせる。
Ⓑ x^2-2x+3のx^2に4をかけて$4x^2$に合わせる。

よって、
x^3+2x^2-3x-5
$=(x^2-2x+3)(x+4)+2x-17$

$x=1+\sqrt{2}i$のとき$x^2-2x+3=0$なので、
x^3+2x^2-3x-5
$=2x-17$
$=2(1+\sqrt{2}i)-17$ 　$x=1+\sqrt{2}i$を代入
$=2+2\sqrt{2}i-17$
$=-15+2\sqrt{2}i$

これらの解法を使って3次関数の極値を求めるという数Ⅱの微分の問題があるからね。その1、その2、どっちもたくさん練習していこう。

その1、その2の2つのやり方で同じ答えになるはずですよね。違う答えになりそうで怖いな……。

そう。だから、練習してね。次数下げ。

POINT ● 次数下げを使うと計算が楽になるので、2つの方法を習得しよう！

xy平面上の直線$(k+3)x-(k+4)y=2k+4$は、定数kの値に関係なくある定点を通る。その定点の座標は□である。

2020 京都産業大

イマイチ解答

$$(k+3)x-(k+4)y=2k+4$$
$$(k+4)y=(k+3)x-2k-4$$
$$y=\frac{k+3}{k+4}x-\frac{2k+4}{k+4}$$

この式から定点って読み取れるかなあ……？

うん、この式からは厳しいよね。
まず直線に関する基本的な知識をまとめておくよ。

直線の方程式 覚えて！

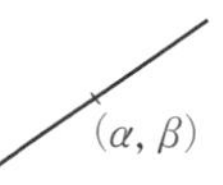

$$傾き=\frac{yの増加量}{xの増加量}$$

$$y-\beta=m(x-\alpha)$$

（β＝y座標、m＝傾き、α＝x座標）

「通る点」と「傾き」が決まれば、直線は1本に決まる。

覚えて！

$y=ax+b$と$y=cx+d$が

平行 $a=c$ ← 傾きが一緒

垂直 $ac=-1$ ← 傾きの積が-1

例

(1) $(1, 2)$,$(-3, -4)$を通る直線の方程式は$y=$□

$(1, 2)$を通り、傾きは$\dfrac{-4-2}{-3-1}$（$\dfrac{yの増加量}{xの増加量}$）$=\dfrac{-6}{-4}=\dfrac{3}{2}$より、

$$y-2=\frac{3}{2}(x-1)$$

（2＝y座標、$\frac{3}{2}$＝傾き、1＝x座標、分配法則）

$$y=\frac{3}{2}x-\frac{3}{2}+2$$

$$\underline{y=\frac{3}{2}x+\frac{1}{2}}$$

(2) $y=3x+1$に垂直で$(1, 2)$を通る直線の方程式は$y=$□

$y=3x+1$（3＝a）に垂直なので、
求める垂直の傾きは$-\dfrac{1}{3}$である。

垂直：$ac=-1$より$3c=-1$だから$c=-\frac{1}{3}$

よって求める直線は、

$$y-2=-\frac{1}{3}(x-1)$$

（2＝y座標、$-\frac{1}{3}$＝傾き、1＝x座標、分配法則）

$$y=-\frac{1}{3}x+\frac{1}{3}+2$$

$$\underline{y=-\frac{1}{3}x+\frac{7}{3}}$$

先生、オッケーです。この問題をお願いします。

$(k+3)x-(k+4)y=2k+4$のkに0とか1とか-2とか、いろいろな値を代入することによりさまざまな直線を表すわけだ。でも、kがどんな値でも、下の図のように必ずある1つの定点を通るんだ。

この定点を求めるためには、**最初の式をkでまとめていこう。**

ピカイチ解答

kについてまとめる

$(k+3)x-(k+4)y=2k+4$
$kx+3x-ky-4y-2k-4=0$
$(x-y-2)k+3x-4y-4=0$

こうしてまとめると、kがどんな値でも「(左辺)$=0$」となるのは、$0\times k+0=0$のときしかないよね。

ということは……、$x-y-2=0$かつ$3x-4y-4=0$となればいいのか！

これがすべてのkにおいて成り立つので、

$$\begin{cases} x-y-2=0 & \cdots① \\ 3x-4y-4=0 & \cdots② \end{cases}$$

①より $y=x-2$ …①′
①′を②に代入して、

分配法則

$3x-4(x-2)-4=0$
$3x-4x+8-4=0$
$-x+4=0$
$\therefore x=4$
①′に代入して、
$y=4-2=2$
よって求める定点は$(4, 2)$

とにかくkについてまとめていくところから始めればいいんですね！

その通り。**「存在する文字でまとめていく！」**と覚えておいてね！
そしてもう1つ。
$(x-y-2)k+3x-4y-4=0$
$(4, 2)$を必ず通る点だったよね。その$(4, 2)$はどうやって出したかというと$x-y-2=0$と$3x-4y-4=0$を連立したよね。ってことは2直線$x-y-2=0$と$3x-4y-4=0$の交点$(4, 2)$を通る直線全体を$(x-y-2)k+3x-4y-4=0$は表しているんだ。
そしたら、こんな問題が解けるよ。

例 2直線$x-y-2=0$, $3x-4y-4=0$の交点と原点を通る直線は$y=$□

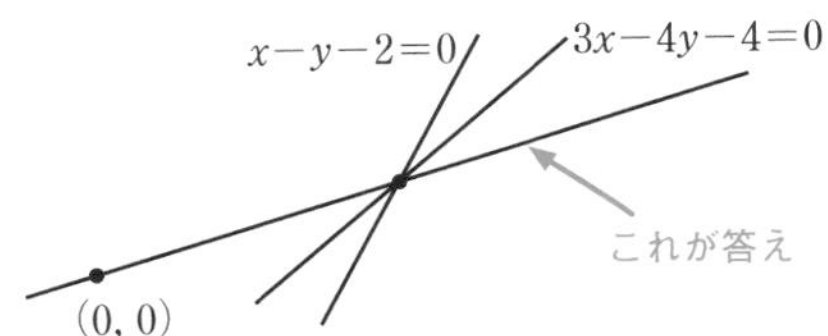

求める直線は
$(x-y-2)k+3x-4y-4=0$とおける。
これが$(0, 0)$を通るので
$-2k-4=0$
$\therefore k=-2$
よって求める直線は

「通る」は「代入」

分配法則

$-2(x-y-2)+3x-4y-4=0$
$-2x+2y+4+3x-4y-4=0$
$x-2y=0 \quad \therefore y=\dfrac{1}{2}x$

POINT ●**「kの値に関係なく」ときたら、kについてまとめる！**

50

x軸とy軸に接し点（-4, -2）を通る円は2つある。このとき円の半径を求めると小さいものから順に□と□である。さらに2つの円の中心の距離を求めると□である。

2020 神戸薬科大

イマイチ解答

中心(a, b)、半径rとする。

$(x-a)^2+(y-b)^2=r^2$

$(-4, -2)$を代入

$(-4-a)^2+(-2-b)^2=r^2$

……（笑）

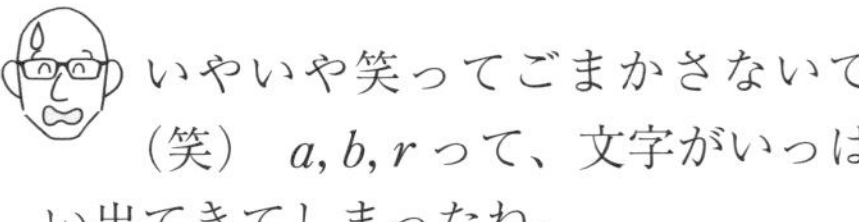

いやいや笑ってごまかさないで（笑）　a, b, rって、文字がいっぱい出てきてしまったね。

文字の置き方に少し工夫が必要ってことですか？

そうなんだよね。まずは、**2点間の距離の公式**の確認だ。

> **2点間の距離の公式**　覚えて！
>
> 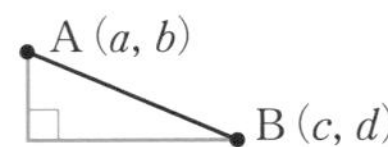
>
>
> $$AB=\sqrt{(a-c)^2+(b-d)^2}$$
>
> → イメージは三平方の定理

→ コレは円の方程式を求めるときにも使っていくよ。

次に、円について。

> **円とは**　覚えて！
>
> ある1点から等距離にある点の集まり

たとえば右の円では、(a, b)と(x, y)の距離がrだから**2点間の距離の公式**を使うと……。

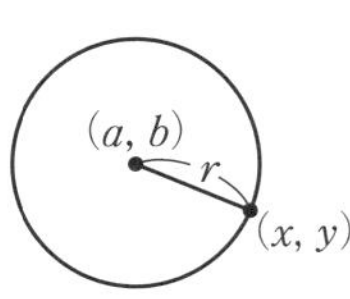

$\sqrt{(x-a)^2+(y-b)^2}=r$

両辺を2乗して、

$(x-a)^2+(y-b)^2=r^2$

これが円の方程式になるんですね。

> **円の方程式**　覚えて！
>
> ① $(x-a)^2+(y-b)^2=r^2$
>
> ※中心(a, b)、半径rのとき。
>
> ② $x^2+y^2+lx+my+n=0$

①の式を展開すると②の形に、②の式をx, yそれぞれで平方完成すると①の形になるよ。問題によって使い分けていこう！

ピカイチ解答

問題文をよく読んで図をかいてみるよ。「円と軸が接する」とあるので、垂直記号もかきこもう。

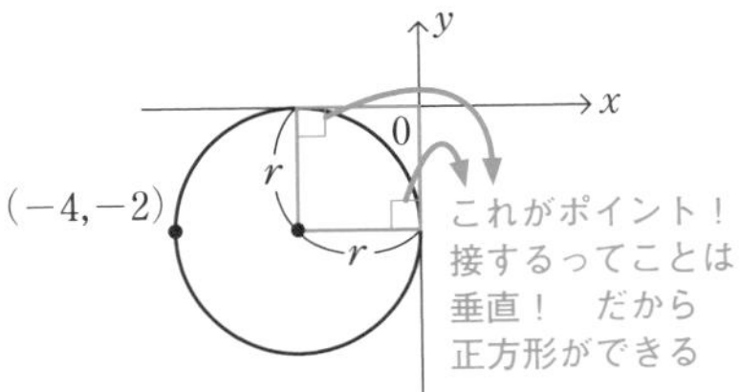

ってことは、**「中心のx座標＝中心のy座標」**になりますね。

x軸とy軸に接し、点$(-4,\ -2)$を通る円の中心は第3象限にある。

図をかくと、これに気づくことができる！

よって、半径をr $(r>0)$とおけば中心は$(-r,\ -r)$となるので、
円の方程式は
$(x+r)^2+(y+r)^2=r^2$

この円上に$(-4,\ -2)$があるので、

$(-4+r)^2+(-2+r)^2=r^2$ ← $(-4,\ -2)$を代入
$16-8r+r^2+4-4r+r^2=r^2$
$r^2-12r+20=0$
$(r-2)(r-10)=0$
$r=2,\ 10$

このとき中心の座標は、
$r=2$のとき$(-2,\ -2)$
$r=10$のとき$(-10,\ -10)$となるので、この2点間の距離は

$\sqrt{\{(-10)-(-2)\}^2+\{(-10)-(-2)\}^2}$

2点間の距離の公式（三平方の定理のイメージ）

$=\sqrt{64+64}$
$=\sqrt{128}$ ← $\sqrt{64\times2}$
$=8\sqrt{2}$

半径rが2と10と、2つ出てきたね。参考までに……もう1つの円の図はこうなるよ。

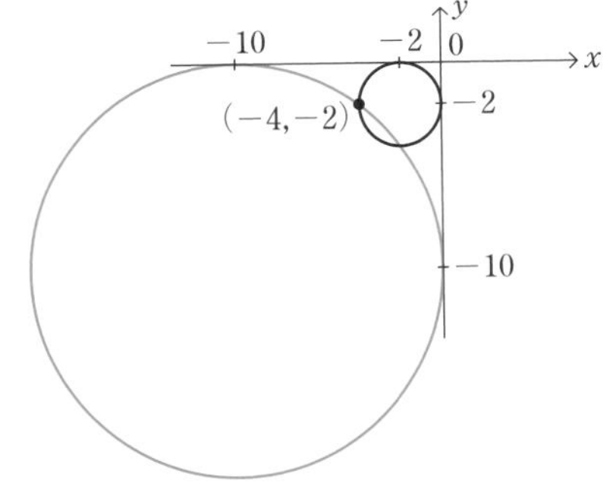

半径10は大きい!!

POINT
- **円の方程式を覚えよう！**
- **「円と直線が接する」ときたら、垂直記号を図に書きこもう！**

円 $x^2+y^2+2x-6y+8=0$ の中心の座標と半径は□である。また、原点からこの円に引いた接線の方程式は□である。

2020 獨協大

イマイチ解答

$x^2+y^2+2x-6y+8=0$

$(x+1)^2-1+(y-3)^2-9+8=0$

x と y それぞれで平方完成

$(x+1)^2+(y-3)^2=2$ …①

中心 $(-1, 3)$、半径 $\sqrt{2}$

$(0, 0)$ を通り傾き m の直線は、

$y=mx$ と表せる。

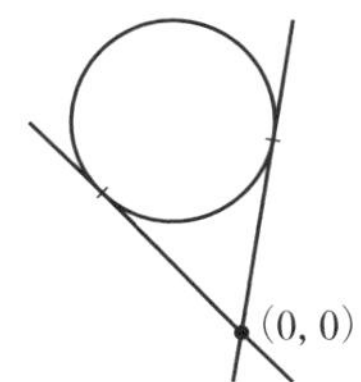

①に代入して、

$(x+1)^2+(mx-3)^2=2$

$x^2+2x+1+m^2x^2-6mx+9=2$

$(m^2+1)x^2+(2-6m)x+8=0$

（a ＝ m^2+1、b ＝ $2-6m$、c ＝ 8）

$y=mx$ が①の円と接するので、

$ax^2+2bx+c=0$
判別式 $D/4=b^2-ac$

$D/4=(1-3m)^2-8(m^2+1)=0$

$1-6m+9m^2-8m^2-8=0$

$m^2-6m-7=0$

$(m-7)(m+1)=0$

$\therefore m=-1, 7$

よって求める接線は、

$y=-x, y=7x$ ← $y=mx$ に $m=-1, 7$ を代入

よし、できた!!

お、上手にできてるよ、正解だ！

やったー！　初めて先生にケチつけられずに終わりました！

ケチってちょっとちょっと……(汗)。今回は別解も学んでいこう。まずは**点と直線の距離の公式**と**円と直線の位置関係**について。

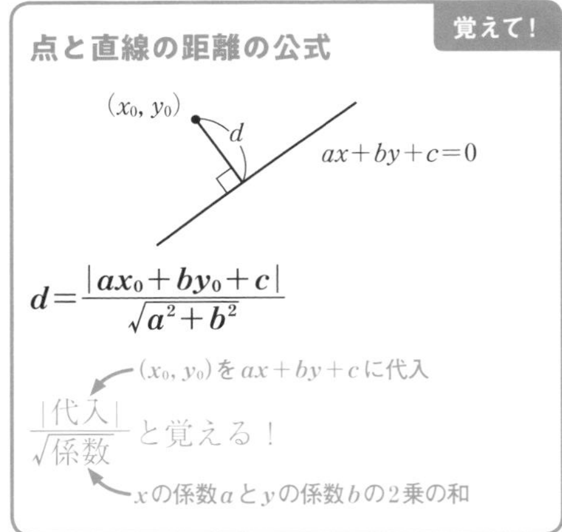

例　点 $(1, 2)$ と直線 $y=3x+4$ の距離 d は□

まずは $y=3x+4$ を $3x-y+4=0$ に変形しよう。公式が使えるようにするんだ。

点 $(1, 2)$ と直線 $3x-y+4=0$ の距離 d は、

$(1, 2)$ を $3x-y+4$ に代入

$$d=\frac{|3\cdot1-2+4|}{\sqrt{3^2+(-1)^2}}$$

係数（3と−1）の2乗の和

$$=\frac{5}{\sqrt{10}}\cdot\frac{\sqrt{10}}{\sqrt{10}}$$ ←分母と分子に$\sqrt{10}$をかける

$$=\frac{\sqrt{10}}{2}$$

「点と直線の距離の公式」を使うときは、$y=mx+n$ は $ax+by+c=0$ の形に変形してから使っていくんですね。

そうそう。そういうこと。
「点と直線の距離の公式」はここから何度も出てくるから、しっかりマスターしてほしい！
マスターできたら、**円と直線の位置関係**について学んでいこう。

覚えて！

円と直線の位置関係

中心と直線の距離d、半径r

$d>r$
交点なし

$d=r$
接する

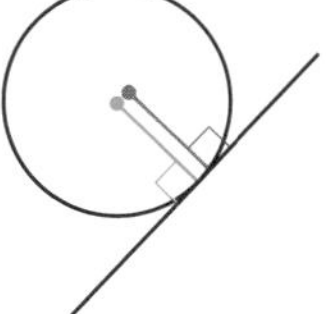

$d<r$
交点2つ

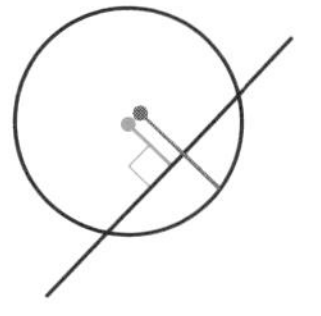

円と直線には、このように3通りの関係がある。交点なし、1つ（接する）、2つ。
中心と直線の距離と**円の半径**で大小比較をしてみよう。等式、不等式がつくれるよね。

この3つの式を覚えればいいですか？

ん〜、そのまま覚えてもいいんだけれども、不等号の向きが、＞だか＜だかわからなくなりそうじゃない？

たしかに……。交点0個と2個のときで、どっちが＞でどっちが＜だか忘れそう……。

だから**「中心と直線の距離と円の半径で大小比較をするんだ」**ってことだけ覚えて、あとは図をかいて式を導くことができるようにしていこう！

なるほど。わかりました。
図をかいて「中心と直線の距離」と「円の半径」にチェックを入れれば、大小がわかりますもんね。
じゃあ、**その「中心と直線の距離」を求めるときに「点と直線の距離の公式」を使う**ってことですか？

Yes!　That's right だ!!

ピカイチ解答

$x^2+y^2+2x-6y+8=0$

$(x+1)^2-1+(y-3)^2-9+8=0$

xとyそれぞれで平方完成

$(x+1)^2+(y-3)^2=2$ …①

中心$(-1,3)$、半径$\sqrt{2}$

$(0,0)$を通り傾きmの直線は、
$y=mx$と表せる。

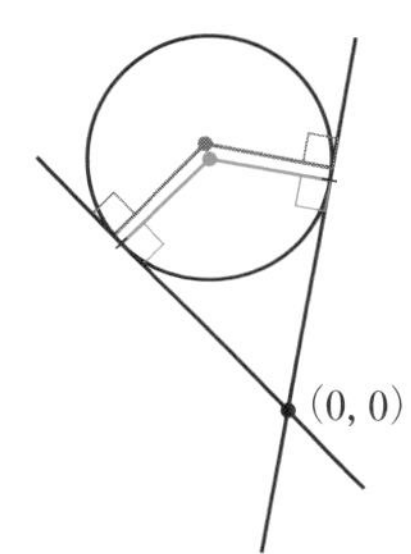

①の円と$y=mx$は接するので、
$(-1,3)$と$mx-y=0$の距離＝
半径$\sqrt{2}$となればよい。

$(-1,3)$を$mx-y$に代入

$$\frac{|-m-3|}{\sqrt{m^2+(-1)^2}}=\sqrt{2}$$

係数（mと-1）の2乗の和

$|m+3|=\sqrt{2}\cdot\sqrt{m^2+1}$

$m^2+6m+9=2m^2+2$

$m^2-6m-7=0$

$(m-7)(m+1)=0$

$\therefore m=-1,7$

$|x|^2=x^2$ 絶対値の2乗は中身を2乗する！

よって求める接線は、
$y=-x,\ y=7x$

$y=mx$ に $m=-1,7$ を代入

「点と直線の距離の公式」を上手に使うと、こんな解答になるんだ。判別式を使う解法と合わせて、両方とも練習しておこう！
じゃあ、少し応用にもチャレンジして、**2円の位置関係**について学んでいこう。

覚えて！

2円の位置関係

中心間の距離d
大きい円の半径R　小さい円の半径r

$d>R+r$
交点なし

$d=R+r$
外接する

$R-r<d<R+r$
交点2つ

$d=R-r$
内接する

$d<R-r$
交点なし

2円の位置関係には、このように5通りの関係がある。中心間の距離と円の半径の和、差で大小を比較して等式、不等式がつくれるんだ。

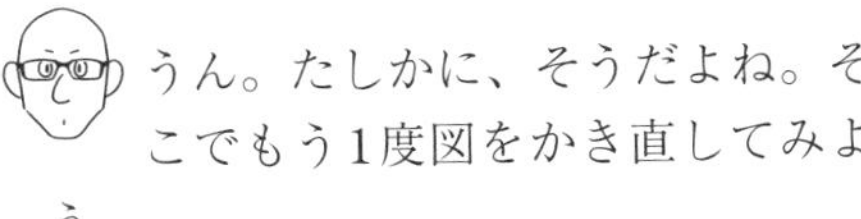

「交点なし」と「外接」「内接」は等式、不等式つくりやすいのでよかったですけど、「交点2つ」って難しくないですか！？

うん。たしかに、そうだよね。そこでもう1度図をかき直してみよう。

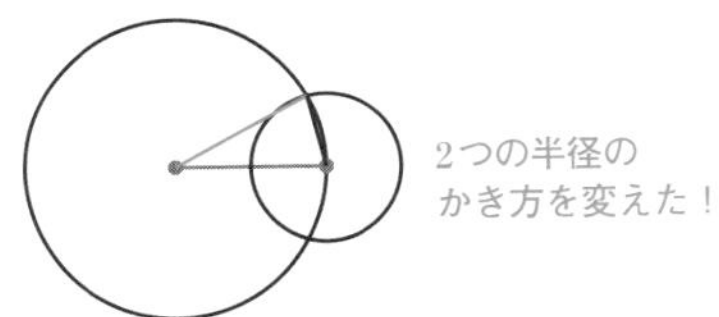

中心間の距離と2つの半径でなんとなんと……。

三角形ができる！

その通り！　2円の位置関係の5通りの中で唯一三角形ができるのはこの「交点2つ」のときのみだよ。ってことは$R-r<d<R+r$の式は……。

「三角形の成立条件」と一緒！

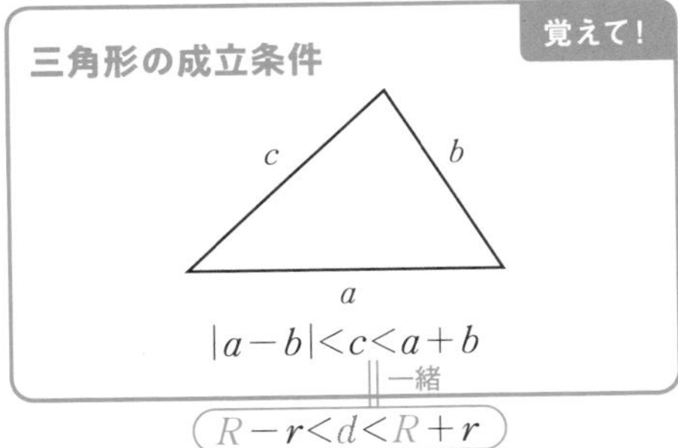

ブラボー！　そうやって覚えておいて！

「交点なし」と「外接する」「内接する」に関しては図をかいて式を導くことができるようにしていきましょう。1つだけ練習しておこうね。

例　2つの円$x^2+y^2=4$…①と$(x-1)^2+(y-2)^2=5$…②は、異なる2点で交わることを示せ。

①は中心$(0, 0)$、半径2の円
②は中心$(1, 2)$、半径$\sqrt{5}$の円

中心間の距離は
$\sqrt{(1-0)^2+(2-0)^2}=\sqrt{1+4}=\sqrt{5}$
2点間の距離の公式（三平方の定理のイメージ）

であり、これは
半径の差$\sqrt{5}-2<\sqrt{5}<$半径の和$\sqrt{5}+2$
を満たす。よって①、②は異なる2点で交わる。

POINT
- **点と直線の距離の公式を正しく覚えよう！**
- **円と直線の位置関係は、「円の中心と直線の距離」と「円の半径」で大小比較する！**

52

原点をOとする座標平面上の円C：$x^2+y^2=1$上に点$\mathrm{P}(\cos\theta, \sin\theta)$ $\left(0<\theta<\dfrac{\pi}{2}\right)$がある。点Pにおける円Cの接線を$l$とし、$l$と$x$軸の交点をA、$l$と$y$軸の交点をBとする。点Aと点Bの座標を$\cos\theta, \sin\theta$を用いてそれぞれ表せ。

2018 立教大

イマイチ解答

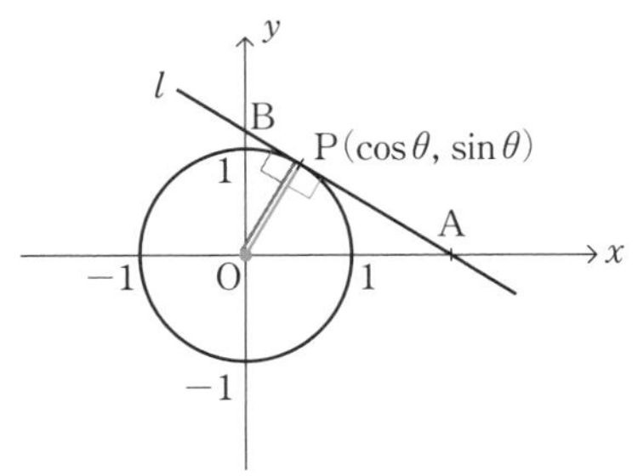

$\mathrm{P}(\cos\theta, \sin\theta)$を通り、傾き$m$の直線$l$を$y-\sin\theta=m(x-\cos\theta)$とおく。

$y=mx-m\cos\theta+\sin\theta$

これは円Cと接するので、

$(0, 0)$ と $mx-y-m\cos\theta+\sin\theta=0$ との距離＝半径1となればよい。

$(0, 0)$を$mx-y-m\cos\theta+\sin\theta$に代入

$$\frac{|-m\cos\theta+\sin\theta|}{\sqrt{m^2+1}}=1$$

係数（mと-1）の2乗の和

$$|-m\cos\theta+\sin\theta|=\sqrt{m^2+1}$$

両辺を2乗

$$m^2\cos^2\theta-2m\sin\theta\cos\theta+\sin^2\theta=m^2+1$$

$$m^2\cos^2\theta-2m\sin\theta\cos\theta+\sin^2\theta-m^2-1=0$$

ん〜なんだかよくわからなくなっちゃいました。

そうだね。mとか$\cos\theta$とか$\sin\theta$とか、いっぱい文字が出てきちゃったね。1つずつ整理していこう！

まずC：$x^2+y^2=1$上の任意の点が$x=\cos\theta, y=\sin\theta$と**パラメータ表示**できる。これは大丈夫かな。ちょっとまとめておくね。

> **覚えて！**
>
> **パラメータ表示**
>
> $(x-a)^2+(y-b)^2=r^2$上の点(x_0, y_0)をパラメータ表示すると、
>
> $$\begin{cases} x_0=r\cos\theta+a \\ y_0=r\sin\theta+b \end{cases}$$
>
> とくに$x^2+y^2=1$上の点(x_0, y_0)をパラメータ表示すると、
>
> $$\begin{cases} x_0=\cos\theta \\ y_0=\sin\theta \end{cases}$$

じゃあ、次は**接線の方程式**。接点の座標が与えられているときに便利！

> **覚えて！**
>
> **接線の方程式**
>
> $(x-a)^2+(y-b)^2=r^2$上の点(x_0, y_0)における接線の方程式は、
>
> $$(x_0-a)(x-a)+(y_0-b)(y-b)=r^2$$

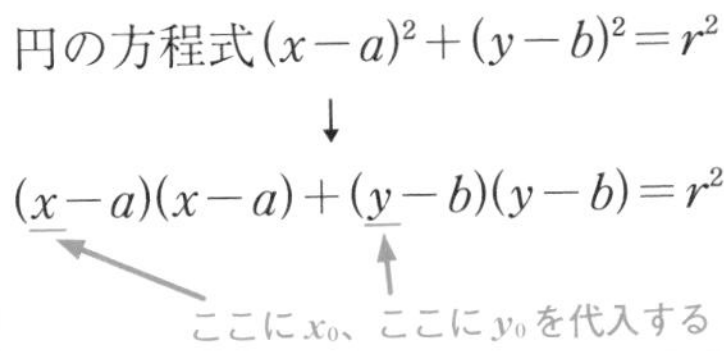

$x^2+y^2=r^2$上の点(x_0, y_0)における接線の方程式は、

$\boldsymbol{x_0 \cdot x + y_0 \cdot y = r^2}$

円の方程式$x^2+y^2=r^2$

↓

$x \cdot x + y \cdot y = r^2$

ここにx_0、ここにy_0を代入する

今回も「$\mathrm{P}(\cos\theta, \sin\theta)$における円Cの接線」だから、これが使えるんですね。

例 $(x-1)^2+(y-2)^2=5$上の$(0, 0)$における接線の方程式を求めよ。

接線の方程式は、

$(x-1)(x-1)+(y-2)(y-2)=5$

ここに0、ここに0を代入

$(0-1)(x-1)+(0-2)(y-2)=5$

（$0-1=-1$、$0-2=-2$　分配法則）

$-x+1-2y+4=5$

$-x-2y=0$

$\therefore \underline{y=-\frac{1}{2}x}$

ピカイチ解答

よし、じゃあ先ほどの問題に戻ってやってみよう！

$\mathrm{C}: x^2+y^2=1$

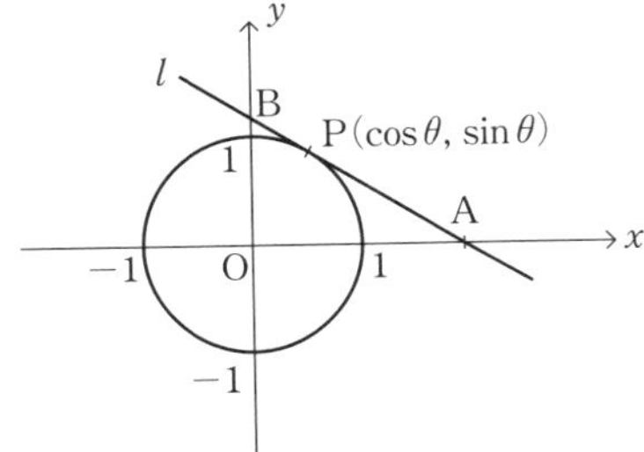

$\mathrm{P}(\cos\theta, \sin\theta)$における接線$l$は、

$\mathrm{C}: x \cdot x + y \cdot y = 1$

ここに$\cos\theta$　ここに$\sin\theta$を代入

$\boldsymbol{\cos\theta \cdot x + \sin\theta \cdot y = 1}$　…①

lのx軸上の点Aは$y=0$より、

①に$y=0$を代入して、

$\boldsymbol{\cos\theta \cdot x = 1}$

$\therefore x=\frac{1}{\cos\theta}$　**よって** $\underline{\mathrm{A}\left(\frac{1}{\cos\theta}, 0\right)}$

lのy軸上の点Bは$x=0$より、

①に$x=0$を代入して、

$\boldsymbol{\sin\theta \cdot y = 1}$

$\therefore y=\frac{1}{\sin\theta}$　**よって** $\underline{\mathrm{B}\left(0, \frac{1}{\sin\theta}\right)}$

うわ、はや〜い。「接線の方程式」使えたらかっこいいですね。

POINT ● 円における接線の方程式を覚えよう！

53

aを正の定数とする。直線$y=2x$から円$x^2+y^2-2ax=0$が切り取る線分の長さが1となるようにaの値を定めよ。

2018 東京都市大

イマイチ解答

$x^2+y^2-2ax=0$

$(x-a)^2-a^2+y^2=0$

$(x-a)^2+y^2=a^2$

中心$(a, 0)$、半径a

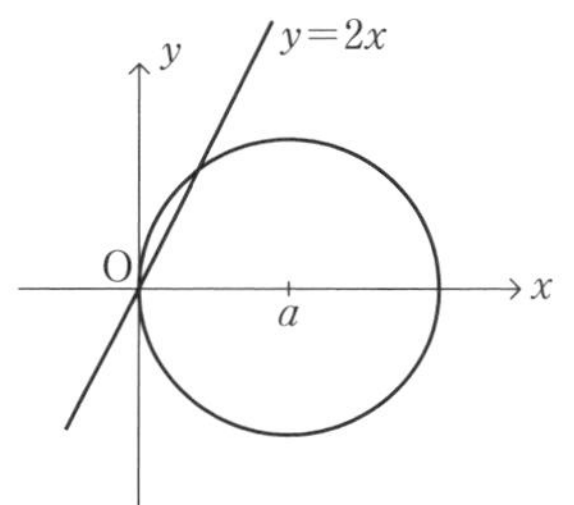

先生、この後どうすればいいかわかりません……。

そうだね、難しいよね。

この問題の最大のポイントは、**「中心から弦に下ろした垂線は弦を二等分する」**ってことなんだ！

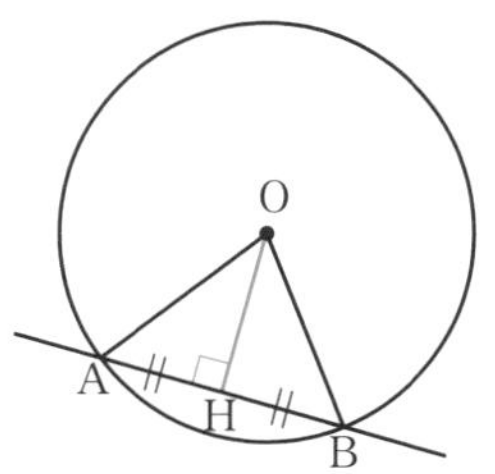

Oから直線ABに下ろした垂線の足Hは、ABを二等分するよ。

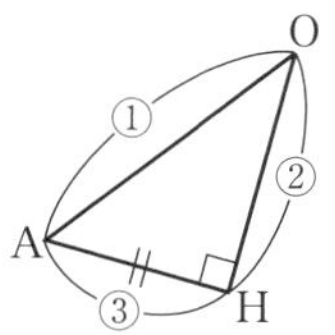

そしたら、**OA（①）は円の半径**になっている。**OH（②）は円の中心と直線ABとの距離だから「点と直線の距離の公式」**で出せるよ。

△OAHは直角三角形だから、**AH（③）は「三平方の定理」**で出せますね。

そういうことだ！

そしたら116ページで出てきた「点と直線の距離の公式」を、もう1回確認しておこう。

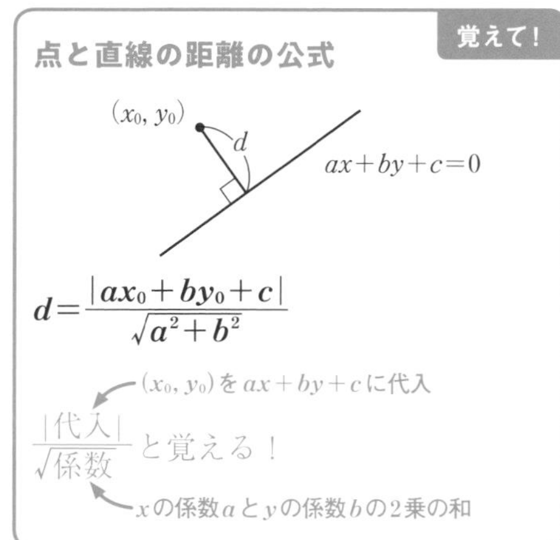

例 座標平面において$y=-2x$に平行で、原点からの距離が$\sqrt{5}$である直線

の方程式をすべて求めよ。

（東京電機大）

求める直線は$y=-2x$に平行であるから$y=-2x+k$とおく。

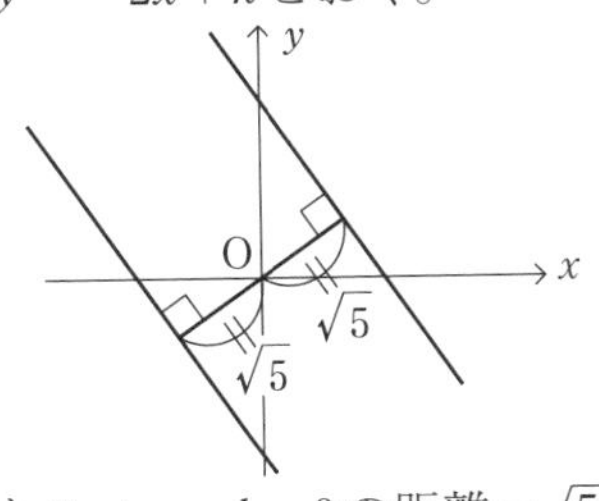

原点と$2x+y-k=0$の距離$=\sqrt{5}$より

（0, 0）を$2x+y-k$に代入

$$\frac{|-k|}{\sqrt{2^2+1^2}}=\sqrt{5}$$

係数（2と1）の2乗の和

$$\frac{|-k|}{\sqrt{5}}=\sqrt{5}$$

$|k|=5$

$\therefore k=\pm 5$

よって求める直線は$y=-2x\pm 5$

ピカイチ解答

$x^2+y^2-2ax=0$

$(x-a)^2-a^2+y^2=0$

$(x-a)^2+y^2=a^2$

中心$(a, 0)$、半径a

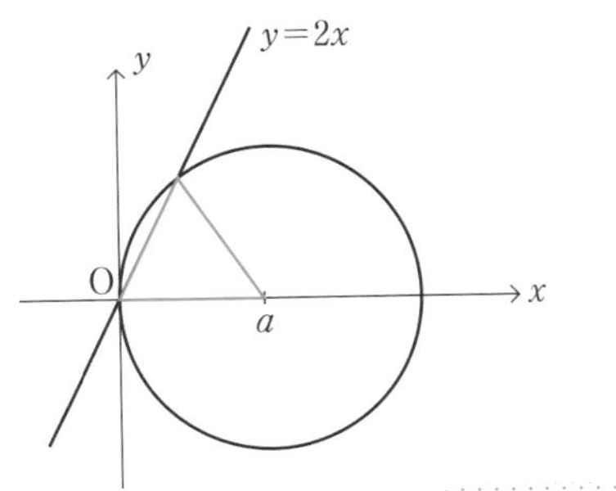

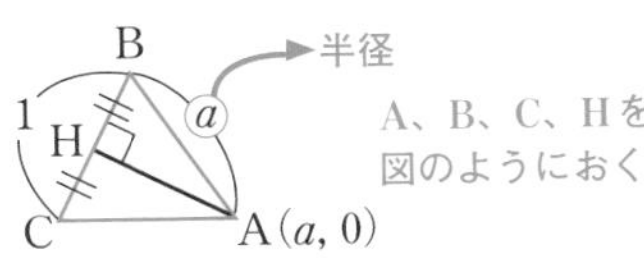

$A(a, 0)$から直線$y=2x$に垂線AHを下ろすと、HはBCを二等分する。$A(a, 0)$と$2x-y=0$の距離AHは

（a, 0）を$2x-y$に代入

$$AH=\frac{|2a-0|}{\sqrt{4+1}}=\frac{|2a|}{\sqrt{5}}$$

係数（2と－1）の2乗の和

$a>0$より$AH=\dfrac{2}{\sqrt{5}}a$

△AHBにおいて三平方の定理より、

$AB^2=AH^2+BH^2$

$a^2=\dfrac{4}{5}a^2+\left(\dfrac{1}{2}\right)^2$

両辺に×20

$20a^2=16a^2+5$

$4a^2=5$

$a^2=\dfrac{5}{4}$

$a>0$より$a=\dfrac{\sqrt{5}}{2}$

垂線下ろす

⇓

「点と直線の距離の公式」

⇓

「三平方の定理」 ですね！

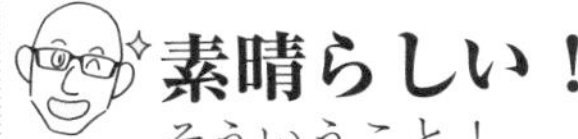

POINT ● 弦の問題は、円の中心から垂線を下して、弦を二等分する！

2点A(−8, 0), B(−2, 0)からの距離の比が2：1になる点Pの軌跡は、中心(□, □), 半径□の円になる。

2020 昭和薬科大

イマイチ解答

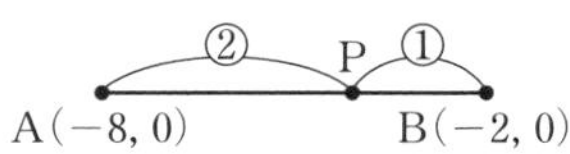

P(x, y)とおく

A, Bからの距離の比が2：1より

$$(x, y)=\left(\frac{-8-4}{2+1}, \frac{0+0}{2+1}\right)$$
$$=(-4, 0)$$

あれ……。答えが$(-4, 0)$って変ですよね……？

うん、なんか変だね。問題文を読むと答えは円だもんね。よし、軌跡についてまとめるよ。

> **軌跡** 　覚えて！
>
> ある条件の下で動く動点P(x, y)の描く図形（曲線や直線）のこと。

まさに軌道の跡で軌跡ですね。

> **軌跡を求める手順** 　覚えて！
>
> **①P(x, y)とおく。**
>
> **②条件の日本語から数式をつくる。**

例 点A(1, 2)、点B(3, 4)から等距離にある点Pの軌跡を求めよ。

P(x, y)とおく。①

PはA, Bから等距離なので、

AP＝BP ②

$AP^2=BP^2$

APとBPは「2点間の距離の公式」を使うから、あらかじめ2乗しておくよ。

$$(x-1)^2+(y-2)^2=(x-3)^2+(y-4)^2$$
$$x^2-2x+1+y^2-4y+4$$
$$=x^2-6x+9+y^2-8y+16$$
$$4x+4y-20=0$$

よってPの軌跡は直線$x+y-5=0$

なるほど。この例題の「等距離」のところが「2：1」になったのが、今回の問題ですね！

ピカイチ解答

$P(x, y)$とおく。①
A, Bからの距離の比が2：1より、
AP：BP＝2：1②

$a：b=c：d$は、$b \cdot c=a \cdot d$（内項の積＝外項の積）

$$2PB=AP$$
$$4PB^2=AP^2$$
あらかじめ2乗しておく
$$4\{(x+2)^2+y^2\}=(x+8)^2+y^2$$
$$4(x^2+4x+4+y^2)=x^2+16x+64+y^2$$
$$4x^2+16x+16+4y^2=x^2+16x+64+y^2$$
$$3x^2+3y^2=48$$
$$x^2+y^2=16$$
← これは円！

よって求める軌跡は、
中心(0, 0)、半径4の円

「図形と方程式」はこれで終わり。

「軌跡」のあと、「領域」の問題もなかったですっけ？

そうだね、「領域」も大切だよね。でも、まずは円と軌跡の問題を解く力がつかないと、「領域」の問題は解けないんだ。だからまずは、この本に載ってる問題をすらすら解けるようになってほしい！

はい、わかりました。頑張ります！

ちょっと一息
どうして反復練習が必要なの？

私は生徒に、「繰り返し練習しましょう」とよく言います。なぜでしょうか。
・知識を定着させるため
・スピードを上げるため
・無意識に解けるようにするため
などが挙げられます。
ではなぜ、反復練習をすると、知識が定着し、無意識に解けるようになり、スピードが上がる、となるのでしょうか。

たとえば、料理の話。
料理が上手な人は、料理ができたときにキッチンが綺麗になっています。つまり、炒めたり蒸したりといった、ちょっと手が空いたときに、使い終えた調理器具を片付けるそうなのです。
なぜそういったことができるかというと、手が空く前に「次のことを考えているから」。先のことを考えて準備しているわけです。

これってすごく大事で、何事においても反復して経験を何度も積まないと「次のことを考える」ことは難しいです。
数学であればA＝Bと式変形していくときに、Aを書きながら「次は加法定理を使ってBにもっていくぞ」……といった感じで考えることができていますか？　Aを書き終わってから一息ついて、さぁ次何しよっかなぁ、ではいけませんよ。
数学はスピードが命。ですから「ただやればいいでしょ」といった感じで頭に負荷をかけずにダラダラやってても、意味がないのです。だから、次のこと考えられるように、反復練習するのです！

POINT ●軌跡を求める手順をおさえよう！

$\sin\alpha=\frac{3}{5}$, $\cos\beta=\frac{5}{13}$ のとき、$\tan(\alpha-\beta)$ を求めよ。
ただし、$0<\alpha<\frac{\pi}{2}$, $0<\beta<\frac{\pi}{2}$ とする。

2019 東京都市大

イマイチ解答

$\sin\alpha=\frac{3}{5}$ より

$$\cos^2\alpha=1-\sin^2\alpha$$
← 相互関係 $\sin^2\theta+\cos^2\theta=1$ を変形

$$=1-\frac{9}{25}$$
$$=\frac{16}{25}$$

$$\tan^2\alpha=\frac{1}{\boxed{\cos^2\alpha}}-1$$
（$\cos^2\alpha$ に $\frac{16}{25}$）← 相互関係 $\tan^2\theta+1=\frac{1}{\cos^2\theta}$ を変形

$$=\frac{25}{16}-\frac{16}{16}$$
$$=\frac{9}{16}$$

$0<\alpha<\frac{\pi}{2}$ より $\tan\alpha>0$ なので

$$\tan\alpha=\frac{3}{4}$$

$\cos\beta=\frac{5}{13}$ より

$$\tan^2\beta=\frac{1}{\boxed{\cos^2\beta}}-1$$
（$\cos^2\beta$ に $\left(\frac{5}{13}\right)^2$）

$$=\frac{169}{25}-\frac{25}{25}$$
$$=\frac{144}{25}$$

$0<\beta<\frac{\pi}{2}$ より $\tan\beta>0$ なので

$$\tan\beta=\frac{12}{5}$$

$$\tan(\alpha-\beta)=\frac{\tan\alpha-\tan\beta}{1+\tan\alpha\cdot\tan\beta}$$
加法定理

$$=\frac{\left(\frac{3}{4}-\frac{12}{5}\right)\times 20}{\left(1+\frac{3}{4}\cdot\frac{12}{5}\right)\times 20}$$
$$=\frac{15-48}{20+36}$$
$$=-\frac{33}{56}$$

うん、正解！
「相互関係」と「加法定理」を上手に使えたね。

ヨッシャー!!

でもここで満足せず、学習を深めていこう！
「相互関係」を使わない解法を紹介するよ。

$\sin\alpha=\frac{3}{5}$ から「相互関係」を使わずに $\tan\alpha$ が出せるんですか？

うん、そうだよ。
まずは、40ページで出た相互関係をおさらいしておこうか。

相互関係　覚えて！

① $\tan\theta=\dfrac{\sin\theta}{\cos\theta}$

② $\sin^2\theta+\cos^2\theta=1$

③ $\tan^2\theta+1=\dfrac{1}{\cos^2\theta}$

あと、sin, cos, tanのプラス、マイナスについて確認するよ。

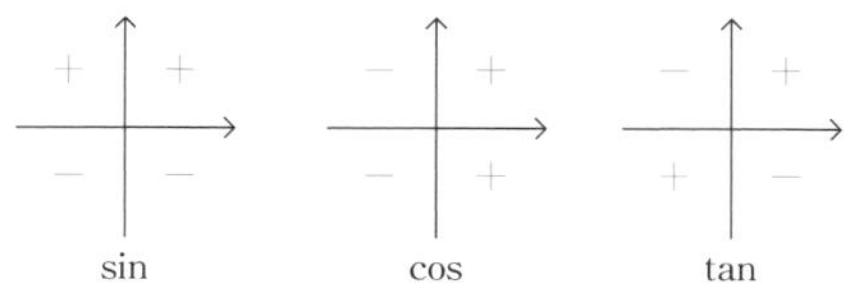

sinはyの座標のイメージだから
第1, 2象限が+(プラス)

cosはx座標のイメージだから
第1, 4象限が+(プラス)

tanは傾きのイメージだから
第1, 3象限が+(プラス)

でしたよね。

そうそうイイ感じ〜。
じゃあ次、**弧度法**について。

弧度法 覚えて!

半径が1、弧の長さが1の扇形の中心角の大きさが1ラジアンである。

$180°=\pi$ (ラジアン)

$1°=\dfrac{\pi}{180}$ (ラジアン)

1 (ラジアン) $=\left(\dfrac{180}{\pi}\right)^{\circ}\fallingdotseq 57.3°$

$180°=\pi$ というところから

$30°=\dfrac{\pi}{6}$, $45°=\dfrac{\pi}{4}$, $60°=\dfrac{\pi}{3}$, $90°=\dfrac{\pi}{2}$

はすぐ言えるようにしてほしい。

あと、第2、3、4象限の角度は30°, 45°, 60°の□倍って考えればいいですね。

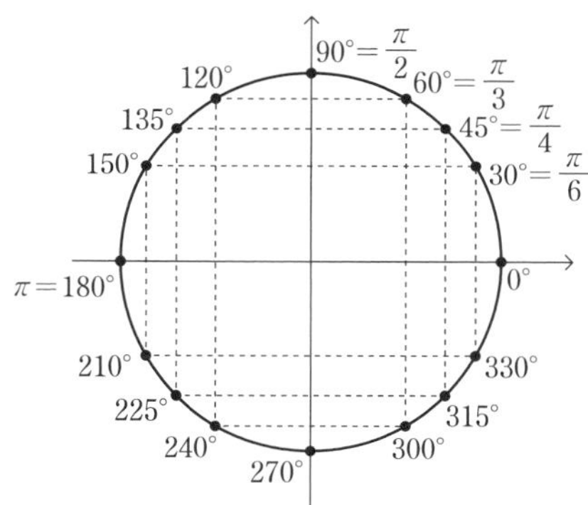

そうそう。じゃあ三角比の値を、この図を利用して求める練習をしてみましょう。

例 $\sin\dfrac{4}{3}\pi=\square$

①sinはy座標のイメージ。

② $\dfrac{4}{3}\pi=\dfrac{\pi}{3}\times4=60°\times4=240°$

240° のy座標は60°のy座標のマイナス

③ $\sin\dfrac{4}{3}\pi=-\sin\dfrac{\pi}{3}=-\dfrac{\sqrt{3}}{2}$

cosはx座標、sinはy座標、tanは傾きはやっぱり大事ですね。

そうだよー。少なくとも入試が終

わるまでは覚えといて〜。では、「相互関係」を使わない解法を教えるね。

例 $0<\theta<\pi$, $\tan\theta=-2$ のとき $\sin\theta=$ □、$\cos\theta=$ □

$0<\theta<\pi$ で $\tan\theta<0$ より、θ は第2象限の角。よって $\sin\theta>0$, $\cos\theta<0$ である。

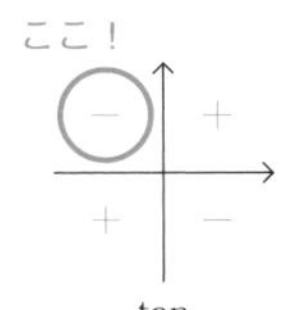

三角比の定義より

$\tan\theta=\dfrac{c}{b}$ だから

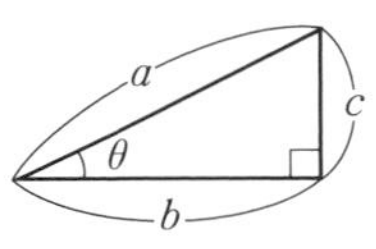

$b=1$, $c=2$ を代入。

$\tan\theta=-2$ を $\tan\theta=-\dfrac{2}{1}$ とみる。

三平方の定理で a の値を出す。そして三角比の定義で sin, cos を出す。

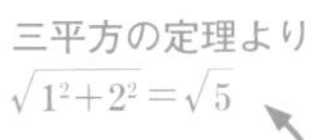

この問題の θ は本当は第2象限の角だけど、sin, cos を出すために、仮の形で θ を第1象限（鋭角）にとるんですね。

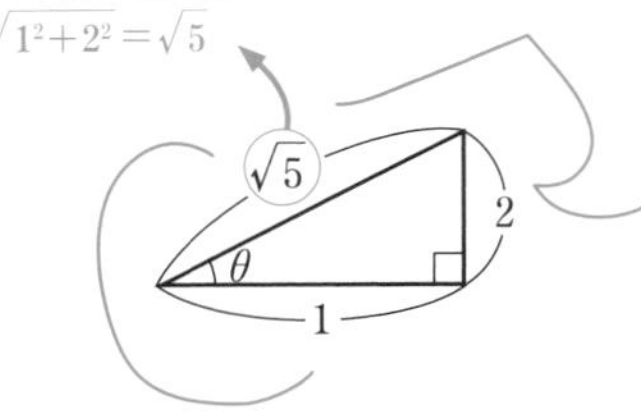

$\sin\theta>0$ より $\sin\theta=\dfrac{2}{\sqrt{5}}$

$\cos\theta<0$ より $\cos\theta=-\dfrac{1}{\sqrt{5}}$

おお〜、速い、速い！「三角比の定義」を使うんですね。

あと、**加法定理**も確認しておこう。

加法定理 　覚えて！

$\sin(\alpha+\beta)=\sin\alpha\cdot\cos\beta+\cos\alpha\cdot\sin\beta$

サイタ コスモス コスモス サイタ

$\sin(\alpha-\beta)=\sin\alpha\cdot\cos\beta-\cos\alpha\cdot\sin\beta$

+, −の符号が逆になるだけ。

$\cos(\alpha+\beta)=\cos\alpha\cdot\cos\beta-\sin\alpha\cdot\sin\beta$

コスモス コスモス サカナイ サカナイ
マイナスなので、「サカナイ」と覚える！

$\cos(\alpha-\beta)=\cos\alpha\cdot\cos\beta+\sin\alpha\cdot\sin\beta$

+, −の符号が逆になるだけ。

$\tan(\alpha+\beta)=\dfrac{\tan\alpha+\tan\beta}{1-\tan\alpha\cdot\tan\beta}$

タン足すタン / いちひくタンタン

$\tan(\alpha-\beta)=\dfrac{\tan\alpha-\tan\beta}{1+\tan\alpha\cdot\tan\beta}$

+, −の符号が逆になるだけ。

よ〜し、ゴロ合わせを唱えて覚えるぞ〜。
サイタコスモスコスモスサイタ〜。
チーン。

お経になってる!!（笑）
そしたら、加法定理を使った問題を1問、解いてみよう。

例 $\sin 75°=$ □

加法定理より、

$$\sin 75^\circ = \sin(30^\circ + 45^\circ)$$
$$= \sin 30^\circ \cdot \cos 45^\circ + \cos 30^\circ \cdot \sin 45^\circ$$
$$= \frac{1}{2} \cdot \frac{\sqrt{2}}{2} + \frac{\sqrt{3}}{2} \cdot \frac{\sqrt{2}}{2}$$
$$= \frac{\sqrt{2}+\sqrt{6}}{4}$$

よし、準備OKだね！

ピカイチ解答

$0<\alpha<\frac{\pi}{2}$, $0<\beta<\frac{\pi}{2}$

より

$\tan\alpha>0$, $\tan\beta>0$

$\sin\alpha=\frac{3}{5}$ より

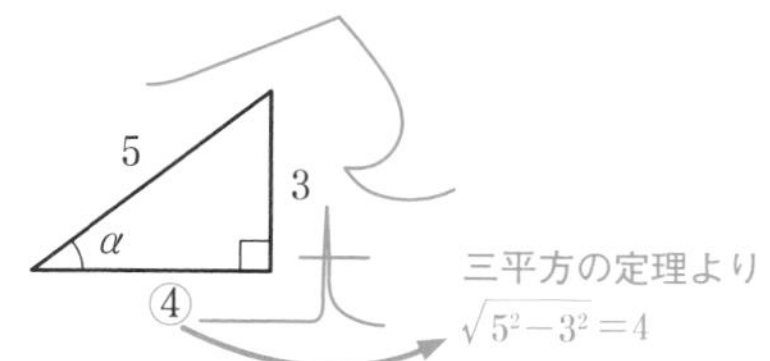

$\tan\alpha>0$ より $\tan\alpha=\frac{3}{4}$

$\cos\beta=\frac{5}{13}$ より

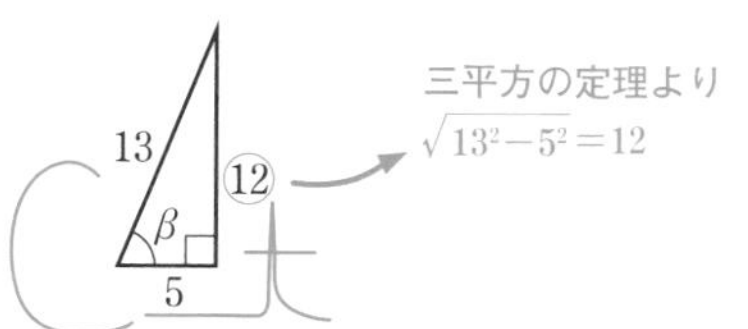

$\tan\beta>0$ より $\tan\beta=\frac{12}{5}$

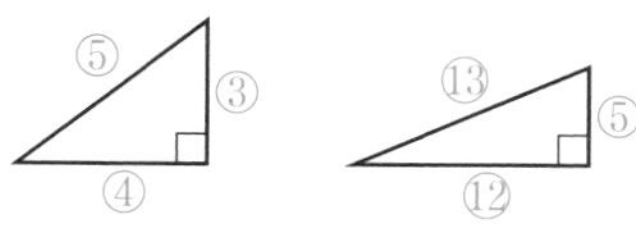

ちなみに、**3：4：5の直角三角形と5：12：13の直角三角形は入試では超頻出！** 覚えちゃおう。

$$\tan(\alpha-\beta)=\frac{\tan\alpha-\tan\beta}{1+\tan\alpha\cdot\tan\beta}$$

加法定理

$$=\frac{\left(\frac{3}{4}-\frac{12}{5}\right)\times 20}{\left(1+\frac{3}{4}\cdot\frac{12}{5}\right)\times 20}$$
$$=\frac{15-48}{20+36}$$
$$=-\frac{33}{56}$$

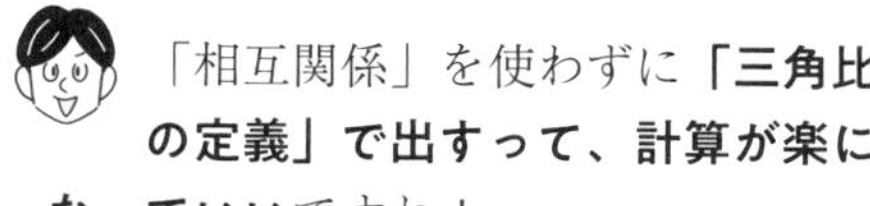

「相互関係」を使わずに**「三角比の定義」で出すって、計算が楽になっていい**ですね！

でしょ～。ただ、「相互関係」の3本の式は、覚えてなくちゃダメだからねー！「相互関係」を使う場面も、もちろんあるよ。

ハ～イ。

POINT

- **加法定理を覚えよう！**
- $\sin\theta=\frac{3}{5}$, **ここから** $\cos\theta$, $\tan\theta$ **の値を求めるとき、「相互関係」ではなく「三角比の定義」でも求められるようになろう！**

56

(1) 方程式 $\cos 2x+\sin x=0$ $\left(-\dfrac{\pi}{2}<x<\dfrac{\pi}{2}\right)$ の解は $x=\square$ である。

2020 神奈川大

(2) 関数 $f(x)=\cos 2x-3\sqrt{3}\cos x+4$ $(0\leqq x\leqq 2\pi)$ を考える。$f(x)\geqq 0$ となるような x の範囲は、$\dfrac{\square}{\square}\pi\leqq x\leqq\dfrac{\square}{\square}\pi$ である。

2020 東京理科大

イマイチ解答

(1)

2倍角の公式

$$\cos 2x+\sin x=0$$

$$\cos^2 x-\sin^2 x+\sin x=0$$

相互関係 $\sin^2\theta+\cos^2\theta=1$ を変形して $\cos^2\theta=1-\sin^2\theta$

$$(1-\sin^2 x)-\sin^2 x+\sin x=0$$

$$-2\sin^2 x+\sin x+1=0$$

両辺に $\times(-1)$

$$2\sin^2 x-\sin x-1=0$$

1 ╳ −1 → −2
2 ╳ 1 → 1
−1

$$(\sin x-1)(2\sin x+1)=0$$

$$\sin x=-\frac{1}{2},\ 1$$

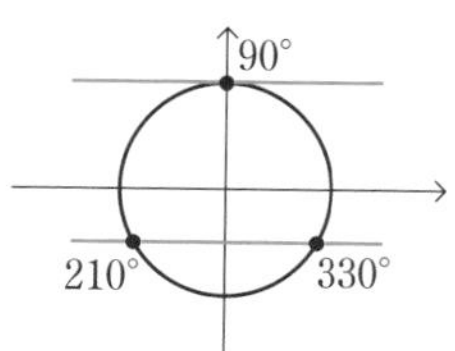

$$x=\frac{\pi}{2},\ \frac{7}{6}\pi,\ \frac{11}{6}\pi$$

ん～違うなぁ。問題文に「$-\dfrac{\pi}{2}<x<\dfrac{\pi}{2}$」って書いてあるけれど、それを見落としていない？

うわ!! ヤバイ!!

見落としには気を付けて！ じゃあ、公式から確認しよう。

2倍角の公式は「加法定理」から次のように導き出せるよね。

> **2倍角の公式** 覚えて！
>
> ① $\sin 2\theta=2\sin\theta\cdot\cos\theta$
>
> ② $\cos 2\theta=\cos^2\theta-\sin^2\theta$
>
> 相互関係 $\sin^2\theta=1-\cos^2\theta$ より $\cos^2\theta-(1-\cos^2\theta)=2\cos^2\theta-1$
>
> $=2\cos^2\theta-1$
>
> 相互関係 $\cos^2\theta=1-\sin^2\theta$ より $2(1-\sin^2\theta)-1=1-2\sin^2\theta$
>
> $=1-2\sin^2\theta$
>
> ③ $\tan 2\theta=\dfrac{2\tan\theta}{1-\tan^2\theta}$

そして三角関数の方程式、不等式を解くときの大切な合言葉を教えるよ。

①角度をそろえる!!

②関数をそろえる!!

おお、「そろえる!!」2連発だ。「角度」と「関数」をそろえるために、「2倍角の公式」を使うんですね。

ピカイチ解答

(1) $\cos 2x + \sin x = 0$

角度が違う！

「①角度をそろえる!!」だから、2倍角の公式。

$\cos 2\theta$ の2倍角の公式は、3つありますよね？

「②関数をそろえる!!」だから、今回はsinにそろえよう！

$$1-2\sin^2 x+\sin x=0$$
$$-2\sin^2 x+\sin x+1=0$$
$$2\sin^2 x-\sin x-1=0$$

降べきの順にする

両辺に×(−1)

$$(\sin x-1)(2\sin x+1)=0$$

$$\sin x=-\frac{1}{2},\ 1$$

← sinはy座標のイメージ

ここで、$-\frac{\pi}{2}<x<\frac{\pi}{2}$ より

→ 問題文のこの条件を満たすxのみ、答える！

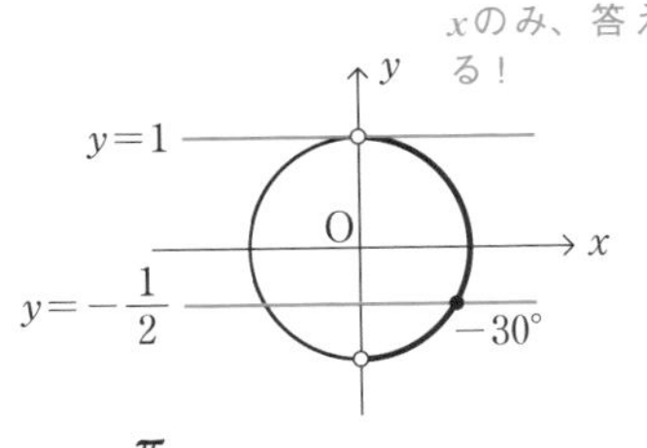

$$x=-\frac{\pi}{6}$$

(2) $f(x)=\cos 2x-3\sqrt{3}\cos x+4$

$f(x)\geqq 0$ より

$$\cos 2x-3\sqrt{3}\cos x+4\geqq 0$$

角度が違う！

「①角度をそろえる!!」だから、cosの2倍角の公式！

そして、$\cos 2\theta$ の2倍角の公式は、3つあるけど、「②関数をそろえる!!」だから、今回はcosにそろえる、ってことですね！

$$2\cos^2 x-1-3\sqrt{3}\cos x+4\geqq 0$$
$$2\cos^2 x-3\sqrt{3}\cos x+3\geqq 0$$

$$(\cos x-\sqrt{3})(2\cos x-\sqrt{3})\geqq 0$$

①　②

①×②≧0で①がマイナスなので、②が0以下でないと①×②≧0にならない。

ここで、

$0\leqq x\leqq 2\pi$ のとき

$-1\leqq \cos x\leqq 1$ なので

$\cos x-\sqrt{3}<0$ である。①

よって $2\cos x-\sqrt{3}\leqq 0$ ②

$\cos x\leqq \frac{\sqrt{3}}{2}$ より、 ← cosはx座標のイメージ

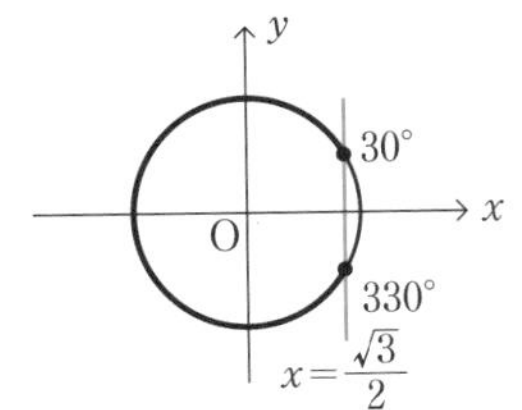

$$\frac{\pi}{6}\leqq x\leqq \frac{11}{6}\pi$$

POINT

● 2倍角の公式を覚えよう！

● 三角関数の方程式、不等式は、「①角度をそろえる!!」「②関数をそろえる!!」

57 不等式 $\sqrt{\sin^2 x+\frac{1}{2}}<\cos x$ $(0\leqq x<2\pi)$ を満たす x の値の範囲は □ である。

2018 関西大

イマイチ解答

$$\sqrt{\sin^2 x+\frac{1}{2}}<\cos x$$

両辺を2乗して、

$$\sin^2 x+\frac{1}{2}<\cos^2 x$$

↓ 相互関係 $\sin^2\theta+\cos^2\theta=1$ を変形して $\sin^2\theta=1-\cos^2\theta$

$$1-\cos^2 x+\frac{1}{2}<\cos^2 x$$

$$2\cos^2 x-\frac{3}{2}>0$$

$$\cos^2 x-\frac{3}{4}>0$$ 因数分解 $a^2-b^2=(a+b)(a-b)$

$$\left(\cos x+\frac{\sqrt{3}}{2}\right)\left(\cos x-\frac{\sqrt{3}}{2}\right)>0$$

$$\cos x<-\frac{\sqrt{3}}{2},\ \frac{\sqrt{3}}{2}<\cos x$$ ← cosは x 座標のイメージ

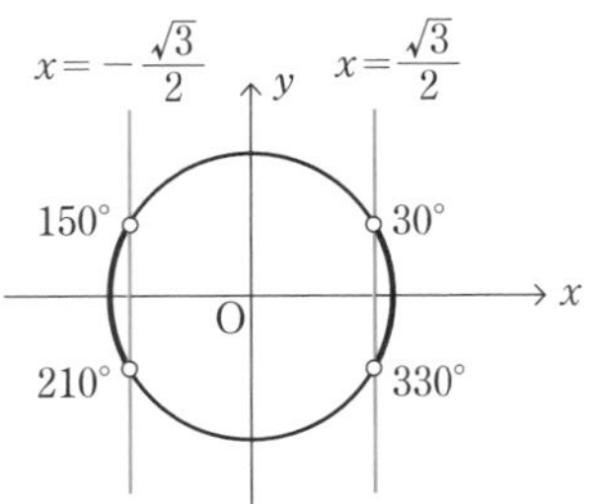

$$0\leqq x<\frac{\pi}{6},\ \frac{5}{6}\pi<x<\frac{7}{6}\pi,$$

$$\frac{11}{6}\pi<x<2\pi$$

いや、違うんだ。先に答えを言うと、$0\leqq x<\frac{\pi}{6}$, $\frac{11}{6}\pi<x<2\pi$ だよ。

$\frac{5}{6}\pi<x<\frac{7}{6}\pi$ は答えにならないってことですね。何でだろう……。

じゃあ試しにこれを解いてみて！

例 方程式 $\sqrt{x+2}=x$ を解け。

両辺を2乗して、

$x+2=x^2$

$x^2-x-2=0$

$(x-2)(x+1)=0$

$\therefore\ x=-1, 2$

検算で与式に $x=-1$ と2を代入してみると……。

$x=1$ のとき（左辺）$=1$、（右辺）$=-1$ で成り立たない！　え、何で⁉　$x=2$ のときはOKだけど……。

これは、**両辺を2乗したときに、同値性が失われているんだ。**

両辺を2乗して

$x+2=x^2$ かつ $x\geqq 0$ ← この $x\geqq 0$ が必要！（与式）の左辺（$\sqrt{x+2}$）が0以上だから、右辺（x）も0以上になる！

$x^2-x-2=0$

$(x-2)(x+1)=0$

$x\geqq 0$ より $x=2$

$\sqrt{\ }$ を2乗したとき、気をつけなきゃですね。

ピカイチ解答

$$\sqrt{\sin^2 x+\frac{1}{2}}<\cos x$$

両辺を2乗して、

$$\begin{cases}\sin^2+\dfrac{1}{2}<\cos^2 x & \cdots ①\\ \cos x>0 & \cdots ②\end{cases}$$

（与式）の左辺$\left(\sqrt{\sin^2 x+\frac{1}{2}}\right)$が正だから、右辺$(\cos x)$も正

①かつ②の連立不等式を解いていくよ。

①より

$$\cos^2 x-\sin^2 x>\frac{1}{2}$$

$$\cos 2x>\frac{1}{2}$$

2倍角の公式 $\cos 2x=\cos^2 x-\sin^2 x$

わおっ。2倍角の公式で一瞬だ。

ここで、$0\leqq x<2\pi$ より
$0\leqq 2x<4\pi$

新しい角度$2x$の範囲を必ずチェック！

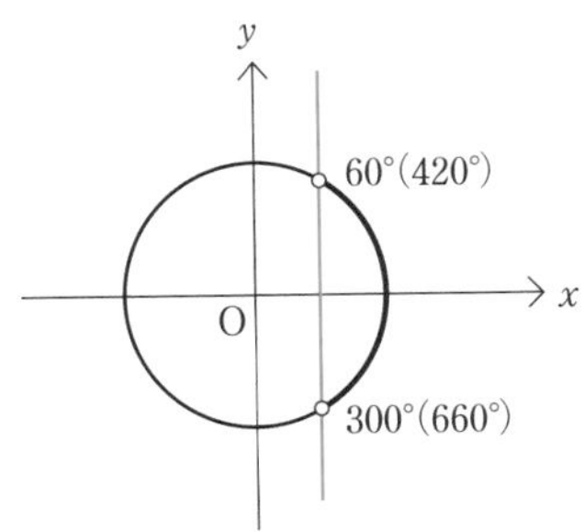

$$0\leqq 2x<\frac{\pi}{3},\ \frac{5}{3}\pi<2x<\frac{7}{3}\pi,$$

$$\frac{11}{3}\pi<2x<4\pi$$

$$\therefore\ 0\leqq x<\frac{\pi}{6},\ \frac{5}{6}\pi<x<\frac{7}{6}\pi$$

$$\frac{11}{6}\pi<x<2\pi \quad \cdots ①'$$

②の$\cos x>0$より

cosはx座標のイメージ

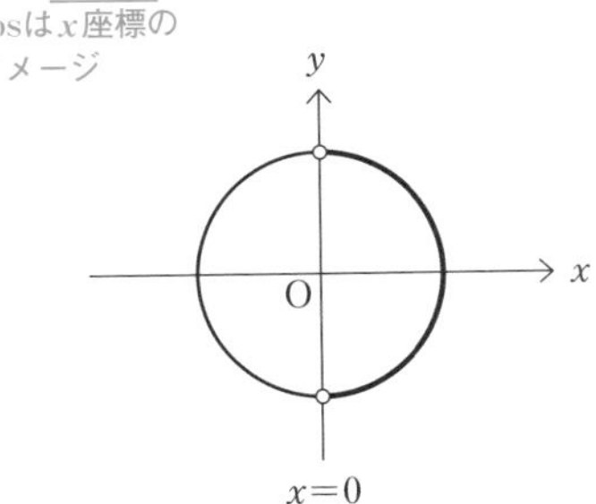

$$0\leqq x<\frac{\pi}{2},\ \frac{3}{2}\pi<x<2\pi \quad \cdots ②'$$

①′かつ②′より

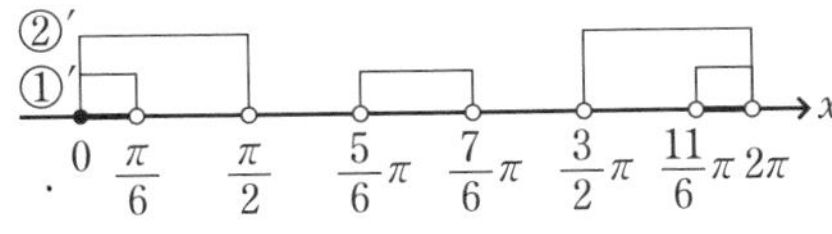

$$0\leqq x<\frac{\pi}{6},\ \frac{11}{6}\pi<x<2\pi$$

POINT ● $\sqrt{\ }$を含む方程式、不等式の両辺を2乗するときは注意する！

$\dfrac{\pi}{4} \leqq \theta \leqq \dfrac{\pi}{2}$ **の範囲にある** θ **に対して、** $16\cos^4\theta + 16\sin^2\theta = 15$ **が成り立っている。** $\cos 2\theta$ **の値を求めよ。**

2017 早稲田大

イマイチ解答

$16\cos^4\theta + 16\sin^2\theta = 15$

相互関係より $\sin^2\theta + \cos^2\theta = 1$ を変形して $(\cos^2\theta)^2 = (1-\sin^2\theta)^2$

$16(1-\sin^2\theta)^2 + 16\sin^2\theta = 15$

$16 - 32\sin^2\theta + 16\sin^4\theta + 16\sin^2\theta = 15$

$16\sin^4\theta - 16\sin^2\theta + 1 = 0$

$2\times(-8)$

解の公式より $\sin^2\theta = \dfrac{-(-8)\pm\sqrt{(-8)^2-16\cdot 1}}{16}$

$$\sin^2\theta = \frac{8\pm\sqrt{64-16}}{16}$$

$\sqrt{48} = 4\sqrt{3}$

$$= \frac{8\pm 4\sqrt{3}}{16} = \frac{2\pm\sqrt{3}}{4}$$

ここで $\dfrac{\pi}{4} \leqq \theta \leqq \dfrac{\pi}{2}$ より

$$\sin\theta = \sqrt{\frac{(2\pm\sqrt{3})\times 2}{4\times 2}} = \sqrt{\frac{4\pm 2\sqrt{3}}{8}}$$

$$= \frac{(\sqrt{3}\pm 1)\times\sqrt{2}}{2\sqrt{2}\times\sqrt{2}} = \frac{\sqrt{6}\pm\sqrt{2}}{4}$$

$\cos\theta = \cdots\cdots$

先生、ここから $\cos\theta$ の値なんか出したくないですよ……！

ね、そうだよね。

この問題は「相互関係」ではなく**半角の公式**を使うのさ！

あ～、「半角の公式」を忘れてました……。

よし、じゃあまとめるよ。「半角の公式」は「2倍角の公式」の

$\cos 2\theta = 2\boxed{\cos^2\theta} - 1$

$= 1 - 2\sin^2\theta$

から導き出すことができるよ。

覚えて！

半角の公式

① $\boxed{\cos^2\theta} = \dfrac{1+\cos 2\theta}{2}$

② $\sin^2\theta = \dfrac{1-\cos 2\theta}{2}$

③ $\tan^2\theta = \dfrac{1-\cos 2\theta}{1+\cos 2\theta}$

→ $\tan^2\theta = \dfrac{\sin^2\theta}{\cos^2\theta}$ に①、②を代入したもの！

④ $\sin\theta\cdot\cos\theta = \dfrac{1}{2}\sin 2\theta$

半角の公式は、主に**三角関数の問題の中で次数下げが必要なとき**のためにあるんだ。

ハイ、わかりました。

でも、④の $\sin\theta\cdot\cos\theta = \dfrac{1}{2}\sin 2\theta$ ははじめて見ましたよ。教科書にも「半角の公式」には載っていないです。

そうだね。これは僕が勝手に「半角の公式」の仲間に入れたもので、**「2倍角の公式」の** $\sin 2\theta = 2\sin\theta\cdot\cos\theta$ **の逆**なんだ。

$\sin 2\theta = 2\sin\theta\cdot\cos\theta$
両辺を2で割って、
$\frac{1}{2}\sin 2\theta = \sin\theta\cdot\cos\theta$

入試では頻出なので、「半角の公式」の一員として覚えてほしい。あとでまた出てくるよ！

$\sin\theta\cdot\cos\theta = \frac{1}{2}\sin 2\theta$ って、これも次数下げしてますもんね。

そうなんだ。1問だけ、半角の公式を使う練習をしておこう。

例 半角の公式を用いて $\sin\frac{\pi}{8}$ の値を求めよ。

半角の公式より

$$\sin^2\frac{\pi}{8} = \frac{1-\cos\frac{\pi}{4}}{2}$$

半角の公式② $\sin^2\theta = \frac{1-\cos 2\theta}{2}$

$$= \frac{\left(1-\frac{\sqrt{2}}{2}\right)\times 2}{2\times 2}$$

分配法則

$$= \frac{2-\sqrt{2}}{4}$$

$\sin\frac{\pi}{8} > 0$ より

$$\sin\frac{\pi}{8} = \sqrt{\frac{2-\sqrt{2}}{4}}$$

$$= \frac{\sqrt{2-\sqrt{2}}}{2}$$

ピカイチ解答

$$16\cos^4\theta + 16\sin^2\theta = 15$$

半角の公式①
$\cos^2\theta = \frac{1+\cos 2\theta}{2}$ より
$(\cos^2\theta)^2 = \left(\frac{1+\cos 2\theta}{2}\right)^2$

半角の公式②
$\sin^2\theta = \frac{1-\cos 2\theta}{2}$

$$16\frac{(1+\cos 2\theta)^2}{4} + 16\frac{1-\cos 2\theta}{2} = 15$$

$$4(1+2\cos 2\theta + \cos^2 2\theta) + 8(1-\cos 2\theta) = 15$$

$$4 + 8\cos 2\theta + 4\cos^2 2\theta + 8 - 8\cos 2\theta = 15$$

$$4\cos^2 2\theta + 12 = 15$$

$$4\cos^2 2\theta = 3$$

$$\cos^2 2\theta = \frac{3}{4}$$

ここで $\frac{\pi}{4} \leqq \theta \leqq \frac{\pi}{2}$ より、

$\frac{\pi}{2} \leqq 2\theta \leqq \pi$ なので

新しい角度 2θ の範囲を必ずチェック！

$\cos 2\theta < 0$

ここ！

よって、$\cos 2\theta = -\frac{\sqrt{3}}{2}$

「半角の公式」、使いこなせたらかっこいい！

POINT ● 三角関数で2次式が出てきたら、半角の公式で次数下げする！

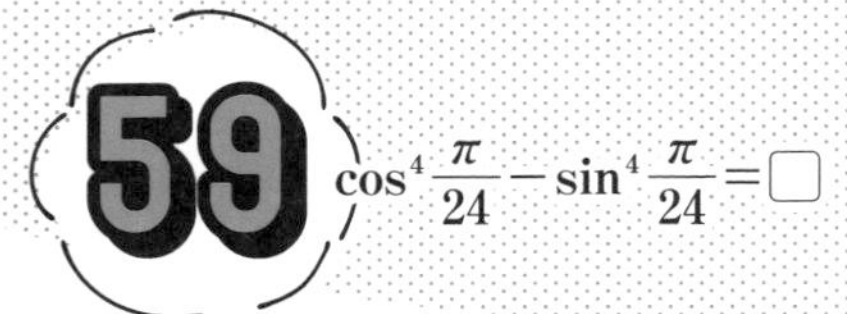

59 $\cos^4\dfrac{\pi}{24}-\sin^4\dfrac{\pi}{24}=\square$

2020 東海大

イマイチ解答

$$\cos^4\frac{\pi}{24}-\sin^4\frac{\pi}{24}$$

半角の公式 $\cos^2\theta=\dfrac{1+\cos2\theta}{2}$　半角の公式 $\sin^2\theta=\dfrac{1-\cos2\theta}{2}$

$$=\left(\frac{1+\cos\frac{\pi}{12}}{2}\right)^2-\left(\frac{1-\cos\frac{\pi}{12}}{2}\right)^2$$

$$=\frac{1+2\cos\frac{\pi}{12}+\cos^2\frac{\pi}{12}-1+2\cos\frac{\pi}{12}-\cos^2\frac{\pi}{12}}{4}$$

$$=\frac{4\cos\frac{\pi}{12}}{4}$$

$$=\cos\frac{\pi}{12}$$

ここで、

$$\cos^2\frac{\pi}{12}=\frac{1+\cos\frac{\pi}{6}}{2}$$

半角の公式 $\cos^2\theta=\dfrac{1+\cos2\theta}{2}$

$$=\frac{\left(1+\frac{\sqrt{3}}{2}\right)\times2}{2\times2}$$

$$=\frac{2+\sqrt{3}}{4}$$

$\cos\dfrac{\pi}{12}>0$ より

$$\cos\frac{\pi}{12}=\sqrt{\frac{2+\sqrt{3}}{4}}$$

$$=\sqrt{\frac{4+2\sqrt{3}}{8}}$$

$$=\frac{\sqrt{3}+1}{2\sqrt{2}}\cdot\frac{\sqrt{2}}{\sqrt{2}}$$

← 分母と分子に $\sqrt{2}$ をかけて有理化

$$=\frac{\sqrt{6}+\sqrt{2}}{4}$$

さっき「三角関数の2次式」ときたら「半角の公式で次数下げ」と言われたので、それを使ったんですけど……。

なんか大変だったよね。
答えは合ってるよ。
でももう少しスマートにできるといいね！ **「2倍角の公式」**と**「加法定理」**を上手に使おう！

ピカイチ解答

数学で「式整理」ときたら、「因数分解」だよ！

$$\cos^4\frac{\pi}{24}-\sin^4\frac{\pi}{24}$$

因数分解 $\left(\cos^2\frac{\pi}{24}\right)^2-\left(\sin^2\frac{\pi}{24}\right)^2$　$a^2-b^2=(a+b)(a-b)$

$$=\left(\cos^2\frac{\pi}{24}+\sin^2\frac{\pi}{24}\right)\left(\cos^2\frac{\pi}{24}-\sin^2\frac{\pi}{24}\right)$$

相互関係 $\sin^2\theta+\cos^2\theta=1$

$$=1\cdot\left(\cos^2\frac{\pi}{24}-\sin^2\frac{\pi}{24}\right)$$

2倍角の公式 $\cos2\theta=\cos^2\theta-\sin^2\theta$ の逆

$$=\cos2\cdot\frac{\pi}{24}$$

$$=\cos\frac{\pi}{12}$$

$=15^\circ=60^\circ-45^\circ$

$$=\cos\left(\frac{\pi}{3}-\frac{\pi}{4}\right)$$

加法定理 $\cos(\alpha-\beta)=\cos\alpha\cdot\cos\beta+\sin\alpha\cdot\sin\beta$

$$= \cos\frac{\pi}{3}\cdot\cos\frac{\pi}{4} + \sin\frac{\pi}{3}\cdot\sin\frac{\pi}{4}$$

$$= \frac{1}{2}\cdot\frac{\sqrt{2}}{2} + \frac{\sqrt{3}}{2}\cdot\frac{\sqrt{2}}{2}$$

$$= \frac{\sqrt{2}+\sqrt{6}}{4}$$

「相互関係」「2倍角の公式」「加法定理」と、今まで学習したことのオールスターでしたね！

そうだね。問題がシンプルなほど、奥は深いよ。
適材適所で上手に公式を使えるように、いっぱい練習しよう！

そしたらここで、三角関数のグラフについてまとめておこう。

$y = \sin x$ のグラフ 覚えて！

・値域は $-1 \leqq y \leqq 1$
・原点対称
・周期は 2π

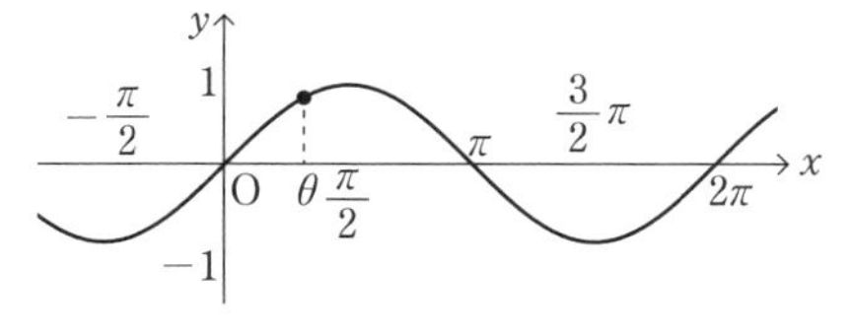

$y = \cos x$ のグラフ 覚えて！

・値域は $-1 \leqq y \leqq 1$
・y 軸対称
・周期は 2π

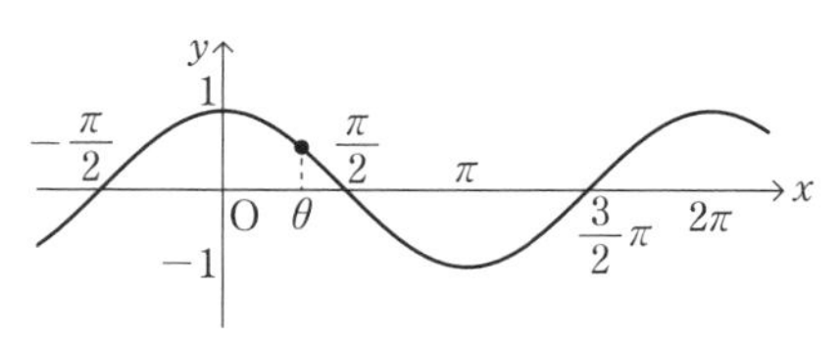

$y = \tan x$ のグラフ 覚えて！

・値域は実数全体
・原点対称
・周期は π
・直線 $x = \frac{\pi}{2} + n\pi$（n は整数）が漸近線

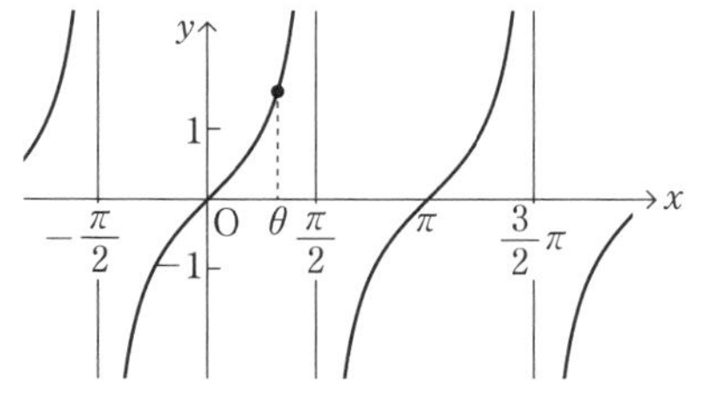

POINT ● 公式、定理を適切に選択する練習を重ねよう！

60 **関数 $\sin x+\sqrt{3}\cos x$ を $r\sin(x+\alpha)$ $(r>0,\ 0\leqq\alpha<2\pi)$ の形に変形すると、$r=$□、$\alpha=$□となる。方程式 $\sin x+\sqrt{3}\cos x=2$ の $0<x<\dfrac{\pi}{2}$ の範囲にある解は $x=$□である。**

2018 関西学院大

イマイチ解答

$$\sin x+\sqrt{3}\cos x$$
$$=2\left(\frac{1}{2}\sin x+\frac{\sqrt{3}}{2}\cos x\right)$$
($\frac{1}{2}$ は $\cos\frac{\pi}{3}$、$\frac{\sqrt{3}}{2}$ は $\sin\frac{\pi}{3}$)
$$=2\left(\sin x\cdot\cos\frac{\pi}{3}+\cos x\cdot\sin\frac{\pi}{3}\right)$$
$$=2\sin\left(x+\frac{\pi}{3}\right)$$

合成

$r=2,\ \alpha=\dfrac{\pi}{3}$

$$\sin x+\sqrt{3}\cos x=2$$
$$2\sin\left(x+\frac{\pi}{3}\right)=2$$
$$\sin\left(x+\frac{\pi}{3}\right)=1$$

sinはy座標のイメージ

$0<x<\dfrac{\pi}{2}$ より、

$$\frac{\pi}{3}<x+\frac{\pi}{3}<\frac{\pi}{2}+\frac{\pi}{3}$$

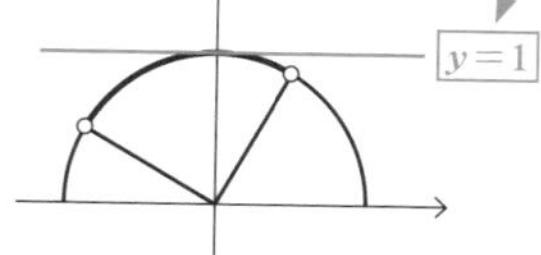

$\therefore\ x=\dfrac{\pi}{2}$

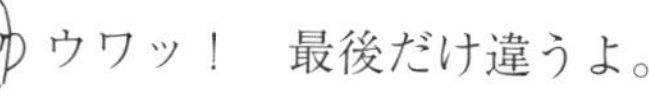

ウワッ！　最後だけ違うよ。

えー残念です。「三角関数の合成」は合ってますか？

うん、合ってるけど、一応確認しとこうか。

$$y=\sin x+\sqrt{3}\cos x$$
$$=①\cdot\sin x+\boxed{\sqrt{3}}\cdot\cos x$$

$\sin x$ の係数①と $\cos x$ の係数 $\boxed{\sqrt{3}}$ を2辺にもつ直角三角形をつくって、その斜辺△2でくくり出すよ。

$$=△2\left(\frac{1}{2}\sin x+\frac{\sqrt{3}}{2}\cos x\right)$$
($\frac{1}{2}$ は $\cos\frac{\pi}{3}$、$\frac{\sqrt{3}}{2}$ は $\sin\frac{\pi}{3}$)

$$=2\left(\sin ⓧ\cdot\cos\boxed{\frac{\pi}{3}}+\cos ⓧ\cdot\sin\boxed{\frac{\pi}{3}}\right)$$

ここで「加法定理の逆」が出てくる。

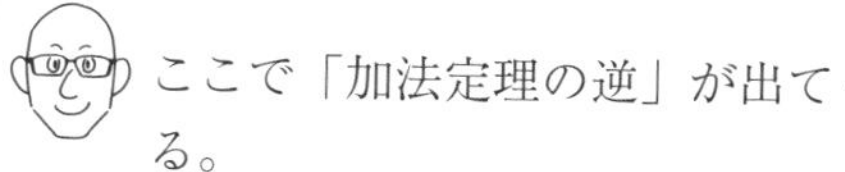

$\sin(\alpha+\beta)=\sin\alpha\cdot\cos\beta+\cos\alpha\cdot\sin\beta$

だから

$\sin\alpha\cdot\cos\beta+\cos\alpha\cdot\sin\beta=\sin(\alpha+\beta)$

よって、

$$(\text{つづき})=2\sin\left(ⓧ+\boxed{\frac{\pi}{3}}\right)$$ ← 完成

「三角関数の合成」って、要は「加法定理の逆」なんですね。

ピカイチ解答

$$
\begin{aligned}
&\sin x+\sqrt{3}\cos x\\
&=2\Bigl(\underbrace{\tfrac{1}{2}}_{\cos\frac{\pi}{3}}\sin x+\underbrace{\tfrac{\sqrt{3}}{2}}_{\sin\frac{\pi}{3}}\cos x\Bigr)\\
&=2\Bigl(\sin x\cdot\cos\frac{\pi}{3}+\cos x\cdot\sin\frac{\pi}{3}\Bigr)\\
&=2\sin\Bigl(x+\frac{\pi}{3}\Bigr)
\end{aligned}
$$

加法定理の逆

合成

$r=2,\ \alpha=\dfrac{\pi}{3}$

$\sin x+\sqrt{3}\cos x=2$

$2\sin\left(x+\dfrac{\pi}{3}\right)=2$

$\boxed{\sin\left(x+\dfrac{\pi}{3}\right)=1}$

sinはy座標のイメージ

ここで、$0<x<\dfrac{\pi}{2}$ より、

$\dfrac{\pi}{3}<x+\dfrac{\pi}{3}<\dfrac{\pi}{2}+\dfrac{\pi}{3}$

この新しい角度 $x+\frac{\pi}{3}$ の範囲を必ずチェック！

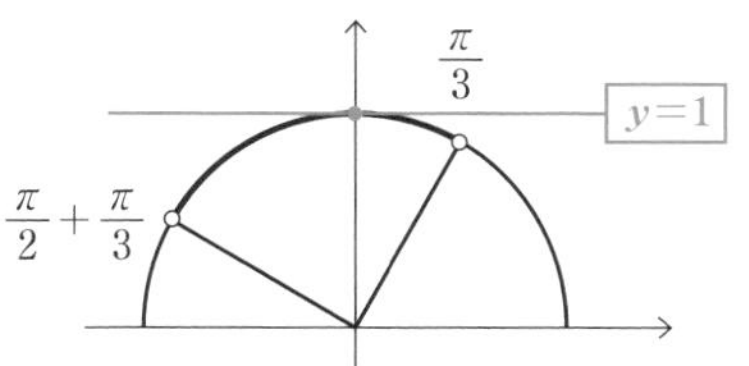

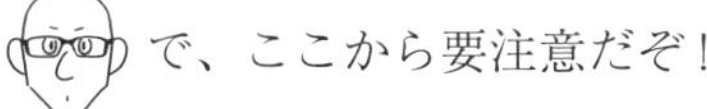

で、ここから要注意だぞ！

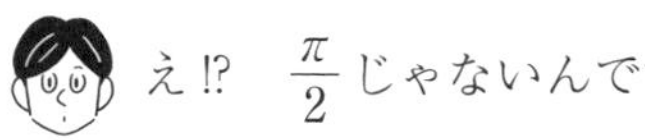

え!?　$\dfrac{\pi}{2}$ じゃないんですか。

何が $\dfrac{\pi}{2}$ なのかな？

え、答えが $\dfrac{\pi}{2}$……$x=\dfrac{\pi}{2}$……？

そこが間違いやすいところなんだよね。**「新しい角度 $x+\dfrac{\pi}{3}$ が $\dfrac{\pi}{2}$」**なんだよ。だから、答えはこうなります。

$x+\dfrac{\pi}{3}=\dfrac{\pi}{2}$

$\therefore\ x=\dfrac{\pi}{6}$

これは多くの受験生が起こしてしまうミスだから、とくに気を付けて！

はい！　わかりました！

POINT

- 三角関数の合成を正しくできるようになろう！
- 新しい角度が出てきたら、存在範囲を必ずチェック！

関数 $f(\theta)=\sin 2\theta-\sqrt{3}\cos 2\theta\ \left(\frac{\pi}{3}\leqq\theta\leqq\frac{7}{12}\pi\right)$ の最大値は□で、最小値は□である。

2019 関西大

イマイチ解答

$$f(\theta)=\sin 2\theta-\sqrt{3}\cos 2\theta$$
$$=2\left(\underbrace{\frac{1}{2}}_{\cos\frac{\pi}{3}}\sin 2\theta-\underbrace{\frac{\sqrt{3}}{2}}_{\sin\frac{\pi}{3}}\cos 2\theta\right)$$
$$=2\left(\sin 2\theta\cdot\cos\frac{\pi}{3}-\cos 2\theta\cdot\sin\frac{\pi}{3}\right)$$
$$=2\sin\left(2\theta-\frac{\pi}{3}\right)$$

合成

加法定理の逆

ここで、$\frac{\pi}{3}\leqq\theta\leqq\frac{7}{12}\pi$ より、

$$\frac{2}{3}\pi\leqq 2\theta\leqq\frac{7}{6}\pi$$

$$\frac{\pi}{3}\leqq 2\theta-\frac{\pi}{3}\leqq\frac{5}{6}\pi$$

$$\sin\frac{\pi}{3}\leqq\sin\left(2\theta-\frac{\pi}{3}\right)\leqq\sin\frac{5}{6}\pi$$

$$\frac{\sqrt{3}}{2}\leqq\sin\left(2\theta-\frac{\pi}{3}\right)\leqq\frac{1}{2}$$

$$\sqrt{3}\leqq 2\sin\left(2\theta-\frac{\pi}{3}\right)\leqq 1$$

$$\sqrt{3}\leqq f(\theta)\leqq 1$$

あれ？　$\sqrt{3}$ と1だと、$\sqrt{3}$ のほうが大きいよね……（汗）
先生には黙って $\sqrt{3}$ を最大値にしとこうっと……。

最大値 $\sqrt{3}$、最小値1

お～い（笑）　全部聞こえてるよ～！
失敗したことを隠す必要はまったくないよ。みんなでその失敗を共有して、そこから学んでいくことが大切だよ。

は～いわかりました。
でもなんで、$\sqrt{3}\leqq f(\theta)\leqq 1$ という現象が起きちゃったんだろう……？

途中までは合ってるよ。「新しい角度」の範囲を、図をかいて確認してなかったところが問題だね！

ピカイチ解答

$$f(\theta)=\sin 2\theta-\sqrt{3}\cos 2\theta$$
$$=2\left(\underset{\cos\frac{\pi}{3}}{\underline{\frac{1}{2}}}\sin 2\theta-\underset{\sin\frac{\pi}{3}}{\underline{\frac{\sqrt{3}}{2}}}\cos 2\theta\right)$$
$$=2\left(\sin 2\theta\cdot\cos\frac{\pi}{3}-\cos 2\theta\cdot\sin\frac{\pi}{3}\right)$$
$$=2\sin\left(2\theta-\frac{\pi}{3}\right)$$

加法定理の逆

合成

ここで、

$\frac{\pi}{3}\leqq\theta\leqq\frac{7}{12}\pi$ より、

$\frac{2}{3}\pi\leqq 2\theta\leqq\frac{7}{6}\pi$

$\frac{\pi}{3}\leqq 2\theta-\frac{\pi}{3}\leqq\frac{5}{6}\pi$

新しい角度 $2\theta-\frac{\pi}{3}$ の範囲を、図をかいて可視化する！

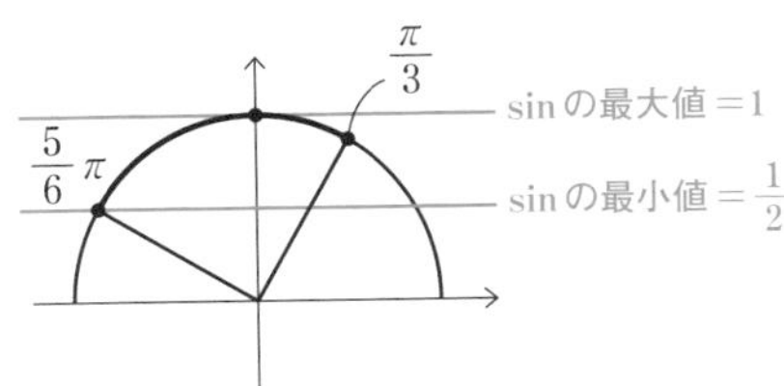

sinはy座標のイメージだよね。最大値は$2\theta-\frac{\pi}{3}$が$\frac{\pi}{2}$のときで、$\sin\frac{\pi}{2}=1$。最小値は$2\theta-\frac{\pi}{3}=\frac{5}{6}\pi$のときで、$\sin\frac{5}{6}\pi=\frac{1}{2}$！

$$\frac{1}{2}\leqq\sin\left(2\theta-\frac{\pi}{3}\right)\leqq 1$$
$$1\leqq 2\sin\left(2\theta-\frac{\pi}{3}\right)\leqq 2$$

×2

$$1\leqq f(\theta)\leqq 2$$

よって、最大値2、最小値1

そっかあ。

$\frac{\pi}{3}\leqq 2\theta-\frac{\pi}{3}\leqq\frac{5}{6}\pi$の各辺それぞれにそのままsinをくっつけて、$\sin\frac{\pi}{3}\leqq\sin\left(2\theta-\frac{\pi}{3}\right)\leqq\sin\frac{5}{6}\pi$……ってやっちゃダメなんですね。

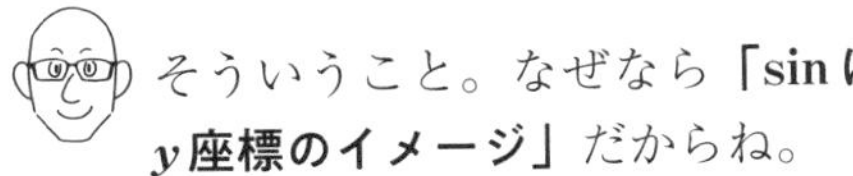

そういうこと。なぜなら**「sinはy座標のイメージ」**だからね。

だから、$2\theta-\frac{\pi}{3}$の存在範囲を出して、それを**しっかり視覚化することが大切！**

こうやってなぜ間違えたのか理由まで考えておくと、**失敗しないための手立て（心構え）を学ぶことができる**よね。だからとことん失敗して、それと向き合っていくことが大事なんだよ。

POINT ● **新しい角度ができたら、存在範囲を確認！　そして、可視化しよう！**

θのとる範囲は$\dfrac{\pi}{12} \leqq \theta \leqq \dfrac{\pi}{3}$である関数

$y=\dfrac{4}{1+\tan^2\theta}+2\sin^2\theta+2\sqrt{3}\sin\theta\cos\theta$を考える。

(1) yの最大値は□となり、そのときθの値は□である。

(2) yの最小値は□となり、そのときθの値は□である。

2015 早稲田大

イマイチ解答

$$y=\frac{4}{1+\tan^2\theta}+2\sin^2\theta+2\sqrt{3}\sin\theta\cdot\cos\theta$$
$$=4\cos^2\theta+2\sin^2\theta+2\sqrt{3}\sin\theta\cdot\cos\theta$$
$$=4(1-\sin^2\theta)+2\sin^2\theta+2\sqrt{3}\sin\theta\cdot\cos\theta$$
$$=4-2\sin^2\theta+2\sqrt{3}\sin\theta\cdot\cos\theta$$
$$\vdots$$

先生！　チーンって感じです……。

そうだね。

最初の相互関係$\tan^2\theta+1=\dfrac{1}{\cos^2\theta}$を使うところはよかったよ。そのあとは、**半角の公式**を使うんだ。

このタイプの問題は本当によく出題される。あまりにも出題頻度が高いゆえに、絶対にできてほしい問題だから、僕は**「熱が40℃あっても解けなきゃいけない問題」**って言ってるんだ。

熱が40℃あったら絶対に解きたくないですけど……！

相互関係　覚えて！

① $\tan\theta=\dfrac{\sin\theta}{\cos\theta}$

② $\sin^2\theta+\cos^2\theta=1$

③ $\tan^2\theta+1=\dfrac{1}{\cos^2\theta}$

今回は、③$\tan^2\theta+1=\dfrac{1}{\cos^2\theta}$の両辺の逆数をとって、

$\dfrac{1}{\tan^2\theta+1}=\cos^2\theta$を使うね。

半角の公式　覚えて！

① $\cos^2\theta=\dfrac{1+\cos2\theta}{2}$

② $\sin^2\theta=\dfrac{1-\cos2\theta}{2}$

③ $\tan^2\theta=\dfrac{1-\cos2\theta}{1+\cos2\theta}$

④ $\sin\theta\cdot\cos\theta=\dfrac{1}{2}\sin2\theta$

今回は①②④を使っていくよ。

ピカイチ解答

相互関係$\tan^2\theta+1=\dfrac{1}{\cos^2\theta}$より$\dfrac{1}{\tan^2\theta+1}=\cos^2\theta$

$$y=\frac{4}{1+\tan^2\theta}+2\sin^2\theta+2\sqrt{3}\sin\theta\cdot\cos\theta$$
$$=4\cos^2\theta+2\sin^2\theta+2\sqrt{3}\sin\theta\cdot\cos\theta$$

半角の公式で次数下げ

$$=4\cdot\frac{1+\cos 2\theta}{2}+2\cdot\frac{1-\cos 2\theta}{2}$$
$$+2\sqrt{3}\cdot\frac{1}{2}\sin 2\theta$$
$$=2+2\cos 2\theta+1-\cos 2\theta$$
$$+\sqrt{3}\sin 2\theta$$
$$=\sqrt{3}\sin 2\theta+\cos 2\theta+3$$
$$=2\left(\frac{\sqrt{3}}{2}\sin 2\theta+\frac{1}{2}\cos 2\theta\right)+3$$

$\frac{\sqrt{3}}{2}$：$\cos\frac{\pi}{6}$　$\frac{1}{2}$：$\sin\frac{\pi}{6}$

$$=2\left(\sin 2\theta\cdot\cos\frac{\pi}{6}+\cos 2\theta\cdot\sin\frac{\pi}{6}\right)+3$$
$$=2\sin\left(2\theta+\frac{\pi}{6}\right)+3$$

加法定理の逆

合成

ここで、$\frac{\pi}{12}\leqq\theta\leqq\frac{\pi}{3}$ より

$\frac{\pi}{6}\leqq 2\theta\leqq\frac{2}{3}\pi$

$\frac{\pi}{3}\leqq 2\theta+\frac{\pi}{6}\leqq\frac{5}{6}\pi$

新しい角度 $2\theta+\frac{\pi}{6}$ の範囲を、図をかいて可視化する！

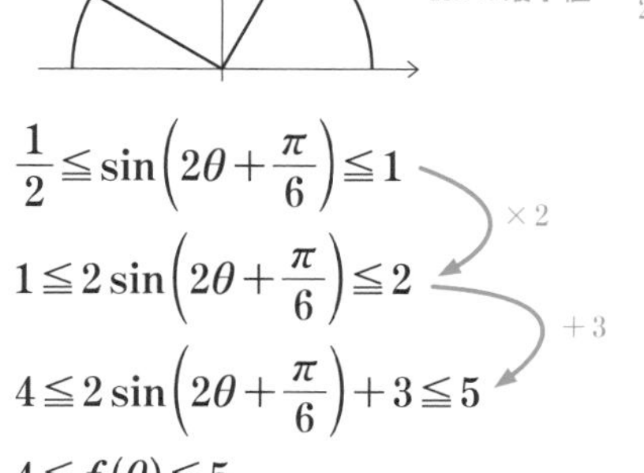

$\frac{1}{2}\leqq\sin\left(2\theta+\frac{\pi}{6}\right)\leqq 1$

×2

$1\leqq 2\sin\left(2\theta+\frac{\pi}{6}\right)\leqq 2$

＋3

$4\leqq 2\sin\left(2\theta+\frac{\pi}{6}\right)+3\leqq 5$

$4\leqq f(\theta)\leqq 5$

あとは、最大値、最小値を与えるθの値を求めていくよ。$f(\theta)\to 2\sin\left(2\theta+\frac{\pi}{6}\right)\to\sin\left(2\theta+\frac{\pi}{6}\right)\to 2\theta+\frac{\pi}{6}\to 2\theta\to\theta$と、1つずつ戻りながら値を出すんだ。

(1)　$f(\theta)=2\sin\left(2\theta+\frac{\pi}{6}\right)+3=\boxed{5}$（最大値）のとき

−3

$2\sin\left(2\theta+\frac{\pi}{6}\right)=2$

÷2

$\sin\left(2\theta+\frac{\pi}{6}\right)=1$

sinが1となるのは $2\theta+\frac{\pi}{6}$ が $\frac{\pi}{2}$ のとき

$2\theta+\frac{\pi}{6}=\frac{\pi}{2}$

$-\frac{\pi}{6}$

$2\theta=\frac{2}{6}\pi$

÷2

$\therefore\ \theta=\frac{\pi}{6}$ のとき最大値5

(2)　$f(\theta)=2\sin\left(2\theta+\frac{\pi}{6}\right)+3=\boxed{4}$（最小値）のとき

−3

$2\sin\left(2\theta+\frac{\pi}{6}\right)=1$

÷2

$\sin\left(2\theta+\frac{\pi}{6}\right)=\frac{1}{2}$

sinが$\frac{1}{2}$となるのは $2\theta+\frac{\pi}{6}$ が $\frac{5}{6}\pi$ のとき

$2\theta+\frac{\pi}{6}=\frac{5}{6}\pi$

$-\frac{\pi}{6}$

$2\theta=\frac{4}{6}\pi$

÷2

$\therefore\ \theta=\frac{\pi}{3}$ のとき最小値4

POINT ● 三角関数で2次式が出てきたら、半角の公式で次数下げをする！

$A=2\cos^2 x+2\sqrt{3}\sin^2 x-(1+\sqrt{3})\sin 2x$ の右辺を $\sin x,\ \cos x$ の1次式の積の形で表すと□となる。$0\leqq x\leqq\pi$ の範囲で $A=0$ を満たす x の値は□と□である。

2013 帝京大

イマイチ解答

$$A=2\cos^2 x+2\sqrt{3}\sin^2 x-(1+\sqrt{3})\underline{\sin 2x}$$

2倍角の公式 $\sin 2\theta=2\sin\theta\cdot\cos\theta$

$$=2\cos^2 x+2\sqrt{3}\sin^2 x-2(1+\sqrt{3})\sin x\cdot\cos x$$

半角の公式で次数下げ

$$=2\cdot\frac{1+\cos 2x}{2}+2\sqrt{3}\cdot\frac{1-\cos 2x}{2}-2(1+\sqrt{3})\frac{1}{2}\sin 2x$$

$$=1+\cos 2x+\sqrt{3}-\sqrt{3}\cos 2x-(1+\sqrt{3})\sin 2x$$

$$=-(1+\sqrt{3})\sin 2x+(1-\sqrt{3})\cos 2x+1+\sqrt{3}$$

ん〜どうしよう、どうしよう。

そうだね。どうしよう、どうしようってなっちゃうよね。

さっき「2次式は半角の公式で次数下げ」と習ったので、それをやったんですけど……。

たしかにね。でも、まずは問題文をよく読もう！ **「$\sin x,\ \cos x$ の1次式の積で表すと」**って書いてあるよね。だから、**「因数分解」**するんだよ。

そっか！「半角の公式」を使うんじゃなくて、「因数分解」すればいいだけなんですね……！

ピカイチ解答

$$A=2\cos^2 x+2\sqrt{3}\sin^2 x-(1+\sqrt{3})\underline{\sin 2x}$$

2倍角の公式 $\sin 2\theta=2\sin\theta\cdot\cos\theta$

$$=2\cos^2 x+2\sqrt{3}\sin^2 x-2(1+\sqrt{3})\sin x\cdot\cos x$$

2でくくる

$$=2\{\cos^2 x-(1+\sqrt{3})\sin x\cdot\cos x+\sqrt{3}\sin^2 x\}$$

$1 \times -\sqrt{3} \to -\sqrt{3}$
$1 \times -1 \to -1$
$-(1+\sqrt{3})$

$$=2(\cos x-\sqrt{3}\sin x)(\cos x-\sin x)$$

$A=0$ のとき

$$\underset{①}{(\cos x-\sqrt{3}\sin x)}\underset{②}{(\cos x-\sin x)}=0$$

①×②＝0ということは
①＝0または②＝0
$\cos x-\sqrt{3}\sin x=0$ または $\cos x-\sin x=0$
よって、

$\cos x=\sqrt{3}\sin x$　または
$\cos x=\sin x$

$\cos x\neq 0$ より

$\cos x=0$ を満たす x は $0\leqq x\leqq\pi$ だと $x=\frac{\pi}{2}$ だけど、それだと $A=0$ にならない。

$$\frac{\sin x}{\cos x}=\frac{1}{\sqrt{3}},\ \frac{\sin x}{\cos x}=1$$

相互関係より $\tan\theta=\frac{\sin\theta}{\cos\theta}$

$$\tan x=\frac{1}{\sqrt{3}},\ 1$$

tanは傾きのイメージ

傾き1
45°
傾き $\frac{1}{\sqrt{3}}$
30°

$$\therefore\ x=\frac{\pi}{6},\ \frac{\pi}{4}$$

三角関数はここまで。
私立大学の小問では「三角関数」と「指数・対数関数」は非常に頻度が高いんだ。だから丁寧によく復習しておいてほしい!
「三角関数」は覚える公式がいっぱいだし、使いこなす練習がとくにたくさん必要な単元なんだよね。まずは反復練習。
そしていっぱい失敗しよう。失敗せずに成長していくなんて絶対にあり得ないから。
この問題でどんどん力をつけていってくれ!

はい、頑張ります!

ちょっと一息

復習っていつするの?

結論からいきます!
絶対にその日のうちに復習してください!
大学受験で成功しているほとんどの生徒たちがこれを実践しています。学校の授業、予備校・塾の授業を受けました、というその日のうちに、です。

え? 授業を受けた当日なら覚えているから、忘れたころにしっかり復習すればいいじゃないんですか? って?

はい、ダメーーー!
エビングハウスの忘却曲線によれば、記憶は翌日になると約70%は忘れているのですよ! 忘れたときに復習したら、覚えなおさなきゃいけない量が多い→その分時間がかかる→それを何科目、1年間続けるの?
……って話なんですよ。
忘れている量が少ない(ほぼ0)のときに復習するから、短期記憶が長期記憶になるわけです。

そして、復習は「人に説明できる」ようになって初めて完成です。解答を書けたから終わり、にしないように! 当然公式は覚えるし、問題の背景にあるものも理解し、式変形から解答づくりまですべて言葉にして説明できるか確認しましょう。

ということで、大事なことなので、もう一度言います。復習はその日のうちに! 答えが出せればいい、にならないように!

POINT ●**問題文をよく読み、「最終的にどういう形で答えればよいのか?」を考える!**

次の式を簡単にせよ。$\frac{5}{3}\sqrt[6]{9}+\sqrt[3]{-81}+\sqrt[3]{\frac{1}{9}}$

2016 中央大

イマイチ解答

$$\frac{5}{3}\sqrt[6]{9}+\sqrt[3]{-81}+\sqrt[3]{\frac{1}{9}}$$

$$=\frac{5}{3}\cdot 9^{\frac{1}{6}}-81^{\frac{1}{3}}+\left(\frac{1}{9}\right)^{\frac{1}{3}}$$

なんか易しそうに見えるけど、先生、できません……。

よし、じゃあ慌てずに基本から確認していこう。

指数法則 覚えて！

①$a^0=1$ ← この場合、aを底、0を指数という。

②$a^{-p}=\frac{1}{a^p}$

③$a^p\times a^q=a^{p+q}$

④$a^p\div a^q=a^{p-q}$

⑤$(a^p)^q=a^{p\times q}=(a^q)^p$

⑥$(a\cdot b)^p=a^p\cdot b^p$

⑦$(\sqrt[n]{a^m})=a^{\frac{m}{n}}=(\sqrt[n]{a})^m$

（ただし、p, q：有理数、

m, n：自然数、$n\geqq 2$）

⑦の$\sqrt[n]{a^m}=a^{\frac{m}{n}}$ってどういうことでしたっけ？

累乗根（るいじょうこん）ね。$2^3=8$だよね。だから、$\sqrt[3]{8}$（8の3乗根）$=2$と表すことができて、これらを累乗根というんだ。

累乗根 覚えて！

$\sqrt{3}=$2乗して3になる数$=3^{\frac{1}{2}}$

$\sqrt{a}=a^{\frac{1}{2}}$とすぐ言えるようになろう！

$\sqrt[3]{3}=$3乗して3になる数$=3^{\frac{1}{3}}$

$\sqrt[4]{3}=$4乗して3になる数$=3^{\frac{1}{4}}$

⋮

$\sqrt[n]{3}=n$乗して3になる数$=3^{\frac{1}{n}}$

↑の3を3^mに直したものが↓

$\sqrt[n]{3^m}=n$乗して3^mになる数$=3^{\frac{m}{n}}$

例

(1) $(5^2)^{-3}\times 5^3\div 25^{-2}=\square$

このとき、$(5^2)^{-3}=25^{-3}=\frac{1}{25^3}$

$=\frac{1}{15625}$としては×。**底をそろえていこう。**

$$(5^2)^{-3}\times 5^3\div 25^{-2}$$

（$(5^2)^{-3}$：$(a^p)^q=a^{p\times q}$、25^{-2}：5^2）

$$=5^{-6}\times 5^3\div (5^2)^{-2}$$

（$(5^2)^{-2}$：$(a^p)^q=a^{p\times q}$）

$$=5^{-6}\times 5^3\div 5^{-4}$$

$$=5^{-6+3-(-4)}$$

（$a^p\times a^q=a^{p+q}$、$a^p\div a^q=a^{p-q}$）

$$=5^1$$

$$=\underline{5}$$

(2) $\frac{\sqrt[4]{243}}{\sqrt[4]{3}}=\square$

これは底を3にそろえればいいですね！　$243=3^5$だから……

$$\frac{\sqrt[4]{243}}{\sqrt[4]{3}}=\frac{\sqrt[4]{3^5}}{\sqrt[4]{3}}$$

$\sqrt[n]{a}=a^{\frac{1}{n}}$

$$=\left(\frac{3^5}{3}\right)^{\frac{1}{4}}$$

3で約分

$$=(3^4)^{\frac{1}{4}}$$

$$=3^{4\cdot\frac{1}{4}}$$

$(a^p)^q=a^{p\times q}$

$$=\underline{3}$$

正解！　じゃあ、最後の例題はこれ。

(3)　$\sqrt[3]{\sqrt{4096}}=\square$

よ、よ、よんせんきゅうじゅうろく……!?

平仮名になってるよ（笑）

$2^{10}=1024$は覚えておこう。4096は1024×4だよ。

ってことは$4096=2^{10}\times2^2=2^{12}$ですね。

$$\sqrt[3]{\sqrt{4096}}=\sqrt[3]{\sqrt{2^{12}}}$$

$\sqrt{a}=a^{\frac{1}{2}}$

$\sqrt[3]{a}=a^{\frac{1}{3}}$

$$=\left((2^{12})^{\frac{1}{2}}\right)^{\frac{1}{3}}$$

$$=2^{12\times\frac{1}{2}\times\frac{1}{3}}$$

$$=2^2$$

$$=\underline{4}$$

ピカイチ解答

さあ、じゃあやっていくよ。まず底を3にそろえよう。9にそろえても計算できるけれど、少し大変。**底はより小さい数にそろえましょう。**

$$\frac{5}{3}\sqrt[6]{9}+\sqrt[3]{-81}+\sqrt[3]{\frac{1}{9}}$$

（$9=3^2$、$81=3^4$、$\frac{1}{9}=3^{-2}$）

$\sqrt[3]{-81}$は「3乗して-81になる数」という意味。「3回かけてマイナスになる」ということは、元の数もマイナス！

$$=\frac{5}{3}\cdot3^{\frac{1}{3}}-3^{\frac{4}{3}}+3^{-\frac{2}{3}}$$

（$\frac{4}{3}=\frac{3}{3}+\frac{1}{3}$、$-\frac{2}{3}=-\frac{3}{3}+\frac{1}{3}$）

$3^{\frac{1}{3}}$を無理やりつくる！

$$=\frac{5}{3}\cdot3^{\frac{1}{3}}-3^{1}\cdot3^{\frac{1}{3}}+3^{-1}\cdot3^{\frac{1}{3}}$$

$3^{\frac{1}{3}}$でくくる

$$=\left(\frac{5}{3}-3+\frac{1}{3}\right)\cdot3^{\frac{1}{3}}$$

$$=\frac{5-9+1}{3}\cdot3^{\frac{1}{3}}$$

$$=-1\cdot3^{\frac{1}{3}}$$

$$=-\sqrt[3]{3}$$

$3^{\frac{1}{3}}$でくくるところとか、結構難しいですね……。

そう。入試では少しひねっている問題がいっぱいだからね。

とくに指数・対数関数は、**まずは正確な計算力が必要とされるよ。**そして、**小問で超頻出の単元でもある**んだ。しっかりやっていこう！

POINT

- **底は小さい数にそろえよう！**
- **指数法則を使いこなそう！**

$3^x-3^{-x}=4$ **のとき、** 3^x+3^{-x} **の値は□であり、** x **の値は□である。**

2019 福岡大

イマイチ解答

$3^x+3^{-x}=4$

両辺を2乗して、

$$\underbrace{(3^x)^2}_{(3^2)^x}-2\cdot 3^x\cdot\underbrace{3^{-x}}_{\frac{1}{3^x}}+\underbrace{(3^{-x})^2}_{(3^2)^{-x}}=16$$

$9^x-2+9^{-x}=16$

$9^x+9^{-x}=18$

ここで、

$(3^x+3^{-x})^2$

$=\underbrace{(3^x)^2}_{(3^2)^x}+2\cdot 3^x\cdot\underbrace{3^{-x}}_{\frac{1}{3^x}}+\underbrace{(3^{-x})^2}_{(3^2)^{-x}}$

$=9^x+2+9^{-x}$

$=18+2$

$=20$

$\therefore\ 3^x+3^{-x}=\pm 2\sqrt{5}$

ここでストップしよ。
答えは $\pm 2\sqrt{5}$ ではなく、$2\sqrt{5}$ なんだ。

あ、マイナスはないんですね。

そうなんだ。その辺をグラフを使って説明していくね。

覚えて!

指数関数 $y=a^x$

($a>0$ **かつ** $a\neq 1$)

(i) $a>1$ のとき

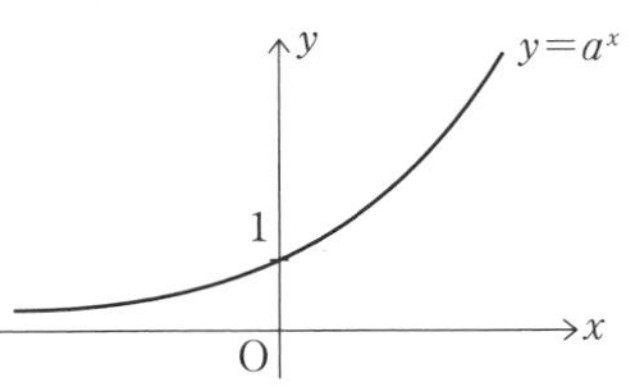

単調に増加(↗)する。

(ii) $0<a<1$ のとき

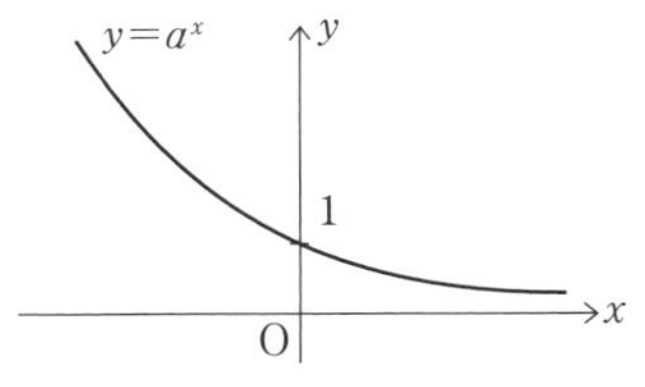

単調に減少(↘)する。

特徴は、次の2つ。

①必ず(0, 1)を通る。

②(i) $a>1$ のとき

x を小さくしていくと、y は0に近づく。ただし、$y>0$ である。

(ii) $0<a<1$ のとき

x を大きくしていくと、y は0に近づく。ただし、$y>0$ である。

ということは、$y=2^x$ も $y=3^x$ も

$y=\left(\frac{1}{2}\right)^x$ も、必ず $y>0$ なんですね。

その通り。じゃあ次の話。たとえば $y=2^x$ のグラフをかいて……。

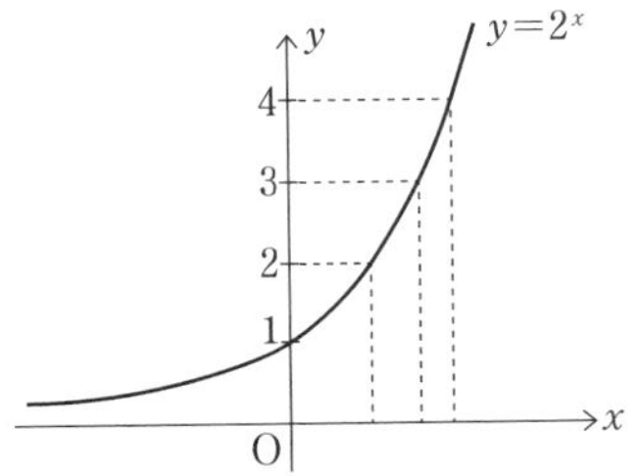

先に y のほうに数字を代入していくね。$y=4$ を代入したら $x=$ はいくつ？

$x=2$ です。$2^2=4$ ですから。
$4=2^x \Leftrightarrow x=2$

そうだね。じゃあ、$y=2$ を代入したら？

もちろん、$x=1$ です。$2^1=2$ ですから。
$2=2^x \Leftrightarrow x=1$

そうだね。じゃあ、$y=3$ を代入したら？

ん〜。$x=1.5$ ですか……？

気持ちはわかるけど、それは違うんだ。正解は $x=\log_2 3$ だよ。
$3=2^x \quad \Leftrightarrow \quad x=\log_2 3$

ウワ、出た、log！

これを対数の定義としてまとめると……。

覚えて！

対数の定義

$a=b^{ⓧ} \Leftrightarrow ⓧ=\log_b a$

指数ⓧを主役にして、逆からかく！

例 (1) $\log_2 8=\square$

(2) $\log_3 \frac{1}{27}=\square$

(1) $\square=\log_2 8 \Leftrightarrow 8=2^{\square}$
このように表すと、$8=2^3$
$\log_2 8=\underline{3}$

(2) $\square=\log_3 \frac{1}{27} \Leftrightarrow \frac{1}{27}=3^{\square}$
このように表すと、$27=3^3$ より
$\frac{1}{27}=\frac{1}{3^3}=3^{-3}$
$\log_3 \frac{1}{27}=\underline{-3}$

いろいろわかってきました。$(3^x+3^{-x})^2=20$ で、$y=3^x$ も $y=3^{-x}$ もグラフより正だから、$3^x+3^{-x}=2\sqrt{5}$ ということなんですね。

えーとねー。3^x+3^{-x} は正だから、$2\sqrt{5}$ という話自体は間違ってないよ。ただ、$3^x+3^{-x}>0$ ではなく、「$3^x+3^{-x}\geqq 2$」って言えてほしいんだ。

「$\geqq 2$」!?

3^xの逆数は$\frac{1}{3^x}=3^{-x}$だよね。

「文字の逆数の和」ときたら**相加・相乗平均の不等式**だよ。

> 覚えて！
>
> **相加・相乗平均の不等式**
>
> $a>0, b>0$のとき
>
> $\boldsymbol{a+b \geqq 2\sqrt{ab}}$
>
> 等号成立は$a=b$

$a+b \geqq 2\sqrt{ab}$は、ようするに、**aとbの和の最小値は$2\sqrt{ab}$になる**よってことを表しているんだ。

そしてその**aとbの和が最小値になるのは、aとbが等しい、すなわち$a=b$になるとき**なんだ。

当然、問題においてはaとbにいろいろな数字や文字が入ってくるね。

例

(1) $x>0$のとき$x+\frac{3}{x}$の最小値は□で、それを与えるxの値は□

$x+\frac{1}{x}$が逆数の和だよね。

だから、「相加・相乗平均の不等式」！

$x+\frac{3}{x}$とか$3x+\frac{1}{2x}$とか、1じゃない係数が付いていても一緒だよ。

$x>0$なので、相加・相乗平均の不等式より

$$x+\frac{3}{x} \geqq 2\sqrt{x \cdot \frac{3}{x}}=2\sqrt{3}$$

$a+b \geqq 2\sqrt{ab}$

等号成立は、

$$x=\frac{3}{x}$$

$a=b$

$x^2=3$

$x>0$より、$x=\sqrt{3}$のとき最小値$2\sqrt{3}$

「文字の逆数の和⇒相加・相乗平均の不等式」と覚えよう！

(2) $x>-1$のとき$x+\frac{2}{x+1}$の最小値は□で、それを与えるxの値は□

先生、$x+\frac{2}{x+1}$って「文字の逆数の和」っぽいけど、ちょっと違う……。

たしかにちょっと違うよね。でもこれも「相加・相乗平均の不等式」なんだ。このままの形では公式は使えないね。

$$x+\frac{2}{x+1} \geqq 2\sqrt{x \cdot \frac{2}{x+1}} \cdots$$

$\sqrt{}$ の中が約分できるように$x+1$というかたまりを強引につくっていくよ。

$$x+\frac{2}{x+1}=x+1+\frac{2}{x+1}-1$$

勝手に1足した分を、後ろで引く

$x>-1$より、$x+1>0$なので相加・相乗平均の不等式より

$$\boxed{x+1}+\boxed{\frac{2}{x+1}}-1 \geqq 2\sqrt{\boxed{x+1}\cdot\boxed{\frac{2}{x+1}}}-1$$

$a+b \geqq 2\sqrt{ab}$

$$=2\sqrt{2}-1$$

等号成立は

$$x+1=\frac{2}{x+1}$$

$$(x+1)^2=2$$

この式、絶対に展開しないでね。$x+1>0$だから、両辺そのまま$\sqrt{\ }$をとるだけだよ。

$x+1>0$より

$x+1=\sqrt{2}$

よって$x=\sqrt{2}-1$のとき最小値$2\sqrt{2}-1$

「相加・相乗平均の不等式」は指数・対数関数ととっっっても仲がいいからね。しっかり練習してきましょう！

ピカイチ解答

$3^x-3^{-x}=4 \quad \cdots①$

両辺を2乗して、

$$(3^x)^2-2\cdot 3^x\cdot 3^{-x}+(3^{-x})^2=16$$

$(3^x)^2 = (3^2)^x$, $3^{-x}=\frac{1}{3^x}$, $(3^{-x})^2=(3^2)^{-x}$

$$9^x-2+9^{-x}=16$$

$$9^x+9^{-x}=18$$

ここで、

$$(3^x+3^{-x})^2$$

$$=(3^x)^2+2\cdot 3^x\cdot 3^{-x}+(3^{-x})^2$$

$(3^x)^2 = (3^2)^x$, $3^{-x}=\frac{1}{3^x}$, $(3^{-x})^2=(3^2)^{-x}$

$$=9^x+2+9^{-x}$$

$$=18+2$$

$$=20$$

$3^x>0$なので、相加・相乗平均の不等式より

$$3^x+3^{-x} \geqq 2\sqrt{3^x\cdot 3^{-x}}=2$$

$a+b \geqq 2\sqrt{ab}$, $3^{-x}=\frac{1}{3^x}$

よって、$3^x+3^{-x}=2\sqrt{5} \quad \cdots②$

①＋②より、

$$\begin{array}{rl} & 3^x-3^{-x}=4 \quad \cdots① \\ + & 3^x+3^{-x}=2\sqrt{5} \quad \cdots② \\ \hline & 2\cdot 3^x \quad =4+2\sqrt{5} \end{array}$$

$$2\cdot 3^x=4+2\sqrt{5}$$

$$3^x=2+\sqrt{5}$$

対数の定義 $a=b^x \Leftrightarrow x=\log_b a$

$$\therefore\ x=\log_3(2+\sqrt{5})$$

POINT

- **指数関数$y=a^x$のグラフの特徴を覚えよう！**
- **「文字の逆数の和」ときたら、相加・相乗平均の不等式！**

方程式 $\frac{1}{2}\left(\frac{1}{16}\right)^{x-1}-9\left(\frac{1}{4}\right)^{x}+1=0$ の解は $x=\square,\ \frac{\square}{\square}$ である。

2020 千葉工業大

イマイチ解答

$$\frac{1}{2}\left(\frac{1}{16}\right)^{x-1}-9\left(\frac{1}{4}\right)^{x}+1=0$$

$$\frac{1}{2}\left(\frac{1}{16}\right)^{-1}\left(\frac{1}{16}\right)^{x}=9\left(\frac{1}{4}\right)^{x}-1$$

$$\frac{1}{2}\cdot 16\left\{\left(\frac{1}{4}\right)^{x}\right\}^{2}=9\left(\frac{1}{4}\right)^{x}-\left(\frac{1}{4}\right)^{0}$$

$$8\left(\frac{1}{4}\right)^{2x}=9\left(\frac{1}{4}\right)^{x}-\left(\frac{1}{4}\right)^{0}$$

んー。キツイです。

そうだね。基本からやっていこう。

指数方程式 覚えて！

$a^x=a^y \iff x=y$

とりあえず、**「底をそろえる」!!**
底がそろったら、指数部分をイコールで結べばいいんだよ。

例

(1) 方程式 $9^{x+1}=\frac{1}{27}$ を解け。

たとえばこの例題、底がバラバラだよね。何にそろえる？

$9=3^2$, $\frac{1}{27}=3^{-3}$ だから、3にそろえます。

そうそう。そうやって**底は小さい数にそろえよう。**

$$9^{x+1}=\frac{1}{27}$$

$$(3^2)^{x+1}=3^{-3}$$

$(a^p)^q=a^{p\times q}$

$$3^{2x+2}=3^{-3}$$

両辺の指数部分を比較して、

$2x+2=-3$

$2x=-5$

$\therefore\ x=-\frac{5}{2}$

(2) $2^{2x+1}-5\cdot 2^x+2=0$ を解け。

$a^{p+q}=a^p\times a^q$

$2^1\cdot 2^{2x}-5\cdot 2^x+2=0$

$2(\boxed{2^x})^2-5\cdot\boxed{2^x}+2=0$

同じかたまりを見つけたら文字に置き換えよう。そして置き換えたら必ず範囲チェックだ！

$\boxed{2^x}=t$ とおく $(t>0)$

文字を置き換えたら必ず範囲チェック!!
$t=2^x$ のグラフより $t>0$

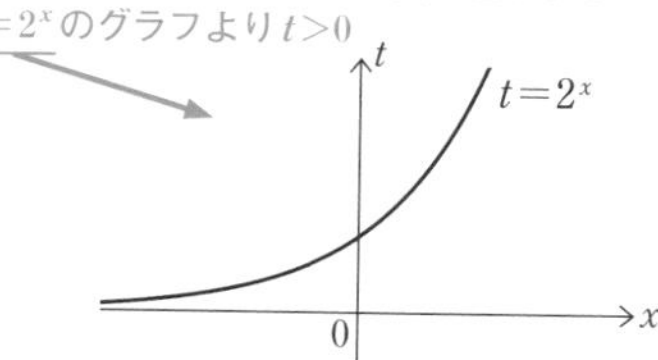

x がどんな値でも t は正しかとらないですね。

$$2t^2-5t+2=0$$

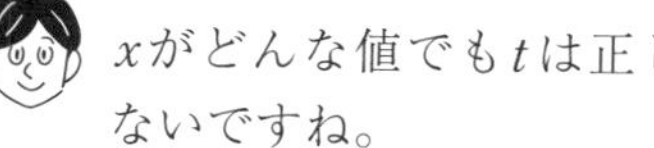

$(t-2)(2t-1)=0$

$t=\dfrac{1}{2}, 2$

この解は2つとも$t>0$を満たしているね！　そうしたら$t=2^x$に戻してあげて。

$2^x=\dfrac{1}{2}, 2$

$2^x=2^{-1}, 2^1$　底を2にそろえる

両辺の指数部分を比較して、

$\therefore x=-1, 1$

ピカイチ解答

$$\frac{1}{2}\left(\frac{1}{16}\right)^{x-1}-9\left(\frac{1}{4}\right)^x+1=0$$

$a^{p+q}=a^p\times a^q$

$$\frac{1}{2}\left(\frac{1}{16}\right)^{-1}\left(\frac{1}{16}\right)^x-9\left(\frac{1}{4}\right)^x+1=0$$

底を$\dfrac{1}{4}$にそろえる

$$\frac{1}{2}\cdot 16\left\{\left(\frac{1}{4}\right)^x\right\}^2-9\left(\frac{1}{4}\right)^x+1=0$$

$\left(\dfrac{1}{4}\right)^x=t$とおく（$t>0$）

文字を置き換えたら必ず範囲チェック！

$t=\left(\dfrac{1}{4}\right)^x$のグラフより$t>0$

$t=\left(\dfrac{1}{4}\right)^x$　t　x　O

$8t^2-9t+1=0$

1　−1　→　−8
8　−1　→　−1
　　　　　　−9

$(t-1)(8t-1)=0$

$\therefore t=\dfrac{1}{8}, 1$

この解は、2つとも$t>0$を満たしているね！　そうしたら、$t=\left(\dfrac{1}{4}\right)^x$を代入していこう。

$\left(\dfrac{1}{4}\right)^x=\dfrac{1}{8}, 1$

$\left(\dfrac{1}{2}\right)^2$　底を$\dfrac{1}{2}$にそろえる

$\left(\dfrac{1}{2}\right)^{2x}=\left(\dfrac{1}{2}\right)^3, \left(\dfrac{1}{2}\right)^0$

両辺の指数部分を比較して、

$2x=3, 0$

$\therefore x=\dfrac{3}{2}, 0$

できたかな？　**指数・対数は私立の小問でも超頻出の単元**だし、もっと言うと**「指数方程式」「指数不等式」「対数方程式」「対数不等式」は絶対に落とせない問題なんだよね。**ここから163ページまでは超が5回つくほど大事だから、気合い入れていこう！

POINT

- **指数方程式は、とにかくまず底をそろえる！**
- **同じかたまりができたら文字に置き換えて、2次方程式にする！**

$24 \cdot 3^x - 9^x + 81 < 0$ を解け。

2019 中央大

$24 \cdot 3^x - \underline{9^x} + 81 < 0$

3^2　底を3にそろえる＆$(a^p)^q = (a^q)^p$

$24 \cdot \boxed{3^x} - (\boxed{3^x})^2 + 81 < 0$

$\boxed{3^x} = t$ とおく $(t>0)$

$24 \cdot t - t^2 + 81 < 0$

$t^2 - 24t - 81 < 0$

$(t-27)(t+3) < 0$

$-3 < t < 27$

$t > 0$ より、$0 < t < 27$

$0 < 3^x < 3^3$

$\therefore\ x < 3$

あらら、答えは$x>3$だよ。どこで間違えたか、指摘される前にわかるかな……？

うーん……あ、両辺に-1をかけたのに、不等式の向き＜をそのままにしちゃった……！

そうだね！　不等式の場合、両辺にマイナスの数をかけたり割ったりしたら不等号の向きが変わるよね。

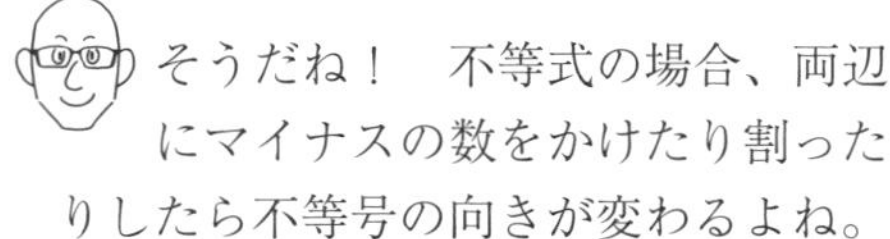

指数不等式　覚えて！

$a^x > a^y \Leftrightarrow \begin{cases} a>1 \text{のとき } x>y \\ 0<a<1 \text{のとき } x<y \end{cases}$

どうして$a>1$のときと$0<a<1$のときで答えが変わるんですか？

グラフで考えてみるとわかるよ！

（ｉ）$a>1$のとき　単調に増加 ↗

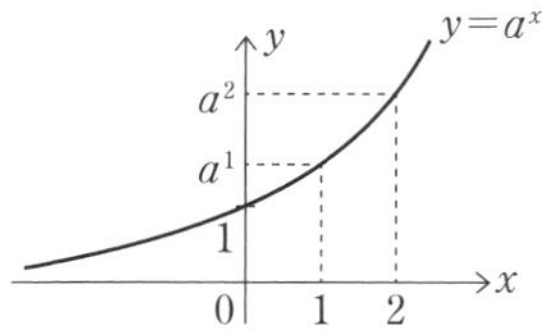

こちらは、$1<2$に対して$a^1<a^2$だよね。

x（指数）の大小関係とy（全体）の大小関係が一緒です。

（ii）$0<a<1$のとき　単調に減少 ↘

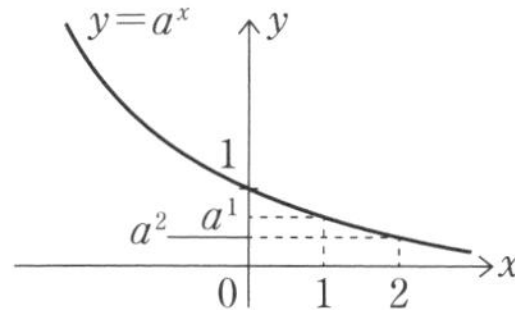

一方でこちらは、$1<2$に対して$a^1>a^2$だよね。

あ、**x（指数）の大小関係とy（全体）の大小関係が逆**になってる！

そう、だから場合分けが必要なんだ。練習してみよう！

例 $\left(\frac{1}{9}\right)^{x+1}>\frac{1}{27}$ を解け。

方程式のときと同じで、まずは底をそろえよう。今回は$\frac{1}{3}$だね。

$$\left\{\left(\frac{1}{3}\right)^2\right\}^{x+1}>\left(\frac{1}{3}\right)^3$$

$(a^p)^q=a^{p\times q}$

$$\left(\frac{1}{3}\right)^{\boxed{2x+2}} \textcircled{>} \left(\frac{1}{3}\right)^{③}$$

今回は底の$\frac{1}{3}$が1より小さいから、$a^x \textcircled{>} a^y$ に対して $x \boxed{<} y$。

底$\frac{1}{3}$は1より小さいので、

$\boxed{2x+2}\boxed{<}③$ 不等号の向きが逆になる！

$2x<1$

$\therefore\ x<\frac{1}{2}$

不等式のときは底が1より大きいか小さいかよく見ないと……！

ピカイチ解答

$24\cdot 3^x-9^x+81<0$

3^2 底を3にそろえる＆ $(a^p)^q=(a^q)^p$

$24\cdot\boxed{3^x}-(\boxed{3^x})^2+81<0$

$\boxed{3^x}=t$ とおく $(t>0)$

文字を置き換えたら必ず範囲チェック！

$t=3^x$ のグラフより $t>0$

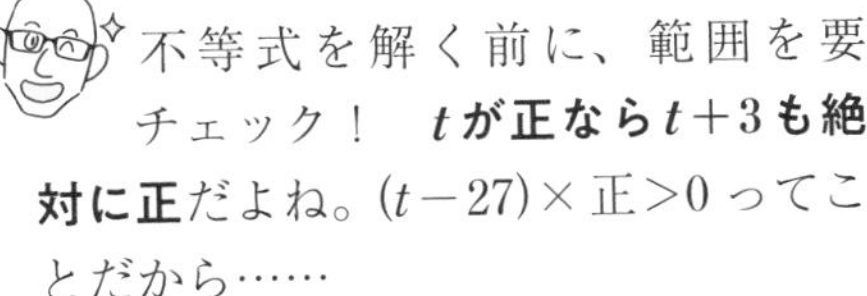

$24\cdot t-t^2+81<0$

両辺に×(−1)

$t^2-24t-81>0$

$(t-27)(t+3)>0$

不等式を解く前に、範囲を要チェック！ **tが正なら$t+3$も絶対に正**だよね。$(t-27)\times$ 正>0 ってことだから……

$t-27$も正になりますね。

$t>0$ より $t+3>0$ なので、

$t-27>0$

$t>27$

$3^x>3^3$

底3は1より大きいので、

$x>3$

POINT

- **指数不等式も、とにかくまず底をそろえる！**
- **底が1より大きいか小さいかで、不等号の向きをチェックする！**

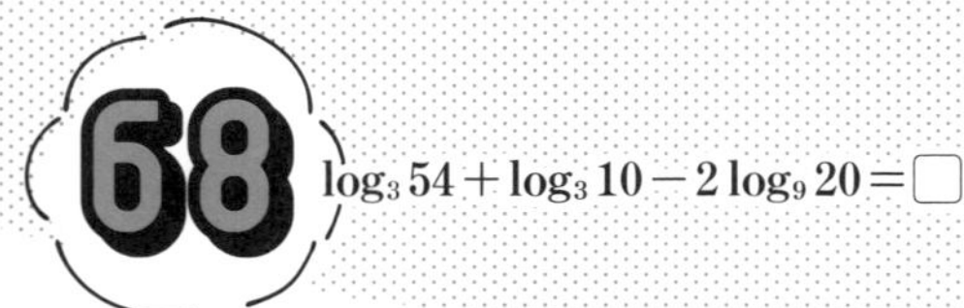

$\log_3 54+\log_3 10-2\log_9 20=\square$

2020 日本大・改

イマイチ解答

$$\log_3 54+\log_3 10-2\log_9 20$$
$$=\log_3 54+\log_3 10-\log_9 20^2$$
$$=\log_3(54\times 10\div 400)$$
$$=\log_3\frac{540}{400}$$
$$=\log_3\frac{27}{20}$$

うーん……対数の計算の仕方、忘れちゃいました……。

おいおいおーい！
じゃあ、復習しとこう！

対数の定義　覚えて！

$a=b^{x}\Leftrightarrow x=\log_b a$

指数xを主役にして、逆からかく！

例　次の(1)～(2)を$x=\log_b a$の形に直せ。

(1)　$3^5=243$

(2)　$16^{-\frac{1}{4}}=\frac{1}{2}$

(1)　$243=3^{5}\Leftrightarrow 5=\log_3 243$
指数⑤を主役にして、逆からかく！

(2)　$\frac{1}{2}=16^{-\frac{1}{4}}\Leftrightarrow -\frac{1}{4}=\log_{16}\frac{1}{2}$
指数$\left(-\frac{1}{4}\right)$を主役にして、逆からかく！

対数法則　覚えて！

① $\log_a a=1$

② $\log_a 1=0$

③ $\log_a x+\log_a y=\log_a xy$

④ $\log_a x-\log_a y=\log_a\frac{x}{y}$

⑤ $\log_a x^p=p\log_a x$

⑥底の変換公式

$$\log_a x=\frac{\log_b x}{\log_b a}$$

⑦ $\log_a x=\frac{1}{\log_x a}$
底(a)と真数(x)を入れ替えて、逆数をとる。

⑧ $a^{\log_a x}=x$
底がそろっていれば、真数がそのまま答え。

ただし、$x>0,\ y>0$　← 真数条件
$a>0$かつ$a\neq 1$
$b>0$かつ$b\neq 1$　← 底条件
p：実数

たくさん場数をふんで、対数法則が使えるように練習していこう。

例　(1)　$\log_2 50-\log_2 25=\square$
(2)　$3\log_6 2+\log_6 45-\log_6 10=\square$
(3)　$(\log_2 27+5\log_2 3)\cdot\log_3 2=\square$

(1)　$\log_2 50-\log_2 25$
$\log_a x-\log_a y=\log_a\frac{x}{y}$
$$=\log_2\frac{50}{25}$$
$$=\log_2 2$$
$$=1$$

(2)　$3\log_6 2+\log_6 45-\log_6 10$

$p\log_a x=\log_a x^p$ より $3\log_6 2=\log_6 2^3$

$=\log_6 2^3+\log_6 45-\log_6 10$

$\log_a x+\log_a y=\log_a xy$

$\log_a x-\log_a y=\log_a \dfrac{x}{y}$

$=\log_6 \dfrac{8\cdot \cancel{45}^{\,9}}{\cancel{10}_{\,2}}$

$=\log_6 36$

$=\underline{2}$

(3)　$(\log_2 27+5\log_2 3)\cdot\boxed{\log_3 2}$

$\log_a x=\dfrac{1}{\log_x a}$ より $\log_3 2=\dfrac{1}{\log_2 3}$

底がそろっていないと対数法則は使えない。必ず底をそろえよう。

$=(\log_2 \overset{3^3}{\textcircled{27}}+5\log_2 3)\cdot\boxed{\dfrac{1}{\log_2 3}}$

$\log_a x^p=p\log_a x$ より $\log_2 3^3=3\log_2 3$

$=(3\log_2 3+5\log_2 3)\cdot\dfrac{1}{\log_2 3}$

$=8\cancel{\log_2 3}\cdot\dfrac{1}{\cancel{\log_2 3}}$

$=\underline{8}$

ピカイチ解答

まずは、底の変換公式を使って底をそろえるよ！

$\log_3 54+\log_3 10-2\boxed{\log_9 20}$

$\log_a x=\dfrac{\log_b x}{\log_b a}$ より $\log_9 20=\dfrac{\log_3 20}{\log_3 9}$

$=\log_3 54+\log_3 10-2\boxed{\dfrac{\log_3 20}{\log_3 9}}$

$\log_3 9=2$ ←

$\log_a x+\log_a y=\log_a xy$

$\log_a x-\log_a y=\log_a \dfrac{x}{y}$

$=\log_3 \dfrac{54\cdot 10}{20}$

$=\log_3 27$　←「27は3の●乗」という意味

$=\underline{3}$

指数関数の問題も対数関数の問題も**「底をそろえること」**から始まるんですね。

そうなんだ。底をそろえたら対数法則使いまくりだよ。

POINT

- **対数の計算をするときは、「底の変換公式」で底をそろえる！**
- **対数法則を上手に使えるように、練習を重ねよう！**

69 方程式 $\log_2(x+1)-\log_4(x+4)=1$ を解け。

2019 慶応大

イマイチ解答

$\log_2(x+1)-\log_4(x+4)=1$

$\log_2(x+1)-\dfrac{\log_2(x+4)}{\log_2 4}=1$

$2\log_2(x+1)-\log_2(x+4)=2$

$\log_2\dfrac{(x+1)^2}{x+4}=\log_2 4$

$\dfrac{(x+1)^2}{x+4}=4$

$(x+1)^2=4(x+4)$

$x^2+2x+1=4x+16$

$x^2-2x-15=0$

$(x+3)(x-5)=0$

$x=-3, 5$

……って答える受験生がとっっっても多いから気を付けて!!

真数条件を忘れてるよ！

> **真数条件と底条件** 覚えて！
>
> $\log_a x$
>
> **真数条件** $x>0$
>
> **底条件** $a>0$ かつ $a\neq1$

真数条件をチェックしたら……。

> **対数方程式** 覚えて！
>
> $\log_a x=\log_a y \iff x=y$

底をそろえて、真数をイコールで結んだ。

例

(1) $2\log_3 x=\log_3(-x+6)$ を解け。

真数条件より、
$x>0$ かつ $-x+6>0$
$x>0$ かつ $x<6$
$\therefore\ 0<x<6$ …①

絶対に忘れちゃだめ！

（与式）は
$\log_3 x^2=\log_3(-x+6)$

$p\log_a x=\log_a x^p$ より $2\log_3 x=\log_3 x^2$

両辺の真数部分を比較して、
$x^2=-x+6$
$x^2+x-6=0$
$(x+3)(x-2)=0$
$\therefore\ x=-3, 2$ ← ここで終わっちゃだめ！

①と合わせて、$x=2$

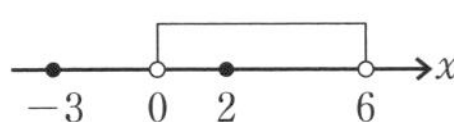

(2) $(\log_3 x)^2-2\log_3 x-3=0$ を解け。

真数条件より $x>0$ …①
絶対に忘れちゃだめ！

$\boxed{\log_3 x}=t$ とおく（t はすべての実数）

文字を置き換えたら必ず範囲チェック！
$t=\log_3 x$ のグラフより t はすべての実数値をとる。

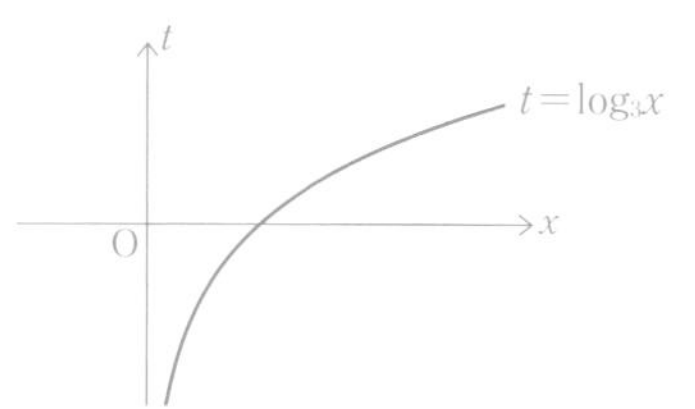

tはプラスもマイナスも0もどんな値でもとりますね。

そうだね。また、グラフについては160ページで詳しく説明していくよ。

$$t^2-2t-3=0$$
$$(t-3)(t+1)=0$$
$$\therefore t=-1,\ 3$$

$t=\log_3 x$ を代入

$$\log_3 x=-1,\ 3$$
$$\log_3 x=\log_3 \frac{1}{3},\ \log_3 27$$

両辺の真数部分を比較して、

$x=\dfrac{1}{3},\ 27$　これは①を満たす。

このチェックも必ずやること！

ピカイチ解答

$$\log_2(x+1)-\log_4(x+4)=1$$

真数条件より、

$x+1>0$ かつ $x+4>0$

$x>-1$ かつ $x>-4$

$\therefore\ x>-1\quad\cdots①$

絶対に忘れちゃだめ！

（与式）は

$$\log_2(x+1)-\frac{\log_2(x+4)}{\log_2 4}=1$$

両辺に $\times 2$

$\log_a x=\dfrac{\log_b x}{\log_b a}$ より、$\log_4(x+4)=\dfrac{\log_2(x+4)}{\log_2 4}$

$$2\log_2(x+1)-\log_2(x+4)=2$$

$p\log_a x=\log_a x^p$ と $\log_a x-\log_a y=\log_a \dfrac{x}{y}$ を使う

$$\log_2\frac{(x+1)^2}{x+4}=\log_2 4$$

両辺の真数部分を比較して、

$$\frac{(x+1)^2}{x+4}=4$$

両辺に $\times(x+4)$

$$(x+1)^2=4(x+4)$$
$$x^2+2x+1=4x+16$$
$$x^2-2x-15=0$$
$$(x+3)(x-5)=0$$
$$\therefore\ x=-3,\ 5$$

← ここで終わっちゃだめ！

①と合わせて、$x=5$

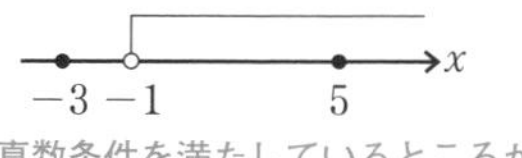

真数条件を満たしているところが答え

ということで、**「対数方程式、不等式」は「最初と最後に真数条件を確認する」**ことが鉄則！

最初に真数条件を調べたとしても、油断して最後にチェックし忘れたら意味ないですもんね。忘れないようにしなきゃ……！

POINT ●対数方程式と対数不等式は、「最初と最後に真数条件」を確認する！

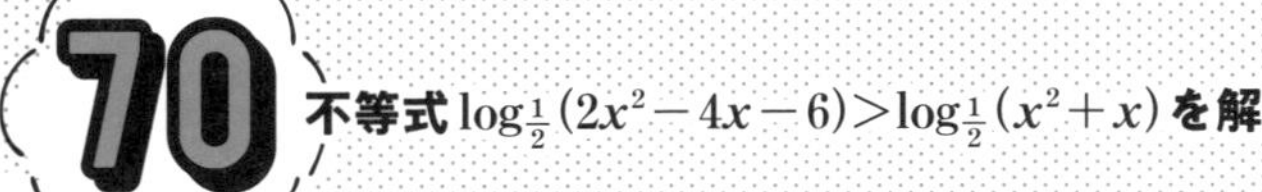

70 不等式$\log_{\frac{1}{2}}(2x^2-4x-6)>\log_{\frac{1}{2}}(x^2+x)$を解け。

2015 芝浦工大

イマイチ解答

$\log_{\frac{1}{2}}(2x^2-4x-6)>\log_{\frac{1}{2}}(x^2+x)$

真数条件より、

$2x^2-4x-6>0$　かつ　$x^2+x>0$

$x^2-2x-3>0$　かつ　$x^2+x>0$

$(x-3)(x+1)>0$　かつ　$x(x+1)>0$

$x<-1,\ 3<x$　かつ　$x<-1,\ 0<x$

$\therefore\ x<-1,\ 3<x$　…①

$2x^2-4x-6>x^2+x$

$x^2-5x-6>0$

$(x-6)(x+1)>0$

$\therefore\ x<-1,\ 6<x$

①と合わせて、

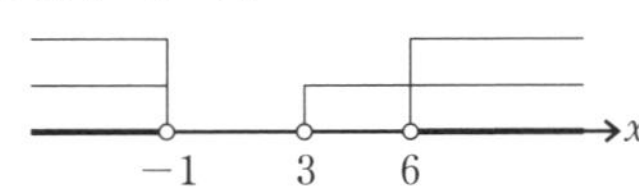

真数条件を満たしているところが答え

$x<-1,\ 6<x$

真数条件はちゃんとチェックできていてGood!　でも答えは間違っているんだよね〜。

えー、どこが違うんだろう……。

対数関数のグラフの特徴を確認しようか。

覚えて！

対数関数 $y=\log_a x$
($a>0$ **かつ** $a\neq1,\ x>0$)

（ⅰ）$a>1$のとき

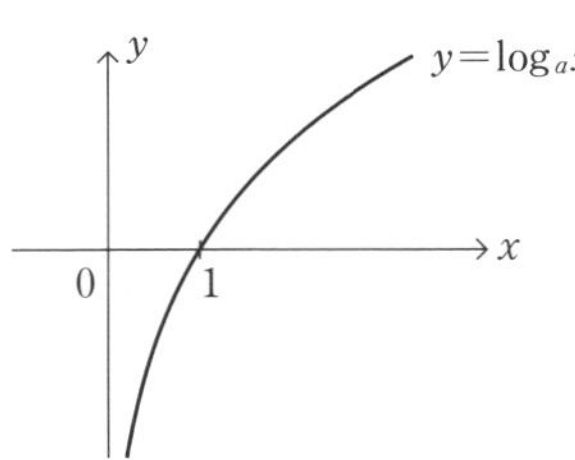

単調に増加（↗）する。

（ⅱ）$0<a<1$のとき

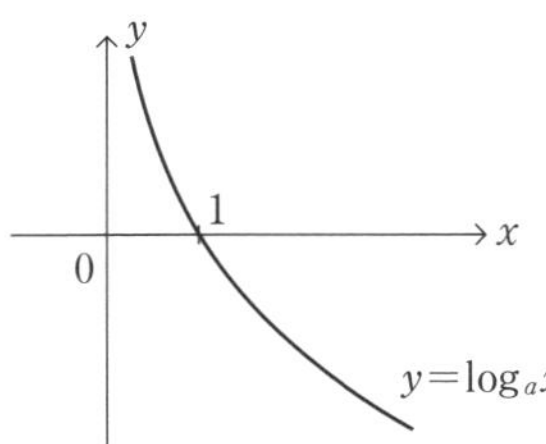

単調に減少（↘）する。

特徴は、次の2つ。

①必ず$(1,0)$を通る。

②（ⅰ）$a>1$のとき 単調に増加（↗）

（ⅱ）$0<a<1$のとき 単調に減少（↘）

対数不等式

$\log_a x > \log_a y \Leftrightarrow \begin{cases} a>1 \text{ のとき } x>y \\ 0<a<1 \text{ のとき } x<y \end{cases}$

（ⅰ）$a>1$のとき単調増加（↗）だから、x（真数）の大小関係とy（全体）の大小関係が一緒。
（ⅱ）$0<a<1$のとき単調減少（↘）だから、x（真数）の大小関係とy（全体）の大小関係が逆。

154ページで出てきた**指数不等式**と一緒だね。例題も見てみよう。

例 不等式$\log_{0.5} x \geqq 3$を解け。（2016中央大）

真数条件　$x>0$　…①　← 超大事！

$\log_{0.5} x \geqq \log_{0.5} (0.5)^3$

底0.5は1より小さいので、
不等号の向きが逆になる！

$x \leqq (0.5)^3$

$x \leqq \dfrac{1}{8}$

①と合わせて、

$0<x\leqq\dfrac{1}{8}$

ピカイチ解答

$\log_{\frac{1}{2}}(2x^2-4x-6) > \log_{\frac{1}{2}}(x^2+x)$

真数条件より、

$2x^2-4x-6>0$　かつ　$x^2+x>0$

$x^2-2x-3>0$　かつ　$x^2+x>0$

$(x-3)(x+1)>0$　かつ　$x(x+1)>0$

$x<-1, 3<x$　かつ　$x<-1, 0<x$

$\therefore\ x<-1, 3<x$　…①

底$\dfrac{1}{2}$は1より小さいので、
不等号の向きが逆になる！

$2x^2-4x-6 < x^2+x$

$x^2-5x-6<0$

$(x-6)(x+1)<0$

$\therefore\ -1<x<6$

①と合わせて、

$3<x<6$

真数条件を満たしているところが答え

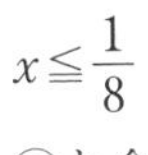

底をよく見なきゃですね。底が2とか3みたいに**1より大きいときは不等号の向きはそのままでいい**けれど、底が$\dfrac{1}{2}$とか$\dfrac{1}{3}$みたいに**1より小さいときは不等号の向きが変わる！**

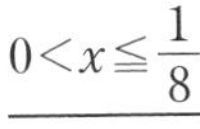

そういうこと！　底が1より大きいか小さいか、よーく見ていこう。

POINT

- **対数方程式**と**対数不等式**は、**「最初と最後に真数条件」を確認する！**
- **底が1より大きいか小さいかで、不等号の向きをチェックする！**

71

$\log_{10}1.2=\square\log_{10}2+\square\log_{10}3+\square$ であり、不等式 $1.2^n>10$ を満たす最小の自然数 n は $\square$ である。ただし、$\log_{10}2=0.3010$, $\log_{10}3=0.4771$ を使ってよい。

2018 上智大

イマイチ解答

$$\log_{10}1.2=\log_{10}\frac{12}{10}$$

$\log_a x-\log_a y=\log_a\frac{x}{y}$

$$=\log_{10}12-\overbrace{\log_{10}10}^{1}$$

$$=\log_{10}2^2\cdot3-1$$

$\log_a x+\log_a y=\log_a xy$ と $\log_a x^p=p\log_a x$ を使う

$$=2\log_{10}2+\log_{10}3-1$$

$1.2^n>10$

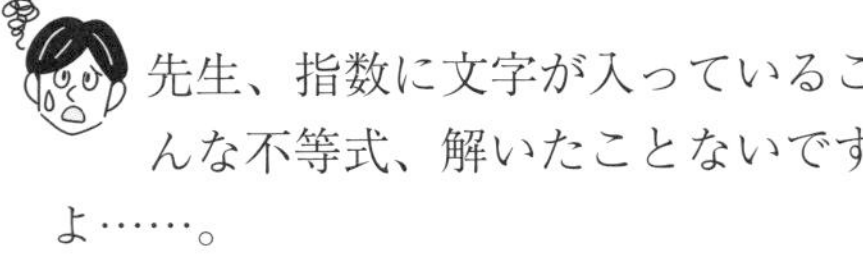

先生、指数に文字が入っているこんな不等式、解いたことないですよ……。

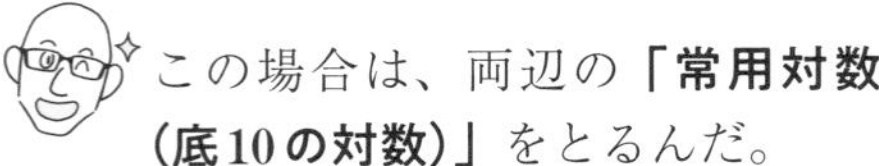

この場合は、両辺の**「常用対数（底10の対数）」**をとるんだ。

だから問題文に $\log_{10}2=0.3010$, $\log_{10}3=0.4771$ って書いてあるんですね。

ピカイチ解答

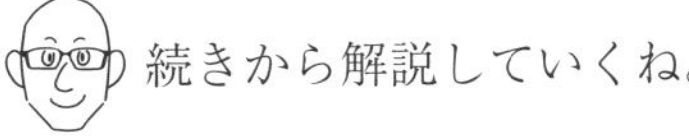

続きから解説していくね。

$1.2^n>10$

両辺の常用対数をとる。

底10は1より大きいから、不等号の向きは変えなくていいんだってことも意識しておこう。

$$\log_{10}1.2^{n}>\overbrace{\log_{10}10}^{1}$$

$\log_a x^p=p\log_a x$

$$n\log_{10}1.2>1$$

← $1.2=\frac{12}{10}$

$\log_a\frac{x}{y}=\log_a x-\log_a y$

$$n(\log_{10}12-\log_{10}10)>1$$

← $12=2^{2}\times3$

$\log_a xy=\log_a x+\log_a y$ と $\log_a x^p=p\log_a x$ を使う

$$n(2\log_{10}2+\log_{10}3-1)>1$$

$$n(2\times0.3010+0.4771-1)>1$$

$$n\times0.0791>1$$

$$n>\frac{1}{0.0791}=12.64\cdots$$

これを満たす最小の自然数は13

へえ、こうやって不等式を解くんですね。「常用対数」って便利！

POINT

● **指数に文字が入っている不等式は、常用対数（底が10の対数）をとって解く！**

3^{2020} は アイウ 桁の数である。ただし、$\log_{10}3=0.4771$ とする。

2020 星薬科大・改

イマイチ解答

$3^1=3$
$3^2=9$ } 1桁

$3^3=27$
$3^4=81$ } 2桁

$3^5=243$
$3^6=729$ } 3桁

$3^7=2187$
$3^8=6561$ } 4桁

⋮

$3^{2020}\to$ 1010桁

3^{2n} だったらその数は n 桁かなあと思ったんですけど……。

んーそれは違うなあ。
桁数の問題も「常用対数」を使うよ。まずは、2桁の整数 A、3桁の整数 A はどういう数か？　を考えていこう。

2 桁の整数 A は $10\leqq A<100$
（$10^{①}$、$10^{②}$）

3 桁の整数 A は $100\leqq A<1000$
（$10^{②}$、$10^{③}$）

じゃあ n 桁の整数 A は、
$10^{n-1}\leqq A<10^{n}$　ですね！

覚えて！

n 桁の整数 A
$10^{n-1}\leqq A<10^n$
常用対数をとって、
$n-1\leqq\log_{10}A<n$

$\log_{10}10^n=n\log_{10}10$
$=n$

だから「$n-1\leqq\log_{10}A<n$」（$\log_{10}A$ を幅1で挟む）という不等式ができたら、「整数 A は n 桁」と言えるんだね。

へぇ～！　常用対数を使えば、大きな数の桁数が簡単に求められるんですね！

ピカイチ解答

3^{2020} の常用対数をとる。

$$\log_{10}3^{2020}=2020\log_{10}3$$
$$=2020\times0.4771$$
$$=963.742$$

$\log_a x^p=p\log_a x$

$963<\log_{10}3^{2020}<964$ となるので、
（$\log_{10}3^{2020}$ を幅1で挟む）

3^{2020} は 964 桁

お、できた！　こんなにあっさり解けるなんて、常用対数って便利～！

POINT
- 桁数の問題は、常用対数をとる！
- $\log_{10}A$ を幅1で挟む！

座標平面において $y=x^2-x$ の表す放物線を C_1 とする。C_1 の接線で点 $(2, -2)$ を通るものの方程式は $y=-x$, $y=\square x-\square$ である。

2020 東海大・改

イマイチ解答

$y=x^2-x$

$y'=2x-1$

$(2, -2)$における接線は、

$y-(-2)=(4-1)(x-2)$

$y=3x-6-2$

$y=3x-8$

先生、きれいに出ました〜！

きれいに出たけど、不正解だなあ。じゃあ、基本から確認していこう！

微分の基本公式 覚えて！

①$(x^n)'=nx^{n-1}$

②$\{(x+a)^n\}'=n(x+a)^{n-1}$

ただし、nは自然数、aは実数

例 $y=x^3+3x^2+2x-1$　$y'=\square$

$y'=(x^3)'+3(x^2)'+2x'+(-1)'$

$=3x^2+3\cdot 2x+2\cdot 1+0$

$=3x^2+6x+2$

このあとは、□の式は省略して説明していくよ〜。

接線の方程式 覚えて！

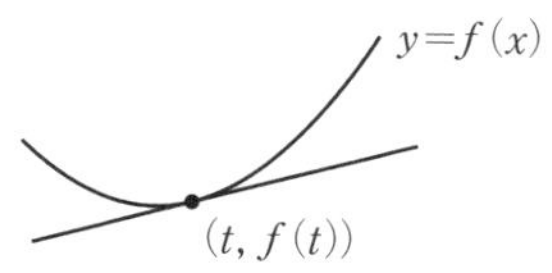

$y=f(x)$上の点$(t, f(t))$における接線の方程式は、

$f'(x)$に接点のx座標を代入

$$y-f(t)=f'(t)(x-t)$$

$y-y$座標＝傾き×($x-x$座標)

「接線の問題」は、必ず「接点」の座標をチェックしよう。

例 $y=x^2$ の $x=3$ における接線の方程式を求めよ。

$y'=2x$

$x=3$のとき$y=9$ ←「接点」チェック！

$y'=6$ ← 接線の傾き $y'=2x$ に $x=3$ を代入

よって$(3, 9)$における接線の方程式は

$y-9=6(x-3)$

$y-y$座標＝傾き×($x-x$座標)

$y=6x-18+9$

$\therefore\ y=6x-9$

ピカイチ解答

$y=x^2-x$

$y'=2x-1$

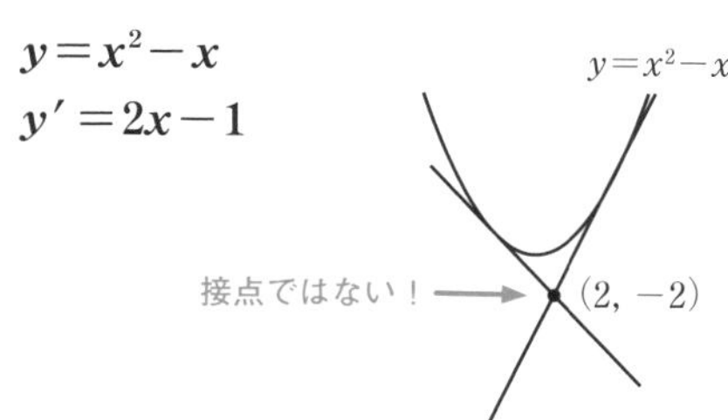

接点をチェックしたら、(2, −2)は接点じゃない！

そうなんだよね〜！　**接点が問題文に与えられていないときは、自分で$(t, f(t))$とおこう！**

接点(t, t^2-t)とおく

接線の方程式は、

$y-(t^2-t)=(2t-1)(x-t)$

$y-y$座標＝傾き×$(x-x$座標$)$

この式を整理するときに、$y=2tx-2t^2-x+t+t^2-t$とは書かない！　傾き$2t-1$はくずしちゃダメだよ。

$y=(2t-1)x-2t^2+t+t^2-t$

$\quad=(2t-1)x-t^2 \quad \cdots①$

(2, −2)を代入して、 ←「通る」は代入

$-2=(2t-1)\cdot 2-t^2$

$-2=4t-2-t^2$

$t^2-4t=0$

$t(t-4)=0$

$\therefore t=0, 4$

①に代入

$t=0$のとき

$y=(0-1)x-0=-x$

$t=4$のとき

$y=(8-1)x-16=7x-16$

よって、接線の方程式は

$y=-x, y=7x-16$

とにかく**「接線」ときたら「接点」の座標をチェックしよう**、ですね。

そう、それで**接点がわからなかったら$(t, f(t))$**と自分でおけるようにしよう。

この考え方は数Ⅲの「微分・積分」でも一緒なんだ。「微分・積分」は入試問題としては小問よりも大問として出題されることが多い。だからこそ、ここで基礎固めをしっかりやること！

ヒットの延長線上にホームランがあるぞ！

POINT

- **接線の式の立て方を覚えよう！**
- **接線の問題では、必ず接点の座標をチェック！　与えられていないときは、$(t, f(t))$とおく！**

aを定数として、3次関数$g(x)=x^3-ax^2+4x-3$が極値をもつものは、$|a|>\square\sqrt{\square}$のときである。

2017 東京理科大

イマイチ解答

$g(x)=x^3-ax^2+4x-3$
$g'(x)=3x^2-2ax+4$

$g(x)$が極値をもつのは
$g'(x)=0$が実数解をもてばよいので、判別式$D\geqq0$
$D/4=a^2-12\geqq0$
$(a+2\sqrt{3})(a-2\sqrt{3})\geqq0$
$\therefore\ a\leqq-2\sqrt{3},\ 2\sqrt{3}\leqq a$

$\therefore\ |a|\geqq2\sqrt{3}$

んー残念。正解は$|a|>2\sqrt{3}$なんだよね。

あ～イコールがつかなければ正解だったんですね。というか、問題文を見れば、イコールがつかないことは明白でしたね……。
でも、なんでつけちゃだめなんでしたっけ？

よし、その疑問を解決するために丁寧にやっていこう！
3次関数のグラフについてまとめるよ。まずは、$f(x)$と$f'(x)$（導関数）の話だ。

覚えて！

$f(x)$と$f'(x)$について

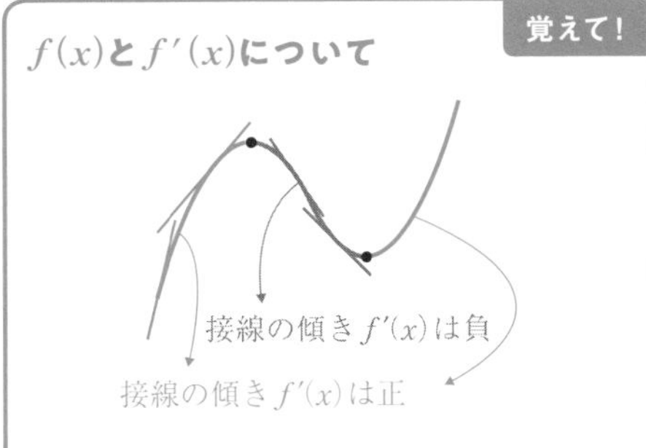

$f'(x)>0$のとき$f(x)$は単調増加（↗）
$f'(x)<0$のとき$f(x)$は単調減少（↘）
極値のとき$f'(x)=0$

$f'(x)$の正負がわかれば、$f(x)$の増減がわかるんだ。例題で確認してみよう！

例 次の関数の増減を調べてグラフをかけ。

(1) $y=x^3-6x^2+9x+1$
(2) $y=-x^3+3x$
(3) $y=x^3+1$

(1) $y=x^3-6x^2+9x+1$
$y'=3x^2-12x+9$
$=3(x^2-4x+3)$
$=3(x-1)(x-3)$

$y'=0$となるのは$x=1,\ 3$
よって増減表は

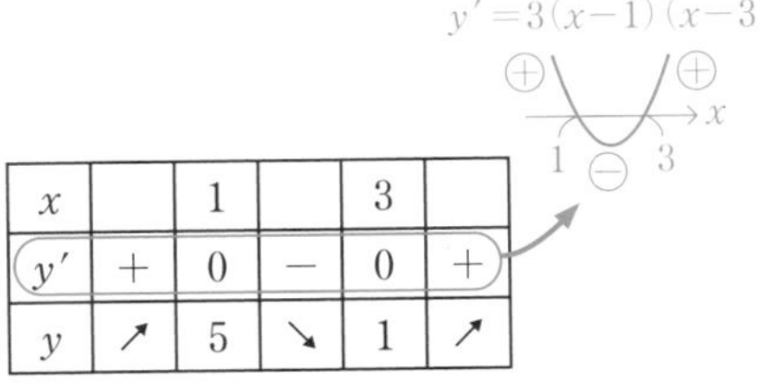

x		1		3	
y'	＋	0	－	0	＋
y	↗	5	↘	1	↗

よってグラフは

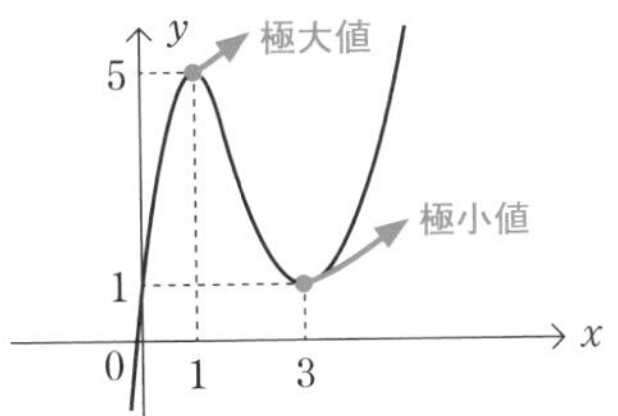

$y'=3(x-1)(x-3)=0$は異なる2つの実数解をもつね。このときyは極値（極大値と極小値）をもつよ。

(2) $y=-x^3+3x$

$y'=-3x^2+3$

$\quad=-3(x^2-1)$

$\quad=-3(x+1)(x-1)$

$y'=0$となるのは$x=-1, 1$

よって増減表は

$y'=-3(x+1)(x-1)$

x		-1		1	
y'	－	0	＋	0	－
y	↘	-2	↗	2	↘

よってグラフは

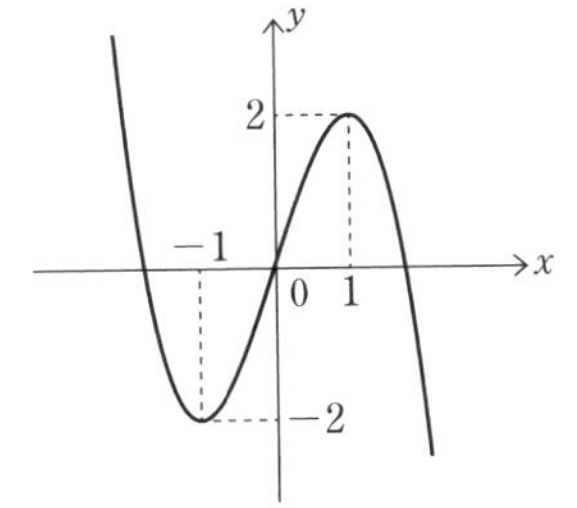

これは原点を通るグラフになりますね。

そうだね。そしてこの関数もyは極値（極大値と極小値）をもつよ。やはり、$y'=-3(x+1)(x-1)$は異なる2つの実数解をもつから、なんだよね。

(3) $y=x^3+1$

$y'=3x^2$

$y'=0$となるのは$x=0$

よって増減表は

$y'=3x^2$

x		0	
y'	＋	0	＋
y	↗	1	↗

よってグラフは

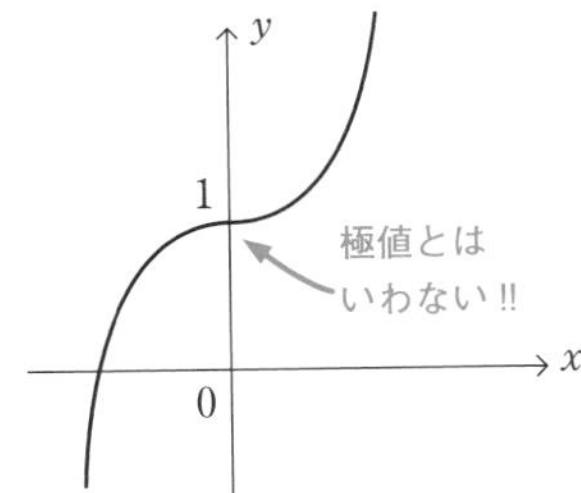

$y'=3x^2=0$は重解をもつね。$y'=0$が重解あるいは実数解をもたないとき、yは極値（極大値と極小値）をもたない。だから、まとめると……。

> $y'=0$が判別式$D>0$のとき
> yは極値をもつ。 イコールつかない
>
> $y'=0$が判別式$D\leqq0$のとき
> yは極値をもたない。こっちはイコールがつく

このようにまとめられるね。極値をもつとき、もたないとき、をしっかり整理して、瞬時にアウトプットできるようにしておこう。

ピカイチ解答

$g(x)=x^3-ax^2+4x-3$
$g'(x)=3x^2-2ax+4$

$g(x)$が極値をもつのは
$g'(x)=0$が異なる2つの実数解をもてばよいので、
判別式$D>0$
$D/4=(-a)^2-3\cdot4>0$
$a^2-12>0$
$(a+2\sqrt{3})(a-2\sqrt{3})>0$
$\therefore\ a<-2\sqrt{3},\ 2\sqrt{3}<a$

$\therefore\ |a|>2\sqrt{3}$

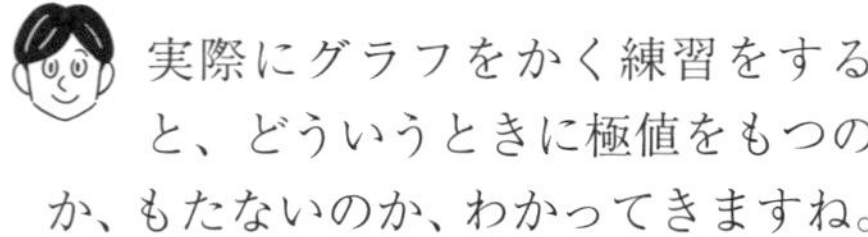

実際にグラフをかく練習をすると、どういうときに極値をもつのか、もたないのか、わかってきますね。

そう、いいこと言ってくれたね！ **まずはたくさん手を動かしてグラフをかく練習を積んでほしい。** 慣れてきたらグラフを利用して最大値、最小値を求めたり、不等式が成り立つことを証明していったりするからね。

うわあ、グラフってやっぱり大事なんですね。頑張ります。

ちなみに先生、27ページで3次関数のグラフは（Nの形）or（Nの逆の形）どちらかになるって教えてくれましたけど、さっきの例題(3) $y=x^3+1$は となって、Nの形でもNの逆の形のどちらでもないと思ったんですけど……。

いや は（Nの形）と見ることができるんだよ。

え!?　一緒に見えない……。眼科に行ったほうがいいですか？(笑)

いやいや今教えるから行く必要ないよ（笑）

(3) $y=x^3+1$
$y'=3x^2$
$y'=0$となるのは$x=0$

ハイ、ココ！

$y'=3x^2=0$は重解だよね。重解ってことは、$3\times\boxed{x}\times\boxed{x}=0$の解が$x=\boxed{0}$と$\boxed{0}$の2つある、と解釈するんだ。そうしたら……。

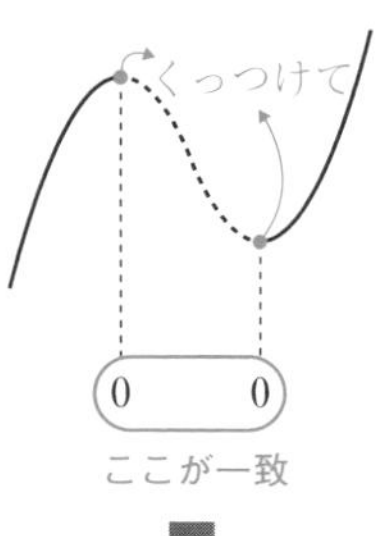

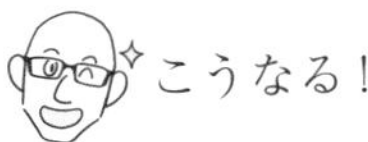

こうなる !!

おお〜、できた !!

ってことで、3次関数 $y=ax^3+bx^2+cx+d$ のグラフは、広い意味で

$a>0$ のとき

Nの形

$a<0$ のとき

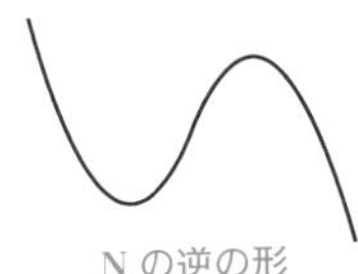

Nの逆の形

となると覚えておいてね！

さらに4次関数
$y=ax^4+bx^3+cx^2+dx+e$ のグラフはこうなるよ。

$a>0$

Wの形

$a<0$

Mの形

少し練習してみよう。

例　$y=x^4-2x^3-2x^2$ の関数の増減を調べてグラフをかけ。

$y=x^4-2x^3-2x^2$

$y'=4x^3-6x^2-4x$

$\quad=2x(2x^2-3x-2)$

1　−2 → −4
2　1 → 1
　　　−3

$\quad=2x(x-2)(2x+1)$

$y'=0$ となるのは $x=-\frac{1}{2},\ 0,\ 2$

よって増減表は

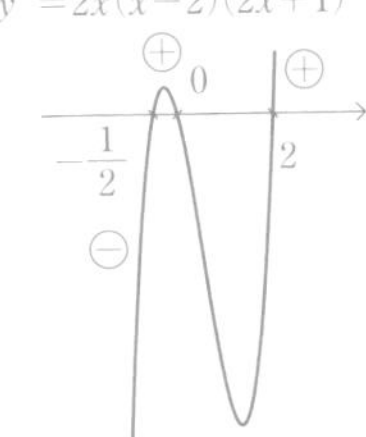

x		$-\frac{1}{2}$		0		2	
y'	−	0	+	0	−	0	+
y	↘	$-\frac{3}{16}$	↗	0	↘	−8	↗

よってグラフは

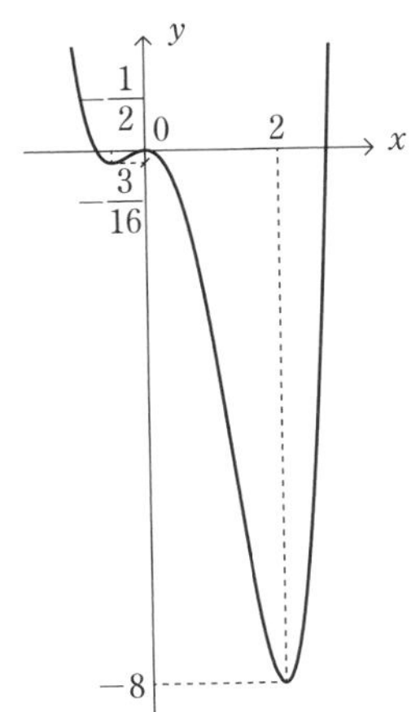

●3次関数と4次関数のグラフをかけるようにしよう！

POINT

●「極値をもつ」「極値をもたない」は、$f'(x)$ がどういうときかを考えよう！

75

a, b を定数とし、x の関数 $f(x)$ を $f(x)=x^3-ax^2-bx+4$ とする。関数 $y=f(x)$ が $x=-2$ で極大値12をとるとき、$a=-$□, $b=$□ である。

2017 明治大

イマイチ解答

$f(x)=x^3-ax^2-bx+4$

$x=-2$ で極大値12をとる。

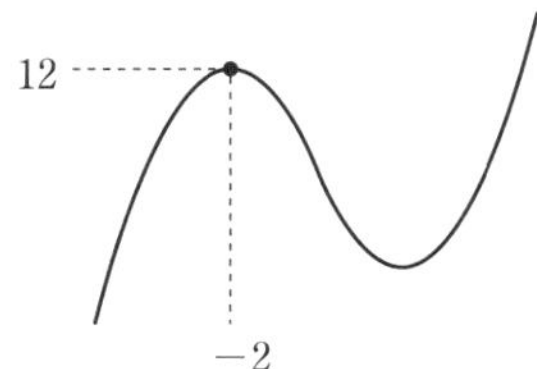

$f(-2)=12$ ← y座標

$-8-4a+2b+4=12$

$-4a+2b=16$

$-2a+b=8$

なぬ！　文字が2つで式が1本かあ……解けない……。

さっき説明した、「$f(x)$ と $f'(x)$ について」を思い出してほしい。大事だからもう一回載せるね。

$f(x)$ と $f'(x)$ について

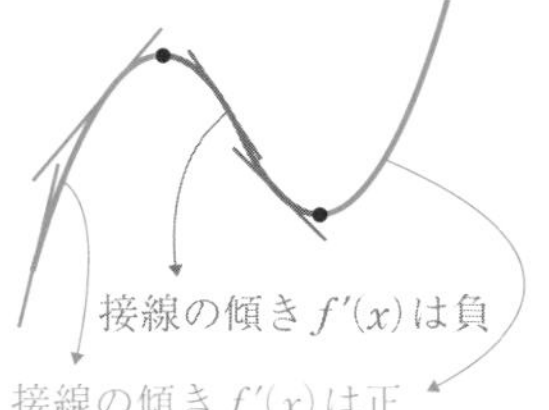

$f'(x)>0$ のとき $f(x)$ は単調増加（↗）

$f'(x)<0$ のとき $f(x)$ は単調減少（↘）

極値のとき $f'(x)=0$

今回のポイントは一番下の、「**極値のとき $f'(x)=0$**」!!

あ、**極値のとき $f'(x)=0$** だから、その式を立てればいいんですね……！

そうそう。「**$x=-2$ で極値をとる**」から、**$f'(-2)=0$（接線の傾きが0）**ってことなんだよね。

ピカイチ解答

$f(x)=x^3-ax^2-bx+4$

$f'(x)=3x^2-2ax-b$

$x=-2$ で極大値12より、

この日本語から式を2本つくる！

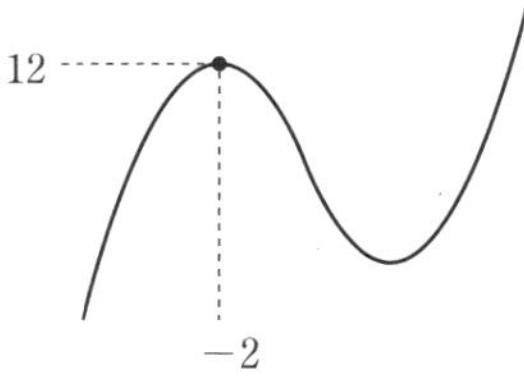

$$\begin{cases} f(-2)=12 & \leftarrow y\text{座標} \\ f'(-2)=0 & \leftarrow \text{接線の傾き} \end{cases}$$

この2本の式、超重要。

すぐに立式できるように、反復練習してね！

$$\begin{cases} -8-4a+2b+4=12 \\ 12+4a-b=0 \end{cases}$$

$$\begin{cases} -4a+2b=16 & \cdots ① \\ 4a-b=-12 & \cdots ② \end{cases}$$

①＋②より、$b=4$
②に代入して、
$4a-4=-12$
$4a=-8$
$\therefore\ a=-2,\ b=4$

少し難しい話をしていくね。文系の人や、数学を記述で使わない人は読みとばしてもいいよ。実は、今日は$a=-2,\ b=4$と出たところで終わりにしてしまうと本当はよくないんだ。

どうしてですか？

$x=-2$で極大値12より

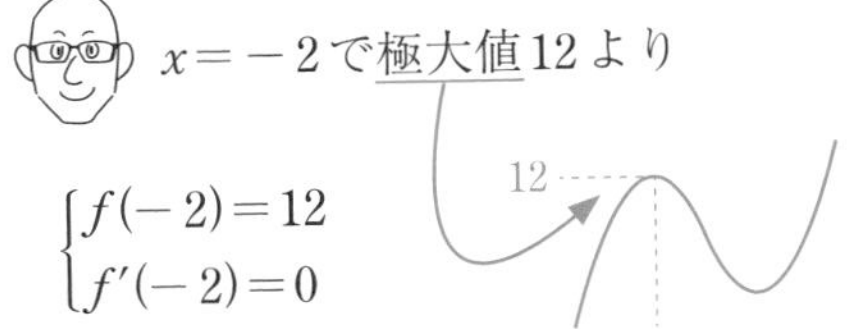

$$\begin{cases} f(-2)=12 \\ f'(-2)=0 \end{cases}$$

という2本の式をつくったけれども、その逆が成り立つ保証はないよね。
たとえば

$$\begin{cases} f(-2)=12 \\ f'(-2)=0 \end{cases}$$

より$x=-2$で極小値となる可能性もある。

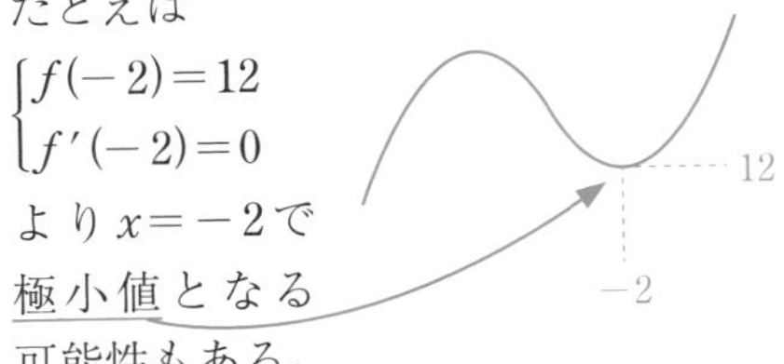

それから

$$\begin{cases} f(-2)=12 \\ f'(-2)=0 \end{cases}$$

より$x=-2$で変曲点（数Ⅲで出てくる言葉）となる可能性もある。

なるほど……。ってことは**$a=-2,\ b=4$で本当に$f(x)$のグラフが$x=-2$で極大値12となってくれるか確かめが必要**なわけですね。

そうなんだ。ってことで、数学の入試問題が記述形式で出題される学校を受験する人たちは、その確かめの部分の解答をつくってみよう。

$a=-2,\ b=4$のとき、
$f(x)=x^3+2x^2-4x+4$
$f'(x)=3x^2+④x-4$

1 ╳ 2 → 6
3 ╳ −2 → −2
④

$=(x+2)(3x-2)$

$f'(x)=0$となるのは$x=-2,\ \dfrac{2}{3}$

よって増減表は

x		-2		$\frac{2}{3}$	
y'	＋	0	−	0	＋
y	↗	大	↘	小	↗

$f'(x)=(x+2)(3x-2)$
⊕ ⊕ ⊖ x -2 $\frac{2}{3}$

よって$f(x)$は$x=-2$で極大となるから$a=-2,\ b=4$は適する。

POINT
- **「$f(x)$は$x=$◆で極値▲」ときたら、式を2本つくる！（f(◆)＝▲かつf'(◆)＝0）**

pを定数とする。xの3次方程式$2x^3-3x^2-12x+p=0$は異なる3個の実数解$x=\alpha,\beta,\gamma$（ただし、$\alpha<\beta<\gamma$）を持つ。このとき、pのとり得る値の範囲は□である。

2020 明治薬科大

イマイチ解答

$2x^3-3x^2-12x+p=0$が異なる3個の実数解α,β,γを持つ。
$f(x)=2x^3-3x^2-12x+p$とおく。
$y=f(x)$と$y=0$（x軸）の共有点が3個となればよい。

解＝交点（共有点）

$$f'(x)=6x^2-6x-12$$
$$=6(x^2-x-2)$$
$$=6(x-2)(x+1)$$

$f'(x)=0$となるのは$x=-1,2$

よって増減表は

x		-1		2	
$f'(x)$	$+$	0	$-$	0	$+$
$f(x)$	↗	大	↘	小	↗

$$f(-1)=-2-3+12+p=p+7$$
$$f(2)=16-12-24+p=p-20$$

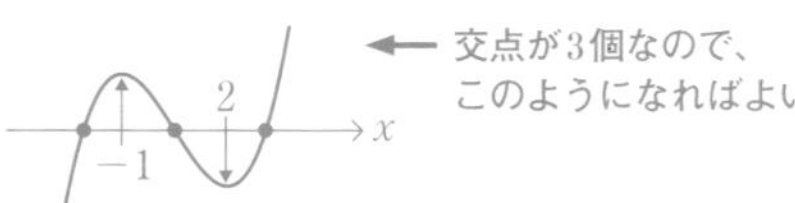

← 交点が3個なので、このようになればよい。

↓ この2つは交点が3個ないので、どちらもNG！

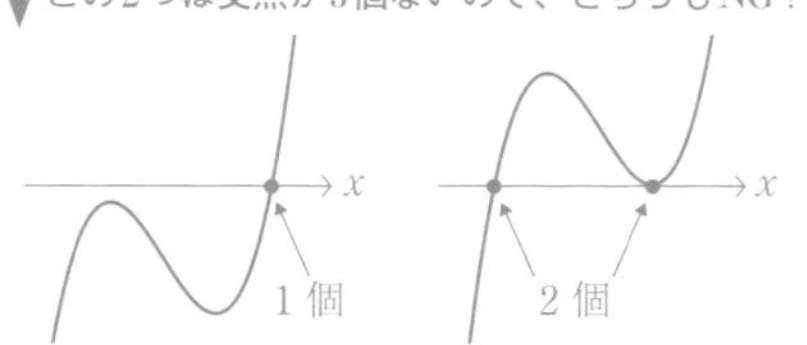

x軸との共有点が3個より、極大値>0かつ極小値<0となればよい。

$p+7>0$　かつ　$p-20<0$
$p>-7$　かつ　$p<20$

$\therefore -7<p<20$

正解だね。Good！

ありがとうございます！

ただ、君の答案も素晴らしいんだけど……$f(x)=2x^3-3x^2-12x+p$のグラフって、文字が入っているからなんかイヤだよね。この文字定数（パラメータ）を分離して、グラフをかいてみようか。
その前にちょっとだけ準備しておくよ。

例 $x^2-5x+6=0$を解け。
$(x-2)(x-3)=0$
$\therefore x=②,\boxed{3}$

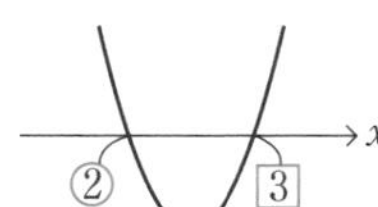

解の2と3は$y=x^2-5x+6$と$y=0$（x軸）との交点のx座標になる。
「解」＝「交点」！

「解」＝「交点」は33ページでもやったけど、これは2次関数のときだけでなく、3次関数のときにも適応できるんですね。

そうなんだよね。3次方程式で確認しておこうか。

例 $x^3-3x^2+2x=0$ を解け。

$x(x^2-3x+2)=0$

$x(x-1)(x-2)=0$

$\therefore x=⓪, \boxed{1}, △2$

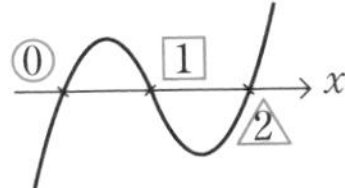

解の0と1と2は $y=x^3-3x^2+2x$ と $y=0$（x軸）との交点のx座標になる。「解」＝「交点」！

ピカイチ解答

$2x^3-3x^2-12x+\boxed{p}=0$が異なる3個の実数解$\alpha, \beta, \gamma$を持つ。

文字定数分離

$\boxed{p}=-2x^3+3x^2+12x$

$y=p$ と $f(x)=-2x^3+3x^2+12x$ の共有点が3個となればよい。

解＝交点

$$f'(x)=-6x^2+6x+12$$
$$=-6(x^2-x-2)$$
$$=-6(x-2)(x+1)$$

$f'(x)=0$となるのは$x=-1, 2$
よって増減表は

x		-1		2	
$f'(x)$	$-$	0	$+$	0	$-$
$f(x)$	↘	小	↗	大	↘

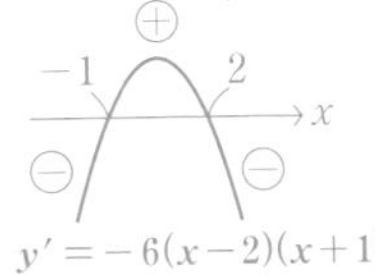

$f(-1)=2+3-12=-7$

$f(2)=-16+12+24=20$

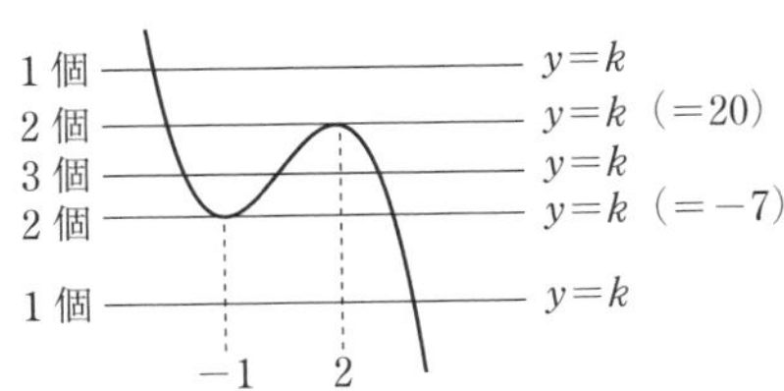

$y=p$との共有点が3個となるのは
$-7<p<20$

たしかに、3次関数のグラフを動かすのではなく、直線$y=p$を動かしたほうがわかりやすいですね。

そうなんだ。そのために、**文字定数（パラメータ）分離！**
数Ⅲにもつながる大切な解法だからしっかり覚えていきましょう。
ちなみに、インプットするときは「解」＝「交点」と覚えていいんだけど、解答欄に記述するときは「交点」ではなく**「共有点」**という言葉を使っていこう。

POINT
- **解＝交点**
- **文字定数（パラメータ）分離をして、3次関数を動かさないで考える！**

次の条件を満たす2次関数 $f(x)$ を求めよ。

$f(0)=3,\ f'(1)=0,\ \int_{-1}^{1} f(x)dx=\frac{20}{3}$

2018 中央大

イマイチ解答

$f(x)=ax^2+bx+c\ (a \neq 0)$ とおく

$f'(x)=2ax+b$

$f(0)=3$ より

$f(0)=c=3$ …①

$f(x)=ax^2+bx+c$ に $x=0$ を代入

$f'(1)=0$ より

$f'(1)=2a+b=0$ …②

$f'(x)=2ax+b$ に $x=1$ を代入

$\int_{-1}^{1} f(x)dx=\frac{20}{3}$ より

$$\int_{-1}^{1}(ax^2+bx+c)dx=\frac{20}{3}$$

$$\left[\frac{a}{3}x^3+\frac{b}{2}x^2+cx\right]_{-1}^{1}=\frac{20}{3}$$

$$\frac{a}{3}+\frac{b}{2}+c-\left(-\frac{a}{3}\right)-\frac{b}{2}-(-c)=\frac{20}{3}$$

$$\frac{2}{3}a+2c=\frac{20}{3}$$

$$2a+6c=20$$

$$a+3c=10$$

①を代入して、

$a+9=10$

$\therefore a=1$

②に代入して、

$2+b=0$

$\therefore b=-2$

よって $f(x)=x^2-2x+3$

できました！　積分は結構、やり方覚えていましたよ。

うん、たしかに正解だね。

ただ、積分計算をもう少し上手にやっていこうか。まずは**「不定積分」**を一気に確認しておこう！

積分の基本公式　覚えて！

① $\int x^n dx=\frac{1}{n+1}x^{n+1}+C$

（1足して累乗、1足して分母）

② $\int (x+a)^n dx=\frac{1}{n+1}(x+a)^{n+1}+C$

（1足して累乗、1足して分母）

$n=0, 1, 2, 3, \cdots$, C は積分定数

例 次の不定積分を計算しなさい。

(1) $\int (x^2+3x+4)dx$

(2) $\int (x+1)^2 dx$

(3) $\int (x+3)(x-1)^2 dx$

(1) $\int (x^2+3x+4)dx$

$$=\int x^2dx+\int 3xdx+\int 4dx$$

それぞれの項の積分をする。

$$=\int x^2dx+3\int xdx+4\int 1dx$$

$\frac{1}{3}x^3$　$\frac{1}{2}x^2$　x

積分してから定数倍

★

$$=\underline{\frac{1}{3}x^3+\frac{3}{2}x^2+4x+C}$$

★の部分を省略して、1発で答えが出せるようになってほしい。ということでもう1回。

(1) $\int (x^{\textcircled{2}}+3x^{\textcircled{1}}+\boxed{4})dx$

1足して累乗

数字には文字を付けるだけ

$$=\underline{\frac{1}{\textcircled{3}}x^{\textcircled{3}}+\frac{3}{\textcircled{2}}x^{\textcircled{2}}+\boxed{4x}+C}$$

1足して分母

(2) $\int (x+1)^{\textcircled{2}}dx$

1足して累乗

$$=\underline{\frac{1}{\textcircled{3}}(x+1)^{\textcircled{3}}+C}$$

1足して分母

(3) は、

$$\int (x+3)(x-1)^2dx$$

$$=\int (x+3)(x^2-2x+1)dx$$

$$=\int (x^3-2x^2+x+3x^2-6x+3)dx$$

$$=\int (x^3+x^2-5x+3)dx\cdots$$

を積分してもできるけれど、**次数が高いほうに注目！** $(x-1)^2$のほうが$x+3$より次数が高いよね。その$x-1$というかたまりを大事にしてほしい！

$$\int \underline{\underline{(x+3)}}(x-1)^2dx$$

分配法則

$$=\int \{\underline{\underline{(x-1)+4}}\}(x-1)^2dx$$

$x+3$を$(x-1)+4$と表す。

$$=\int \{(x-1)^3+4(x-1)^2\}dx$$

$$=\int (x-1)^{\textcircled{3}}dx+4\int (x-1)^{\textcircled{2}}dx$$

1足して累乗

$$=\underline{\frac{1}{\textcircled{4}}(x-1)^{\textcircled{4}}+\frac{4}{\textcircled{3}}(x-1)^{\textcircled{3}}+C}$$

1足して分母

じゃあ次、**「定積分」**も確認してみよう！

覚えて！

定積分の定義

$a\leqq x\leqq b$において、$f(x)$が原始関数$F(x)$をもつとき、

$$\int_a^b f(x)dx=[F(x)]_a^b$$

$$=\underline{F(b)}-\underline{F(a)}$$

上端代入　下端代入

$f(x)$に対して$F'(x)=f(x)$を満たす$F(x)$のことを原始関数というよ。

例 次の定積分の値を求めなさい。

(1) $\int_1^2 (x^2+x+1)dx$

(2) $\int_1^3 (x+1)^2dx$

(1)　$\displaystyle\int_1^2 (x^2+x+1)dx$

$$=\left[\frac{1}{3}x^3+\frac{1}{2}x^2+x\right]_1^2$$

$$=\frac{1}{3}\cdot 2^3+\frac{1}{2}\cdot 2^2+2$$

$$\quad -\left(\frac{1}{3}\cdot 1^3+\frac{1}{2}\cdot 1^2+1\right)$$

「(上端の2を代入)−(下端の1を代入)」を計算していくんですよね。

それでもいいけど、式が長くなるからこっちの方法がおすすめ！
「(上端代入)−(下端代入)」をそれぞれの項で一気にやるんだ。

$$=\frac{1}{3}(\underset{\text{上}}{2^3}-\underset{\text{下}}{1^3})+\frac{1}{2}(\underset{\text{上}}{2^2}-\underset{\text{下}}{1^2})+(\underset{\text{上}}{2}-\underset{\text{下}}{1})$$

お、式がコンパクトにまとまる！

$$=\frac{7}{3}+\frac{3}{2}+1$$

$$=\frac{14+9+6}{6}$$

$$=\underline{\frac{29}{6}}$$

(2) は展開しないで、公式 $\displaystyle\int (x+a)^n dx=\frac{1}{n+1}(x+a)^{n+1}$ を使おう。

(与式) $=\left[\dfrac{1}{3}(x+1)^3\right]_1^3$

$$=\frac{1}{3}(\underset{\text{上端代入}}{4^3}-\underset{\text{下端代入}}{2^3})$$

$$=\frac{1}{3}(64-8)$$

$$=\underline{\frac{56}{3}}$$

最後に、これも確認しておこうか。

$\displaystyle\int_{-a}^{a} x^n dx$ について　**覚えて！**

①n：偶数のとき

$$\int_{-a}^{a} x^n dx=2\int_0^a x^n dx$$

②n：奇数のとき

$$\int_{-a}^{a} x^n dx=0$$

積分区間が $-a\leqq x\leqq a$ のとき、x^n の指数の n の部分に注目。n が偶数か奇数かで答えが変わってくるよ。

例　次の定積分の値を求めなさい。

(1)　$\displaystyle\int_{-2}^{2} (x^3+x^2+x+1)dx$

絶対値が一緒！　$-a$ から a になっている！

奇　偶　奇

$$\int_{-2}^{②}(x^{③}+x^{②}+x^{①}+1)dx$$

$$=2\int_0^{②}(x^2+1)dx$$

$$=2\left[\frac{1}{3}x^3+x\right]_0^2$$

$$=2\left(\frac{8}{3}+2\right)$$

$$=2\cdot\frac{14}{3}$$

$=\underline{\dfrac{28}{3}}$

(2) $\displaystyle\int_{-3}^{1}(x^2-3x+2)dx$

$\displaystyle -\int_{③}^{\boxed{1}}(x^2-3x+2)dx$

×(−1)して上端[1]と下端③をひっくり返す

$\displaystyle =\int_{-3}^{1}(x^2-3x+2)dx$

$\displaystyle +\int_{\boxed{1}}^{③}(x^2-3x+2)dx$

$\displaystyle\int_{-3}^{1}+\int_{1}^{3}=\int_{-3}^{3}$

$\displaystyle =\int_{-3}^{③}(x^{②}-3x^{①}+2x^{⓪})dx$（偶・奇・偶）

絶対値が一緒！ $-a$ から a になっている！

$\displaystyle =2\int_{0}^{③}(x^2+2)dx$

$=2\left[\dfrac{1}{3}x^3+2x\right]_0^3$

$=2(9+6)$

$=2\cdot 15$

$=\underline{30}$

ピカイチ解答

$f(x)=ax^2+bx+c\ (a\neq 0)$ とおく

$f'(x)=2ax+b$

$f(0)=3$ より

$\underline{f(0)=c=3}$ $\cdots①$

$f(x)=ax^2+bx+c$ に $x=0$ を代入

$f'(1)=0$ より

$\underline{f'(1)=2a+b=0}$ $\cdots②$

$f'(x)=2ax+b$ に $x=1$ を代入

$\displaystyle\int_{\boxed{-1}}^{\boxed{1}}f(x)dx=\frac{20}{3}$ より

絶対値が一緒！ $-a$ から a になっている！

$\displaystyle\int_{-1}^{①}(ax^{②}+bx^{①}+c)dx=\frac{20}{3}$（偶・奇）

$\displaystyle 2\int_{0}^{①}(ax^2+c)dx=\frac{20}{3}$

両辺を÷2

$\left[\dfrac{a}{3}x^3+cx\right]_0^1=\dfrac{10}{3}$

$\dfrac{1}{3}a+c=\dfrac{10}{3}$

両辺に×3

$a+3c=10$

①を代入して、

$a+9=10$

$\therefore a=1$

②に代入して、

$2+b=0$

$\therefore b=-2$

よって $f(x)=x^2-2x+3$

POINT

● 積分の基本公式で積分計算できるようになろう！

● $\displaystyle\int_{-a}^{a}x^n dx$ を使って計算の仕方を工夫しよう！

78

xの関数$f(x)$が、等式$f(x)=4x+\int_0^1(t+x)f(t)dt$を満たすとき、$f(x)$の定数項の値は□である。

2018 慶応大

イマイチ解答

$$f(x)=4x+\int_0^1(t+x)f(t)dt$$

$\int_0^1(t+x)f(t)dt=k$（定数）とおく

$$f(x)=4x+k$$

$$\begin{aligned}k&=\int_0^1(t+x)(4x+k)dt\\&=\int_0^1(4xt+kt+4x^2+kx)dt\\&=\int_0^1\{(4x+k)t+4x^2+kx\}dt\\&=\left[\frac{1}{2}(4x+k)t^2+(4x^2+kx)t\right]_0^1\\&=\frac{1}{2}(4x+k)+4x^2+kx\\&=2x+\frac{1}{2}k+4x^2+kx\end{aligned}$$

kは定数になるはずなんだけど、な、な、……ならない……！

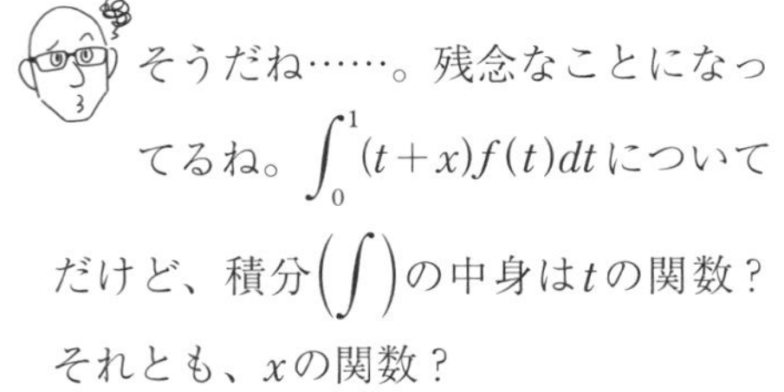

そうだね……。残念なことになってるね。$\int_0^1(t+x)f(t)dt$についてだけど、積分$\left(\int\right)$の中身はtの関数？ それとも、xの関数？

え……。考えたことなかったです。

それはマズイね。数学という科目において、**何が変数で、何が定数かしっかり意識することは**、**食後に歯を磨くことくらい重要なことだよ！**

この場合は「dt」と書いてあるから、tが変数、xが定数だ。**つまり、tで積分するんだぞ。**

そっかぁ。tで積分した結果、xの関数$f(x)$ができあがるんですね。

そういうこと。$f(x)$の積分が入っている式を**積分方程式**というよ。

> **覚えて！**
>
> **積分方程式　その1**
>
> $\int_a^b f(t)dt=k$ **（定数）とおく**
>
> （ただし、a, bは定数）

その2もあるんだけど、それは次の問題でやるよ。ひとまず、今回はその1を習得しよう！

ピカイチ解答

$$f(x)=4x+\int_0^1 (t+x)f(t)dt$$ 分配法則

$$=4x+\int_0^1 tf(t)dt$$

$$+x\int_0^1 f(t)dt \quad \cdots ①$$

xは定数だから積分$\left(\int\right)$の前へ

$$\int_0^1 tf(t)dt=a \quad \cdots ②$$

$$\int_0^1 f(t)dt=b \quad \cdots ③$$

a, bはともに定数

②、③を①に代入して、

$$f(x)=4x+a+bx$$

$$=(4+b)x+a \quad \cdots ①'$$

①′を②に代入して、

分配法則

$$a=\int_0^1 t\{\underbrace{(4+b)t+a}_{f(t)}\}dt$$

$$=\int_0^1 \{(4+b)t^2+at\}dt$$

$$=\left[\frac{1}{3}(4+b)t^3+\frac{1}{2}at^2\right]_0^1$$

$$=\frac{1}{3}(4+b)+\frac{1}{2}a$$ 両辺に×6

$$6a=2(4+b)+3a$$

$$3a=8+2b \quad \cdots ④$$

①′を③に代入して、

$$b=\int_0^1 \{\underbrace{(4+b)t+a}_{f(t)}\}dt$$

$$=\left[\frac{1}{2}(4+b)t^2+at\right]_0^1$$

$$=\frac{1}{2}(4+b)+a$$ 両辺に×2

$$2b=4+b+2a$$

$$b=2a+4 \quad \cdots ⑤$$

⑤を④に代入して、

分配法則

$$3a=8+2(2a+4)$$

$$=8+4a+8$$

$$\therefore a=-16$$

⑤に代入して、

$$b=-32+4$$

$$=-28$$

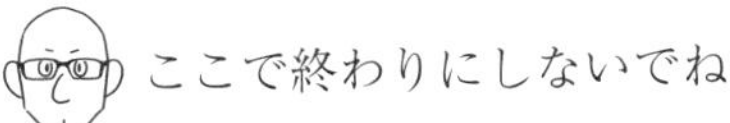

よって①′より、$f(x)=-24x-16$

以上より、定数項は-16

②、③の積分区間はともに0から1で一緒だけど、積分する関数が違うから、異なる文字(a,b)を使っていくんですね。

POINT ●積分方程式その1…$\int_a^b$（tの関数）$dt=k$（定数）とおく！

等式 $\int_a^x g(t)dt = x^2 + \frac{1}{2}x - \frac{3}{2}$ を満たす関数 $g(x)$ は $g(x) = \square$ であり、定数 a の値は $a = \square, \square$ である。

2016 北里大

イマイチ解答

$$\int_a^x g(t)dt = x^2 + \frac{1}{2}x - \frac{3}{2} \quad \cdots ①$$

(右辺) が x の2次式なので、$g(x)$ は x の1次式である。
よって、$g(x) = mx + n$ とおく。
$(m, n$：定数$)$

$$\begin{aligned}(①の左辺) &= \int_a^x g(t)dt \\ &= \int_a^x (mt+n)dt \\ &= \left[\frac{m}{2}t^2 + nt\right]_a^x \\ &= \frac{m}{2}(x^2 - a^2) + n(x-a) \\ &= \frac{m}{2}x^2 + nx \\ &\quad - \frac{m}{2}a^2 - na\end{aligned}$$

これが $x^2 + \frac{1}{2}x - \frac{3}{2}$ となるので

$$\begin{cases} \frac{m}{2} = 1 & \cdots ② \\ n = \frac{1}{2} & \cdots ③ \\ -\frac{m}{2}a^2 - na = -\frac{3}{2} & \cdots ④ \end{cases}$$

②より $m = 2$

よって $g(x) = \underline{2x + \frac{1}{2}}$

$m = 2,\ n = \frac{1}{2}$ を④に代入して、

$$-\frac{2}{2}a^2 - \frac{1}{2}a = -\frac{3}{2}$$
$$2a^2 + a = 3$$
$$2a^2 + a - 3 = 0$$
$$(a-1)(2a+3) = 0$$
$$\therefore a = \underline{-\frac{3}{2},\ 1}$$

答えは合っているんだけど、すごく強引なやり方になっちゃっているね。**積分方程式** その2を使うとスムーズに解けるぞ！

覚えて！

積分方程式　その2

$\int_a^x f(t)dt$ について

① x で微分

$$\left\{\int_a^x f(t)dt\right\}' = f(x)$$

② $x = a$ を代入 ← x に下端の数を代入

$$\int_a^a f(t)dt = 0$$

(ただし、a は定数、x は変数)

①のイメージはこんなかんじ。

$$\begin{aligned}\left\{\int_a^x \boxed{f(t)}dt\right\}' &= \{[F(t)]_a^x\}' \\ &= \{F(x) - \underset{定数}{F(a)}\}' \\ &= \underset{f(x)}{F'(x)} - \underset{0}{F'(a)} \\ &= \boxed{f(x)}\end{aligned}$$

結局は文字をtからxに変えるだけですね。

そうそう。で、②はこんなかんじ。

$$\int_a^a f(t)dt = [F(t)]_a^a$$
$$= F(a) - F(a)$$
$$= 0$$

すぐかけるように覚えてね。
じゃあさっきの問題をやってみよう！

ピカイチ解答

$$\int_a^x g(t)dt = x^2 + \frac{1}{2}x - \frac{3}{2} \quad \cdots ①$$

tをxに変えるだけ

①の両辺をxで微分して、

$$g(x) = 2x + \frac{1}{2}$$

①に$x=a$を代入して、

$$0 = a^2 + \frac{1}{2}a - \frac{3}{2}$$

$\int_a^a g(t)dt$

両辺に×2

$$2a^2 + a - 3 = 0$$

$$\begin{matrix} 1 & & -1 & \rightarrow & -2 \\ 2 & \times & 3 & \rightarrow & 3 \\ & & & & 1 \end{matrix}$$

$$(a-1)(2a+3) = 0$$

$$\therefore a = -\frac{3}{2}, 1$$

$\int_a^x f(t)dt$ときたら、「**①両辺をxで微分**」「**②$x=$下端代入**」、この2つだけですね。

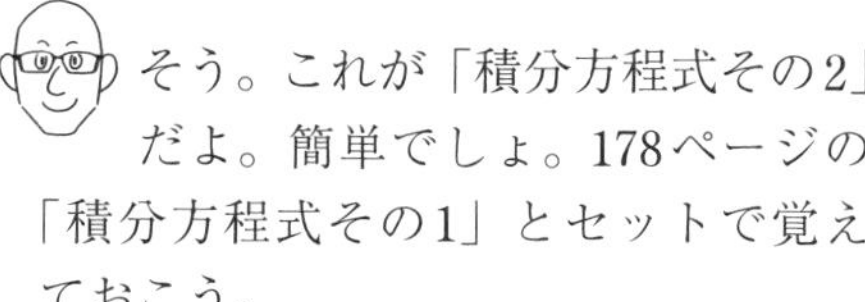

そう。これが「積分方程式その2」だよ。簡単でしょ。178ページの「積分方程式その1」とセットで覚えておこう。

POINT ●積分方程式その2…$\int_a^x f(t)dt$において、①xで微分→②$x=a$代入

実数kは$0<k<2$を満たし、xy平面上の曲線Cを$y=-x^2+4$ $(x \geqq 0)$，直線lを$y=4-k^2$とする。y軸，曲線C，直線lで囲まれる部分の面積をS_1とすると、$S_1=\frac{\square}{\square}k^{\square}$となる。

2015 東洋大

イマイチ解答

$C : y=-x^2+4$ $(x \geqq 0)$
$l : y=4-k^2$ $(0<k<2)$
$0<k<2$よりCとlは第1象限に交点をもつ。

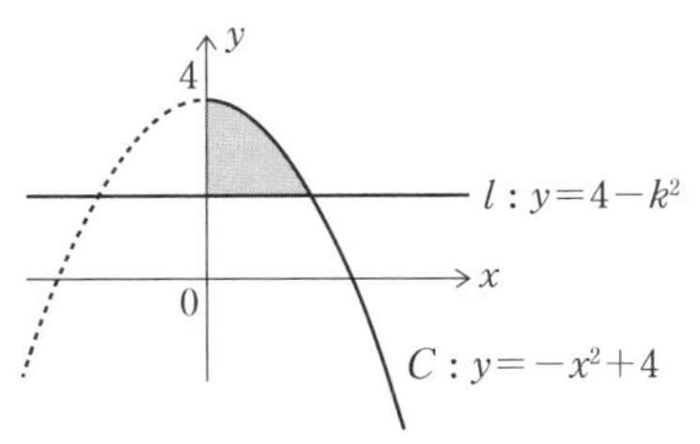

2式を連立して、 ←「交点」は「連立」する！

$-x^2+4=4-k^2$

$x^2=k^2$

第1象限の交点のxはk

よって求める面積S_1は、

$$S_1=\int_0^k (4-k^2+x^2-4)dx$$
$$=\int_0^k (x^2-k^2)dx$$
$$=\left[\frac{1}{3}x^3-k^2x\right]_0^k$$
$$=\frac{1}{3}k^3-k^3$$
$$=-\frac{2}{3}k^3$$

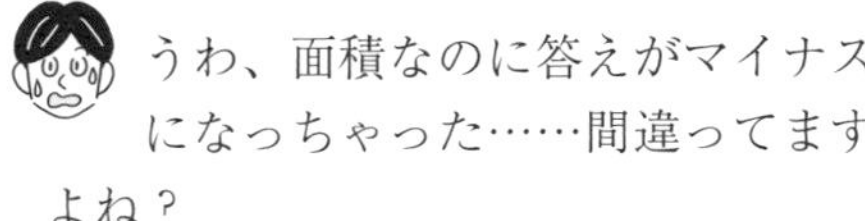

うわ、面積なのに答えがマイナスになっちゃった……間違ってますよね？

うん、そうだね。どこで間違ってしまったかわかるかな？　面積を求める公式を確認しようか。

覚えて！

面積の求め方

$a \leqq x \leqq b$において、

$f(x)$と$g(x)$で囲まれた部分の面積は

$$S=\int_a^b \{f(x)-g(x)\}dx$$

ただし、$a \leqq x \leqq b$において$f(x) \geqq g(x)$

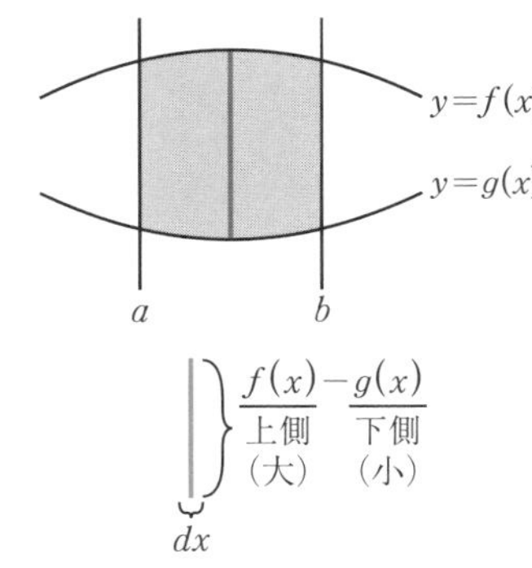

$f(x)-g(x)$
上側（大）　下側（小）
dx

この細長い長方形の面積を求めてみよう。

$\{f(x)-g(x)\} \times dx$
縦　横

だよね。これを$\int$（インテグラル）でaからbまで集めていくと、面積Sが求められるっていうイメージだね。

そっかぁ。長方形の面積は縦×横だから、縦を出すには(上側)−(下側)を計算する。それを積分計算していくんですね。

そういうこと。間違えて(下側)−(上側)としないように。それを積分計算すると、面積なのに答えがマイナスの数になってしまうんだ。じゃあ、少し練習してみようか！

例　$y=x^2$, $x=2$, x軸で囲まれた部分の面積Sは□

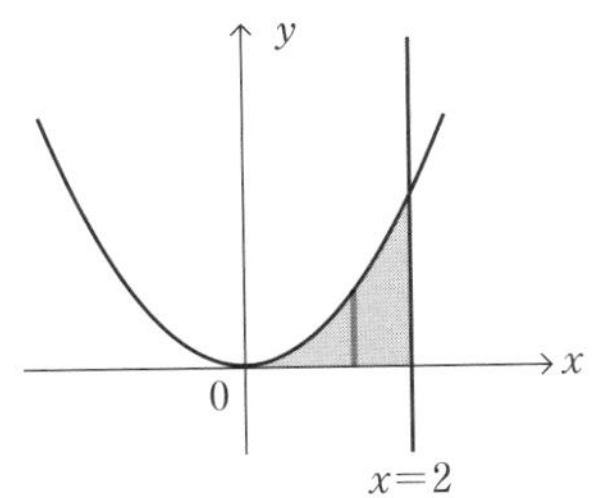

x軸は$y=0$のこと。

$\underbrace{\ }_{dx}$ $\underset{上}{x^2}-\underset{下}{0}=x^2$

よって求める面積Sは、

$$S=\int_0^2 x^2dx$$

$$=\left[\frac{1}{3}x^3\right]_0^2$$

$$=\underline{\frac{8}{3}}$$

ピカイチ解答

C：$y=-x^2+4$　$(x\geqq 0)$

l：$y=4-k^2$　$(0<k<2)$

$0<k<2$よりCとlは

第1象限に交点をもつ。

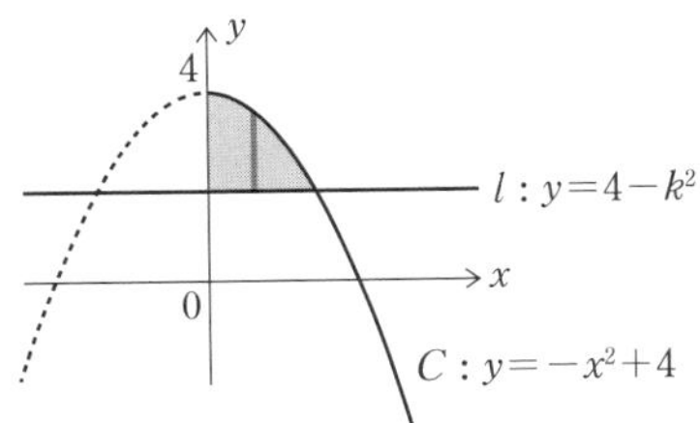

2式を連立して、 ←「交点」は「連立」する！

$-x^2+4=4-k^2$

$x^2=k^2$

第1象限の交点のxはk

よって求める面積S_1は、

$\underbrace{\ }_{dx}$ $\underset{上}{(-x^2+4)}-\underset{下}{(4-k^2)}$

$$S_1=\int_0^k\{\underset{上側}{(-x^2+4)}-\underset{下側}{(4-k^2)}\}dx$$

$$=\int_0^k(-x^2+k^2)dx$$

$$=\left[-\frac{1}{3}x^3+k^2x\right]_0^k$$

$$=-\frac{1}{3}k^3+k^3$$

$$=\underline{\frac{2}{3}k^3}$$

POINT　●面積の式は、$\displaystyle\int_a^b\{\underset{上側}{f(x)}-\underset{下側}{g(x)}\}dx$

放物線 $y=4-x^2$ を C とし、直線 $y=m(x+2)$ $(0<m<4)$ を l とする。C と l で囲まれた図形の面積 S は $\dfrac{(\square-m)^{\square}}{6}$ である。

2020 日本大

イマイチ解答

C と l を連立して、

$4-x^2=m(x+2)$

$x^2+mx+2m-4=0$

$x^2+mx+2(m-2)=0$

$\begin{matrix}1 & & 2 & \to & 2\\ 1 & \times & m-2 & \to & \underline{m-2}\\ & & & & m\end{matrix}$

$(x+2)(x+m-2)=0$

$\therefore x=-2,\ 2-m$

$0<m<4$ より $-2<2-m$

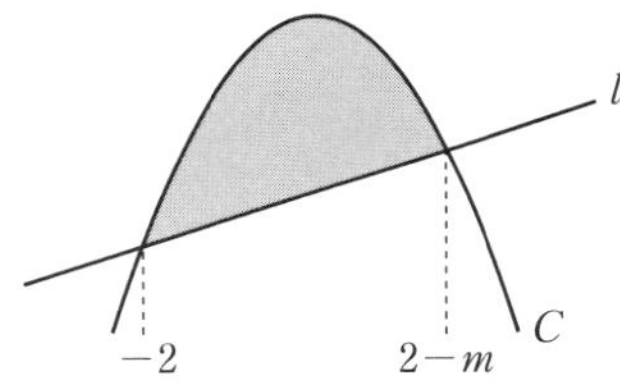

C, l で囲まれた図形の面積 S は、

$S=\displaystyle\int_{-2}^{2-m}(4-x^2-mx-2m)dx$

↓ マイナスを前に出したうえで降べきの順に整理する

$=\ominus\displaystyle\int_{-2}^{2-m}(x^2+mx+2m-4)dx$

$=-\left[\dfrac{1}{3}x^3+\dfrac{m}{2}x^2+(2m-4)x\right]_{-2}^{2-m}$

$=-\dfrac{1}{3}\{\underbrace{(2-m)^3}_{\text{上端}}-\underbrace{(-2)^3}_{\text{下端}}\}$

$-\dfrac{m}{2}\{\underbrace{(2-m)^2}_{\text{上端}}-\underbrace{(-2)^2}_{\text{下端}}\}$

$-(2m-4)\{\underbrace{2-m}_{\text{上端}}-\underbrace{(-2)}_{\text{下端}}\}$

$=-\dfrac{1}{3}(8-12m+6m^2-m^3+8)$

$-\dfrac{m}{2}(4-4m+m^2-4)$

$-(2m-4)(4-m)$

$=\dfrac{1}{3}m^3-2m^2+4m-\dfrac{16}{3}-\dfrac{1}{2}m^3$

$+2m^2-8m+2m^2+16-4m$

$=-\dfrac{1}{6}m^3+2m^2-8m+\dfrac{32}{3}$ 　$\dfrac{1}{6}$でくくる

$=\dfrac{1}{6}(-m^3+12m^2-48m+64)$

$=\dfrac{1}{6}\{(-m)^3+3\cdot4(-m)^2$

$+3\cdot4^2\cdot(-m)+4^3\}$

$=\dfrac{1}{6}(4-m)^3$

ハイできた！　解答欄の形にも合うしいい感じ！

いいね！　でも、もっと向上していってほしいから、ここで覚えてほしいのが「$\dfrac{1}{6}$公式」だ！

あ〜、ありましたね〜。

そう、ほとんどの受験生が知っているであろう公式だよね。ただ、**正しく公式を使える人は非常に少ないのが現実。入試ではメチャクチャ頻出！**　さ、やるよ！

$\dfrac{1}{6}$公式 　覚えて！

$$\int_{\alpha}^{\beta}(x-\alpha)(x-\beta)dx=-\frac{1}{6}(\beta-\alpha)^3$$

使用上の注意は次の2つだ。

ウワ、なんか薬みたい（笑）

①$(x-\alpha)(x-\beta)=0$の解α, βが積分区間と一緒になっていることをチェック！
②$1\times(x-\alpha)(x-\beta)$のように、$x^2$の係数が1じゃないと使えない。

例 次の定積分の値を求めよ。

(1) $\displaystyle\int_{-1}^{2}(x^2-x-2)dx$

(2) $\displaystyle\int_{1-\sqrt{3}}^{1+\sqrt{3}}(x^2-2x-2)dx$

(3) $\displaystyle\int_{-\frac{1}{2}}^{1}(2x^2-x-1)dx$

(1) $\displaystyle\int_{-1}^{2}(x^2-x-2)dx$

$\displaystyle=\int_{-1}^{2}(x-2)(x+1)dx$

①$(x-2)(x+1)=0$の解-1と2が積分区間と一緒
②x^2の係数が1　だから、$\frac{1}{6}$公式が使える！

$\displaystyle=-\frac{1}{6}\{2-(-1)\}^3$

$\displaystyle=-\frac{1}{6}\cdot 3^3$

$\displaystyle=\underline{-\frac{9}{2}}$

(2) $\displaystyle\int_{1-\sqrt{3}}^{1+\sqrt{3}}(x^2-2x-2)dx$

$x^2-2x-2=0$の解は$1\pm\sqrt{3}$になっているかなあ？　確認してみますね。

解の公式より

$$x=\frac{1\pm\sqrt{1-(-2)}}{1}=1\pm\sqrt{3}$$

なってるね。その上で、①解が$1\pm\sqrt{3}$で積分区間と一緒、②x^2の係数が1だから、$\frac{1}{6}$公式が使えるぞ！

$\displaystyle\int_{1-\sqrt{3}}^{1+\sqrt{3}}\{x-(1+\sqrt{3})\}\{x-(1-\sqrt{3})\}dx$

$\displaystyle=-\frac{1}{6}\{(1+\sqrt{3})-(1-\sqrt{3})\}^3$

$\displaystyle=-\frac{1}{6}(2\sqrt{3})^3$

$\displaystyle=-\frac{1}{6}\cdot 8\cdot 3\sqrt{3}$

$=\underline{-4\sqrt{3}}$

大学入試において**積分区間が共役な数（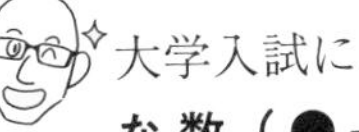●$+\sqrt{▲}$と●$-\sqrt{▲}$）になっているときは、「$\frac{1}{6}$公式」が使えると判断してOK**だよ。

(3) $\displaystyle\int_{-\frac{1}{2}}^{1}(2x^2-x-1)dx$

これも$2x^2-x-1=0$を解いて解が$-\frac{1}{2}, 1$になっているか、確認しよう。

1 ╳ −1 → −2
2 ╳ 1 → 1
　　　　−1

$\displaystyle\int_{-\frac{1}{2}}^{1}(x-1)(2x+1)dx$

①解が$-\frac{1}{2}$と1で積分区間と一緒
②x^2の係数が2

x^2の係数が1になっていませんよ？

x^2の係数を1にするために、x^2の係数（今回は②）でくくってあげるんだ。これが超ポイント！

$$=②\int_{-\frac{1}{2}}^{1}(x-1)\left(x+\frac{1}{2}\right)dx$$

$$=2\left(-\frac{1}{6}\right)\left\{1-\left(-\frac{1}{2}\right)\right\}^3$$

$$=\left(-\frac{1}{3}\right)\left(\frac{3}{2}\right)^3$$

$$=-\frac{9}{8}$$

$\frac{1}{6}$公式が使いこなせないと、積分という単元はできるようにならないと思うよ。とっても大事だからもう1回まとめるよ。

$\frac{1}{6}$公式 覚えて！

$$\int_{\alpha}^{\beta}(x-\alpha)(x-\beta)dx=-\frac{1}{6}(\beta-\alpha)^3$$

①$(x-\alpha)(x-\beta)=0$の解α,βが積分区間と一緒になっていることをチェック！
②$1\times(x-\alpha)(x-\beta)$のように、$x^2$の係数が1じゃないと使えない。

ピカイチ解答

$C：y=4-x^2$
$l：y=m(x+2)\ (0<m<4)$

Cとlを連立して、

$4-x^2=m(x+2)$
$x^2+mx+2m-4=0$ …★
$x^2+mx+2(m-2)=0$
$(x+2)(x+m-2)=0$
$\therefore x=-2,\ 2-m$
$0<m<4$より $-2<2-m$

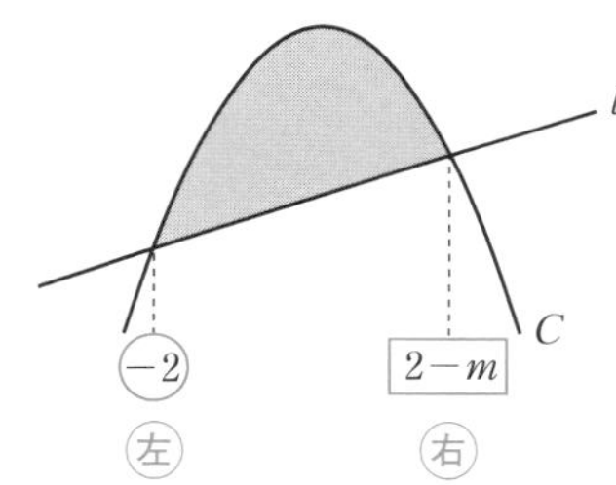

連立した方程式の解-2と$2-m$が面積を求める式の積分区間になるから、**$\frac{1}{6}$公式**が使えるんだ！

C,lで囲まれた図形の面積Sは、

$$S=\int_{-2}^{2-m}\{\underbrace{(4-x^2)}_{\text{上側}}-\underbrace{(mx+2m)}_{\text{下側}}\}dx$$

$$=-\int_{-2}^{2-m}(x^2+mx+2m-4)dx$$

$$=-\int_{-2}^{2-m}(x+2)(x+m-2)dx$$

①解が-2と$2-m$で積分区間と一緒
②x^2の係数が1

$$=-\left(-\frac{1}{6}\right)(2-m+2)^3$$

$=\dfrac{1}{6}(4-m)^3$

おお、速い！　さっきは$(4-m)^3$をつくるのが大変だったけど、$\dfrac{1}{6}$公式で煩雑な計算をせずに済みますね……！

実はもっと速くできる方法があって……**面積公式**だよ。

面積公式①　覚えて！

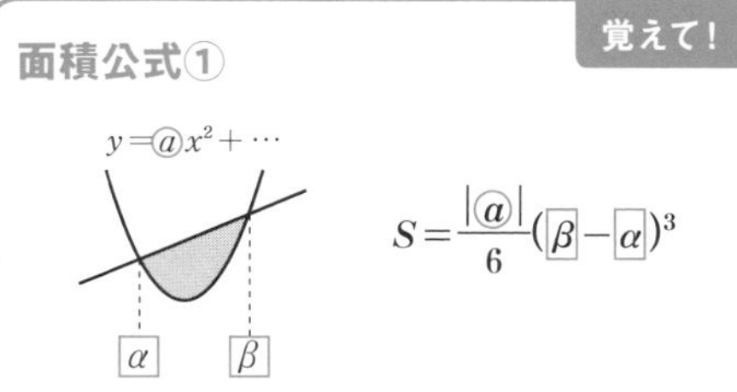

$$S=\frac{|ⓐ|}{6}(\boxed{\beta}-\boxed{\alpha})^3$$

放物線の方程式のx^2の係数aと直線の交点のx座標αとβですぐに面積が出せるんだ。これを使って解くと……。

$$S=\frac{|1|}{6}\{(2-m)-(-2)\}^3$$

$$=\frac{1}{6}(4-m)^3$$

い、い、一瞬で終わりましたね……。

ただ、実際の試験で記述の答案では書かないほうがいいよ。答えの確かめとして使ってほしい。

「$\dfrac{1}{6}$公式」→記述で使ってOK。

「面積公式」→記述では使わない。

ってことですね。

そうだね。答えのみ問われているという設定で、1つだけ問題にチャレンジしておこう。

例　$y=x^2$, $y=x+1$で囲まれた図形の面積Sは□

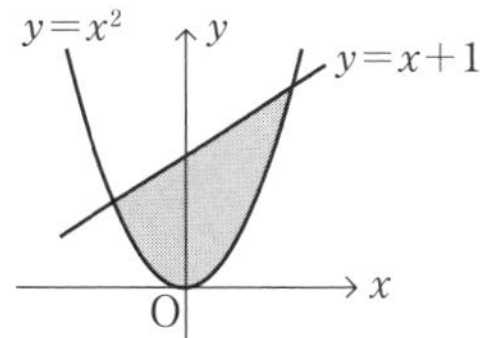

2式を連立して、

$x^2=x+1$

$x^2-x-1=0$

解の公式より

$$x=\frac{-(-1)\pm\sqrt{(-1)^2-4\cdot1\cdot(-1)}}{2\cdot1}$$

$$=\frac{1\pm\sqrt{5}}{2}$$

面積公式①を使って求める面積Sは

$$S=\frac{|1|}{6}\left(\frac{1+\sqrt{5}}{2}-\frac{1-\sqrt{5}}{2}\right)^3$$

$$=\frac{1}{6}\left(\frac{2\sqrt{5}}{2}\right)^3$$

$$=\frac{1}{6}\cdot5\sqrt{5}=\frac{5}{6}\sqrt{5}$$

POINT　●$\dfrac{1}{6}$公式と面積公式①を使いこなそう！

xy平面上に2つの曲線C_1：$y=\frac{5}{3}x^2+2x-27$とC_2：$y=-\frac{4}{3}x^2-4x+18$がある。曲線C_1とC_2で囲まれた部分の面積は□である。

2017 聖マリアンナ医科大

イマイチ解答

C_1, C_2を連立して、

$$\frac{5}{3}x^2+2x-27=-\frac{4}{3}x^2-4x+18$$
$$5x^2+6x-81=-4x^2-12x+54$$
$$9x^2+18x-135=0$$
$$x^2+2x-15=0$$

両辺を÷9

$$(x+5)(x-3)=0$$
$$\therefore x=-5, 3$$

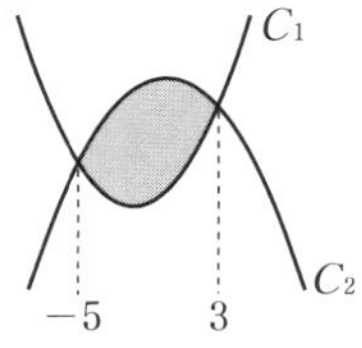

C_1, C_2で囲まれた部分の面積は、

$$\int_{-5}^{3}\left(-\frac{4}{3}x^2-4x+18-\frac{5}{3}x^2-2x+27\right)dx$$
$$=\int_{-5}^{3}(-3x^2-6x+45)dx$$
$$=\int_{-5}^{3}(x-3)(x+5)dx$$
$$=-\frac{1}{6}(3+5)^3$$
$$=-\frac{256}{3}$$

面積なのにマイナスかあ。前にもこんなことがあったような……。ちゃんと$\int$(上側－下側)dxで式を立てたのになあ…。

$\frac{1}{6}$公式についてもう一度まとめるよ。よ～く読むんだ！

$\frac{1}{6}$公式　覚えて！

$$\int_{\alpha}^{\beta}(x-\alpha)(x-\beta)dx=-\frac{1}{6}(\beta-\alpha)^3$$

①$(x-\alpha)(x-\beta)=0$の解α, βが積分区間と一緒になっていることをチェック！

②$1\times(x-\alpha)(x-\beta)$のように、$x^2$の係数が1じゃないと使えない。

あ！　$-3x^2-6x+45$ってx^2の係数が−3なのに、「$\frac{1}{6}$公式」を使っちゃってました……！

そうです。ちゃんとミスに気付けたのが立派だよ。もう一度だけおさらいしておこう。

例 次の定積分の値を求めよ。

$$\int_{-\frac{1}{2}}^{3}(2x^2-5x-3)dx$$

$2x^2-5x-3=0$の解が$-\frac{1}{2}$，3になっているか確認！

1	−3	→	−6
2	1	→	1
			−5

$$\int_{-\frac{1}{2}}^{3}(2x^2-5x-3)dx$$
$$=\int_{-\frac{1}{2}}^{3}(x-3)(2x+1)dx$$

2でくくる

$$=2\int_{-\frac{1}{2}}^{3}(x-3)\left(x+\frac{1}{2}\right)dx$$

$$=2\left(-\frac{1}{6}\right)\left(3+\frac{1}{2}\right)^3$$

$$=-\frac{1}{3}\left(\frac{7}{2}\right)^3$$

$$=-\frac{1}{3}\cdot\frac{343}{8}=-\frac{343}{24}$$

ピカイチ解答

C_1, C_2 を連立して、

$$\frac{5}{3}x^2+2x-27=-\frac{4}{3}x^2-4x+18$$

$$5x^2+6x-81=-4x^2-12x+54$$ （両辺に×3）

$$9x^2+18x-135=0$$

$$x^2+2x-15=0$$ （両辺を÷9）

$$(x+5)(x-3)=0$$

$$\therefore x=-5,\ 3$$

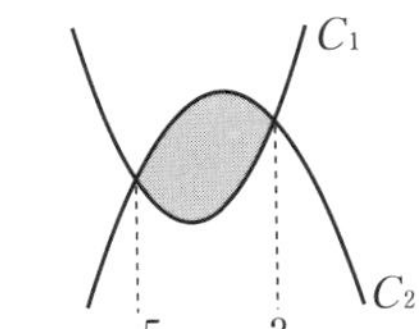

C_1, C_2 で囲まれた部分の面積は、

$$\int_{-5}^{3}\Bigl(\underbrace{-\frac{4}{3}x^2-4x+18}_{\text{上側}}\Bigr)-\Bigl(\underbrace{\frac{5}{3}x^2+2x-27}_{\text{下側}}\Bigr)dx$$

$$=\int_{-5}^{3}(-3x^2-6x+45)dx$$ （x^2 の係数を1にするために−3でくくる）

$$=-3\int_{-5}^{3}(x-3)(x+5)dx$$

$$=-3\left(-\frac{1}{6}\right)(3+5)^3$$ （$\frac{1}{6}$公式）

$$=\frac{1}{2}\cdot 8\cdot 8\cdot 8$$

$$=256$$

しっかりと失敗したから、もう$\frac{1}{6}$**公式**は大丈夫なはずです！

よし！　そしたら最後、これも**面積公式**があるよ。

面積公式②　覚えて！

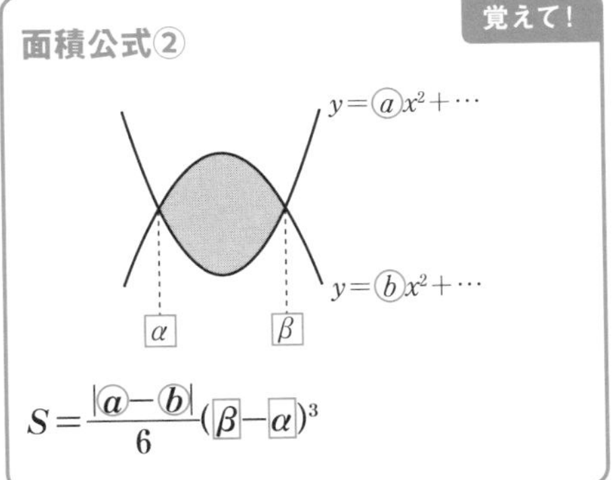

$$S=\frac{|ⓐ-ⓑ|}{6}(\beta-\alpha)^3$$

C_1, C_2 で囲まれた部分の面積は

$$\frac{\left|\frac{5}{3}-\left(-\frac{4}{3}\right)\right|}{6}\{3-(-5)\}^3$$

$$=\frac{3}{6}\cdot 8\cdot 8\cdot 8=256$$

さっきの「面積公式①」と今回の「面積公式②」。これらを使わないと制限時間内に解けないんじゃないかと思ってしまう問題が、毎年多くの大学で出題されているから、しっかりマスターしよう！

POINT　● $\frac{1}{6}$公式と面積公式②を使いこなそう！

83

初項170、公差-3の等差数列の初項から第n項までの和をS_nとする。S_nの値が最大となるのは$n=$□のときである。

2020 京都産業大

イマイチ解答

初項$a_1=170$、公差$d=-3$の等差数列$\{a_n\}$なので、

$$a_n=a_1+(n-1)d$$
$$=170-3(n-1)$$
$$=170-3n+3$$
$$=-3n+173$$

$$S_n=\frac{1}{2}(a_1+a_n)n$$
$$=\frac{1}{2}(170-3n+173)n$$
$$=\frac{1}{2}n(343-3n)$$
$$=-\frac{3}{2}n^2+\frac{343}{2}n$$
$$=-\frac{3}{2}\left(n^2-\frac{343}{3}n\right)$$
$$=-\frac{3}{2}\left\{\left(n-\frac{343}{6}\right)^2-\frac{343^2}{6^2}\right\}$$
$$=-\frac{3}{2}\left(n-\frac{343}{6}\right)^2+\frac{343^2}{2\cdot 12}$$

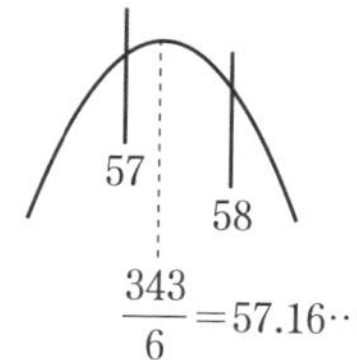

nは整数だから軸$\dfrac{343}{6}=57.16\cdots$に近い整数は57　よって$n=57$

いよいよ「数列」ですね。先生、この解法はどうですか？

答えは合ってるよ！　ただ「数列」という単元であることを踏まえたときに、あまりよくない解法だなあ。まずは**「等差数列」の一般項と和の公式**を確認しよう。

> **等差数列**　覚えて！
>
> 初項a_1, 公差dの等差数列$\{a_n\}$について
>
> $a_n=\underset{\text{初項}}{a_1}+(n-1)\underset{\text{公差}}{d}$
>
> $S_n=a_1+a_2+\cdots+a_n$
>
> $=\frac{1}{2}(\underset{\text{初項}}{a_1}+\underset{\text{末項}}{a_n})\underset{\text{項数}}{n}$

これが公式。ただ、この「数列」という単元は、**公式の丸暗記だけでは入試問題は対応できないんだ。**

え、そ、そうなんですか!?　じゃあ、どうすればいいんですか？

数列の問題を解く上でいちばん大事なことは**「特徴をつかめ！」**ってことなんだよね。**どういう数列なのか「特徴」をつかんでイメージしてみてほしい。**
今回なら、初項170、公差-3のとき、和S_nはどうなっていくかな？

和っていうのはどんどん足していくことだから、和S_nは増加し続

けていくと思います。

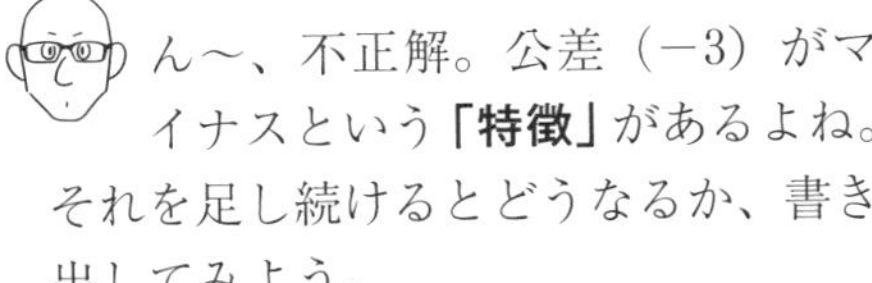

ん～、不正解。公差（−3）がマイナスという**「特徴」**があるよね。それを足し続けるとどうなるか、書き出してみよう。

a_1　a_2　a_3　…
170、167、164…
（−3、−3）
（−30）
a_{11} … a_{21} … a_{31} … a_{41} … a_{51} … a_{61} … a_{71}
140、110、80、50、20、−10、−40
（−30、−30、−30、−30、−30、−30）

なぜa_{11}がa_1-30になるかわかるかな？

$a_{11}=a_1+10d$ だから
$a_{11}=a_1+10\cdot(-3)=a_1-30$
$a_{21}=a_{11}+10d$ だから
$a_{21}=a_{11}+10\cdot(-3)=a_{11}-30$

こうやって書き出した数字を足していくと……。

$S_1<S_2<S_3<S_{11}<S_{21}<S_{31}<S_{41}<S_{51}$
$>S_{61}>S_{71}$

$a_{61}=-10$で負だから$S_{51}>S_{61}$ですね。この後も$S_{51}>S_{61}>S_{71}>\cdots$というふうに減少していっています。

そう。書き出していくとわかりやすいよね。じゃあS_nが最大となるのはいつだと思う？

a_nが負になる直前の最後の数を足したとき！

そう！　だから一般項a_nを求めて、$a_n \geqq 0$の不等式を解いていくよ。

ピカイチ解答

初項$a_1=170$、公差$d=-3$の等差数列$\{a_n\}$なので、

$$
\begin{aligned}
a_n &= a_1+(n-1)d\\
&=170-3(n-1)\\
&=170-3n+3\\
&=-3n+173
\end{aligned}
$$

$\{a_n\}$は公差が−3なので単調に減少する数列だから、和S_nが最大となるのは$a_n \geqq 0$を満たす最大のnまでの和である。

$$-3n+173 \geqq 0$$
$$3n \leqq 173$$
$$n \leqq \frac{173}{3}=57.\cdots$$

よって求めるnは$n=57$

最初に私が解いたときのように「等差数列の和の公式」を使わずにできるんですね。

そうだよ。こうやって「特徴」をつかんで書き出して、「どんな数列か？」をイメージすると、簡単な解法が見つかるぞ！

POINT
- **その数列の「特徴」をつかもう！**
- **書き出して、どんな数列なのかイメージしよう！**

84 公比が正の等比数列がある。初項と第2項の和が$\frac{16}{7}$であり、初項から第6項までの和が19であるとき、この等比数列の初項は□であり、公比は□である。

2015 福岡大

イマイチ解答

$S_2=\frac{16}{7}$ より、

$$\frac{a_1(r^2-1)}{r-1}=\frac{16}{7}$$

$$\frac{a_1(r+1)(r-1)}{r-1}=\frac{16}{7}$$

$$a_1(r+1)=\frac{16}{7} \quad \cdots①$$

$$S_6=19$$

$$\frac{a_1(r^6-1)}{r-1}=19 \quad \cdots②$$

これってどうやって連立するんでしたっけ……？

等比数列の和の公式は上手に使えているけど、その後がなあ……。上の①、②の式だと連立方程式は解きづらいよね。じゃあまずは基本の復習から。

等比数列 覚えて！

初項a_1, 公比rの等比数列$\{a_n\}$について

$$a_n=a_1\cdot r^{n-1}$$

（a_1：初項、r：公比、$n-1$：項数－1）

$$S_n=\begin{cases}\dfrac{a_1(r^n-1)}{r-1} & (r>1)\\ \dfrac{a_1(1-r^n)}{1-r} & (r<1)\\ na_1 & (r=1)\end{cases}$$

（n：項数）

$r>1$のときは$S_n=\frac{a_1(r^n-1)}{r-1}$、$r<1$のときは$S_n=\frac{a_1(1-r^n)}{1-r}$を使うと計算しやすいよ。

例

(1) 初項3、公比2の等比数列の一般項a_nと初項から第n項までの和S_nを求めよ。

$$a_n=\underline{3\cdot 2^{n-1}} \quad \leftarrow a_n=a_1r^{n-1}$$

$$S_n=\frac{3(2^n-1)}{2-1} \quad \leftarrow \frac{a_1(r^n-1)}{r-1}$$

$$=\underline{3(2^n-1)}$$

(2) 初項-3, 公比$\frac{1}{2}$の等比数列の一般項a_nと第5項から第10項までの和Sを求めよ。

$$\underline{a_n=-3\left(\frac{1}{2}\right)^{n-1}} \quad \leftarrow a_n=a_1\cdot r^{n-1}$$

第5項から第10項までの和Sは、

$$a_5+a_6+a_7+a_8+a_9+a_{10}$$

（初項 a_5、6項）

であり、初項はa_5、項数は6なのでまず、a_5を出しておきますね。

$$a_5=-3\left(\frac{1}{2}\right)^4$$

$$= -\boxed{\frac{3}{16}}$$

項数

$$S = \frac{-\boxed{\frac{3}{16}}\left\{1-\left(\frac{1}{2}\right)^{⑥}\right\}}{1-\frac{1}{2}} \longleftarrow \frac{a_5(1-r^6)}{1-r}$$

$\frac{1}{2}$

$$= -\frac{3}{\cancel{16}_8}\cdot ②\left(1-\frac{1}{64}\right)$$

$$= -\frac{3}{8}\cdot\frac{63}{64}$$

$$= -\frac{189}{512}$$

ピカイチ解答

$S_2 = \frac{16}{7}$ より、

$$\frac{a_1(r^2-1)}{r-1} = \frac{16}{7} \quad \cdots ①$$

$S_6 = 19$ より、

$$\frac{a_1(r^6-1)}{r-1} = 19 \quad \cdots ②$$

ポイントはここから。
「等比数列の連立→割って文字消去」と覚えよう！「代入法」で連立方程式が解けちゃうときもあるけど、汎用性に欠けるんだ。

逆数をとってかけ算にする

② $\boxed{\div ①}$ より

$$\frac{\cancel{a_1}(r^6-1)}{\cancel{r-1}}\cdot\boxed{\frac{\cancel{r-1}}{\cancel{a_1}(r^2-1)}} = 19\boxed{\times\frac{7}{16}}$$

②÷①とすることで a_1 と $r-1$ が消去できた！

因数分解 $a^3-b^3=(a-b)(a^2+b^2+ab)$

$$\frac{\boxed{r^6-1}}{r^2-1} = \frac{133}{16}$$

$$\frac{\boxed{(\cancel{r^2-1})(r^4+r^2+1)}}{\cancel{r^2-1}} = \frac{133}{16}$$

$$r^4+r^2+1 = \frac{133}{16}$$

両辺に×16

$$16r^4+16r^2+16 = 133$$

$$16r^4+16r^2-117 = 0$$

4 ╲╱ −9 → −36
4 ╱╲ 13 → 52
16

$$(4r^2-9)(4r^2+13) = 0$$

$r^2>0$ より $r^2 = \frac{9}{4}$

$r>0$ より $r = \frac{3}{2}$

問題文に書いてある！

①に代入して、

$$\frac{a_1\left(\frac{9}{4}-1\right)}{\frac{3}{2}-1} = \frac{16}{7}$$

$$\frac{\frac{5}{4}a_1}{\frac{1}{2}} = \frac{16}{7}$$

両辺に×$\frac{1}{2}$

$$\frac{5}{4}a_1 = \frac{8}{7}$$

$$\therefore a_1 = \frac{8}{7}\cdot\frac{4}{5}$$

$$= \frac{32}{35}$$

POINT ● 等比数列の連立方程式が出てきたら、「割って文字消去」！

数列$1\cdot3, 3\cdot5, 5\cdot7, 7\cdot9, \cdots$の初項から第$n$項までの和は、$\dfrac{n(\square n^2+\square n-\square)}{\square}$である。

2020 湘南工科大

イマイチ解答

$1\cdot3, 3\cdot5, 5\cdot7, 7\cdot9, \cdots$ の 第n項 は
$(2n-1)(2n+1)$
よって求める和は、

$$1\cdot3+3\cdot5+\cdots+(2n-1)(2n+1)$$
$$=\sum_{k=1}^{n}(2k-1)(2k+1)$$
$$=\sum_{k=1}^{n}(4k^2-1)$$
$$=4\sum_{k=1}^{n}k^2-\sum_{k=1}^{n}1$$
$$=4\cdot\frac{1}{6}n(n+1)(2n+1)-n$$
$$=\frac{2}{3}(2n^3+3n^2+n)-n$$
$$=\frac{4}{3}n^3+2n^2+\frac{2}{3}n-n$$
$$=\frac{4}{3}n^3+2n^2-\frac{1}{3}n$$
$$=\frac{1}{3}n(4n^2+6n-1)$$

答えは正解だけど……。Σの公式を当てはめたあと、展開してるね。

あ、はい、展開してました。

それだと時間がかかるし、Σの計算って今回のように、積の形で答えさせることが習慣になってるから、**因数分解**していこう！
じゃあまずは**Σの意味と公式**をしっかり確認しておこう。

Σの意味と公式　覚えて！

▼kに$1, 2, \cdots n$を入れてその和
$$\sum_{k=1}^{n}k=1+2+\cdots+n=\frac{1}{2}n(n+1)$$

▼kに$1, 2, \cdots n-1$を入れてその和
$$\sum_{k=1}^{n-1}k=1+2+\cdots+(n-1)=\frac{1}{2}n(n-1)$$

▼kに$1, 2, \cdots n$を入れてその和
$$\sum_{k=1}^{n}k^2=1^2+2^2+\cdots+n^2$$
$$=\frac{1}{6}n(n+1)(2n+1)$$

▼kに$1, 2, \cdots n-1$を入れてその和
$$\sum_{k=1}^{n-1}k^2=1^2+2^2+\cdots+(n-1)^2$$
$$=\frac{1}{6}n(n-1)(2n-1)$$

▼kに$1, 2, \cdots n$を入れてその和
$$\sum_{k=1}^{n}k^3=1^3+2^3+\cdots+n^3=\left\{\frac{1}{2}n(n+1)\right\}^2$$

▼kに$1, 2, \cdots n-1$を入れてその和
$$\sum_{k=1}^{n-1}k^3=1^3+2^3+\cdots+(n-1)^3$$
$$=\left\{\frac{1}{2}n(n-1)\right\}^2$$

▼kに$1, 2, \cdots n$を入れてその和　だけど、kがないからcをn個足す
$$\sum_{k=1}^{n}c=c+\cdots+c=cn\ （c：定数）$$

▼kに$1, 2, \cdots n-1$を入れてその和　だけど、kがないからcを$n-1$個足す
$$\sum_{k=1}^{n-1}c=c+\cdots+c=c(n-1)\ （c：定数）$$

$\sum_{k=1}^{n-1} k$ は $\sum_{k=1}^{n} k=\frac{1}{2}n(n+1)$ の n に $n-1$ を代入すればいいだけだよ。でも200ページで「階差数列」の勉強をするんだけど、そこで $\sum_{k=1}^{n-1}$ を使った計算をするから $\sum_{k=1}^{n} k$ だけでなく $\sum_{k=1}^{n-1}$ も覚えよう。
じゃあちょっと練習しとこうか。

例 次の和を求めなさい。

(1) $\sum_{k=1}^{n}(k^2+k)$

(2) $\sum_{k=1}^{n-1}(k+2)^2$

(1) $\sum_{k=1}^{n}(k^2+k)$

$=\sum_{k=1}^{n}k^2+\sum_{k=1}^{n}k$ （Σの公式）

$=\frac{1}{6}n(n+1)(2n+1)+\boxed{\frac{1}{2}}n(n+1)$ （$\frac{3}{6}$）

$=\frac{1}{6}n(n+1)\{(2n+1)+3\}$ （$\frac{1}{6}n(n+1)$ でくくる（因数分解））

$=\frac{1}{6}n(n+1)(2n+4)$ （$2(n+2)$）

$=\underline{\frac{1}{3}n(n+1)(n+2)}$

(2) $\sum_{k=1}^{n-1}(k+2)^2$ （展開）

$=\sum_{k=1}^{n-1}(k^2+4k+4)$

$=\sum_{k=1}^{n-1}k^2+4\sum_{k=1}^{n-1}k+\sum_{k=1}^{n-1}4$ （Σの公式）

$=\frac{1}{6}n(n-1)(2n-1)$

$+4\cdot\frac{1}{2}n(n-1)+4(n-1)$ （$\frac{1}{6}(n-1)$ でくくる（因数分解））

$=\frac{1}{6}(n-1)\{n(2n-1)+12n+24\}$

$=\frac{1}{6}(n-1)(2n^2-n+12n+24)$

$=\underline{\frac{1}{6}(n-1)(2n^2+11n+24)}$

ピカイチ解答

$1\cdot3,\ 3\cdot5,\ 5\cdot7,\ 7\cdot9,\ \cdots$ の 第 n 項 は $(2n-1)(2n+1)$
よって求める和は、
$1\cdot3+3\cdot5+\cdots+(2n-1)(2n+1)$

$=\sum_{k=1}^{n}(2k-1)(2k+1)$ （展開公式 $(a+b)(a-b)=a^2-b^2$）

$=\sum_{k=1}^{n}(4k^2-1)$

$=4\sum_{k=1}^{n}k^2-\sum_{k=1}^{n}1$ （Σの公式）

$=4\cdot\frac{1}{6}n(n+1)(2n+1)-n$ （$\frac{1}{3}n$ でくくる（因数分解））

$=\frac{1}{3}n\{2(n+1)(2n+1)-3\}$

$=\frac{1}{3}n(4n^2+6n+2-3)$

$=\frac{1}{3}n(4n^2+6n-1)$

POINT
- Σの意味と公式を覚えよう！
- Σ計算は、公式をあてはめたら因数分解！

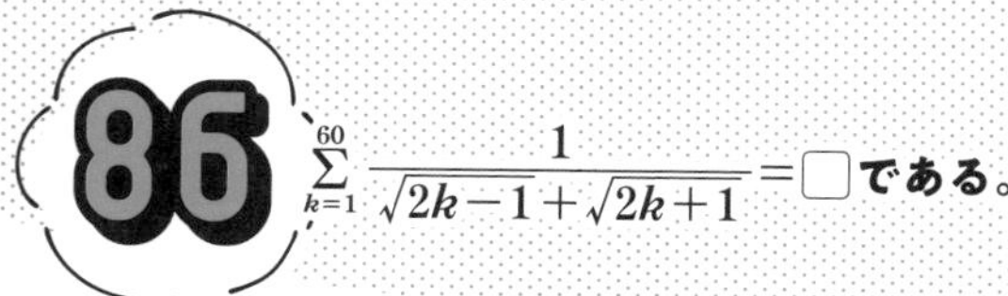

86 $\displaystyle\sum_{k=1}^{60}\frac{1}{\sqrt{2k-1}+\sqrt{2k+1}}=\square$である。

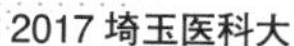
2017 埼玉医科大

イマイチ解答

$$\sum_{k=1}^{60}\frac{1}{\sqrt{2k-1}+\sqrt{2k+1}}$$

$$=\sum_{k=1}^{60}\frac{1}{\sqrt{2k-1}+\sqrt{2k+1}}\cdot\frac{\sqrt{2k-1}-\sqrt{2k+1}}{\sqrt{2k-1}-\sqrt{2k+1}}$$

$$=\sum_{k=1}^{60}\frac{\sqrt{2k-1}-\sqrt{2k+1}}{(2k-1)-(2k+1)}$$

$$=-\frac{1}{2}\sum_{k=1}^{60}(\sqrt{2k-1}-\sqrt{2k+1})$$

$$=-\frac{1}{2}\left(\sqrt{2\cdot\frac{1}{2}\cdot60\cdot61-60}-\sqrt{2\cdot\frac{1}{2}\cdot60\cdot61+60}\right)$$

はい、ストップ！

$$\sum_{k=1}^{n}\sqrt{k}=\sqrt{\frac{1}{2}n(n+1)}$$

としてはいけないよ。

あ、やっぱりそうなんですね。

次の計算の仕方を丸ごと覚えてほしい！

分数のΣの計算 覚えて！

部分分数に分解する！

① $\displaystyle\frac{1}{小\cdot大}=\frac{1}{a}\left(\frac{1}{小}-\frac{1}{大}\right)$

② $\displaystyle\frac{1}{小\cdot中\cdot大}=\frac{1}{a}\left(\frac{1}{小\cdot中}-\frac{1}{中\cdot大}\right)$

aは定数で、通分して見つける！

例 次の和を求めよ。

(1) $\displaystyle\sum_{k=1}^{n}\frac{1}{k(k+2)}$

$$\frac{1}{k(k+2)}=\frac{1}{\boxed{a}}\left(\frac{1}{k}-\frac{1}{k+2}\right)$$

（小 大 → 小 大）aの値を見つける！

$\displaystyle\frac{1}{k}-\frac{1}{k+2}$を通分すると、

$$\frac{(k+2)-k}{k(k+2)}=\frac{2}{k(k+2)}$$

となるから$a=2$。

$\displaystyle\frac{1}{k(k+2)}=\frac{1}{2}\left(\frac{1}{k}-\frac{1}{k+2}\right)$ですね。

そう。このようにして通分してaを見つけていくんだ。この変形を**「部分分数に分解する」**と言うよ。

部分分数に分解

$$\sum_{k=1}^{n}\frac{1}{k(k+2)}=\sum_{k=1}^{n}\frac{1}{2}\left(\frac{1}{k}-\frac{1}{k+2}\right)$$

$$=\frac{1}{2}\left(\sum_{k=1}^{n}\frac{1}{k}-\sum_{k=1}^{n}\frac{1}{k+2}\right)$$

kに1, 2, …nを入れてその和

$$=\frac{1}{2}\left\{\left(\frac{1}{1}+\frac{1}{2}+\frac{1}{3}+\cdots+\frac{1}{n}\right)-\left(\frac{1}{3}+\cdots+\frac{1}{n}+\frac{1}{n+1}+\frac{1}{n+2}\right)\right\}$$

同じ数字を縦にそろえて書くと、引き算だから消える！

$$=\frac{1}{2}\left(\frac{3}{2}-\frac{1}{n+1}-\frac{1}{n+2}\right)$$

$$=\frac{1}{2}\cdot\frac{3(n+1)(n+2)-2(n+2)-2(n+1)}{2(n+1)(n+2)}$$

$$=\frac{3n^2+9n+6-2n-4-2n-2}{4(n+1)(n+2)}$$

$$=\frac{3n^2+5n}{4(n+1)(n+2)}=\frac{n(3n+5)}{4(n+1)(n+2)}$$

(2) $\displaystyle\sum_{k=1}^{n}\frac{1}{k(k+1)(k+2)}$

$$\frac{1}{k(k+1)(k+2)}$$
小　中　大

$$=\frac{1}{a}\left\{\frac{1}{k(k+1)}-\frac{1}{(k+1)(k+2)}\right\}$$
小　中　　中　大

aの値を見つける！

$$\frac{1}{k(k+1)}-\frac{1}{(k+1)(k+2)}$$
$$=\frac{(k+2)-k}{k(k+1)(k+2)}$$
$$=\frac{2}{k(k+1)(k+2)}$$ となるから

$$\frac{1}{k(k+1)(k+2)}$$
$$=\frac{1}{2}\left\{\frac{1}{k(k+1)}-\frac{1}{(k+1)(k+2)}\right\}$$
と分解できるんだよ。

たしかに、
$$\frac{1}{\text{小}\cdot\text{中}\cdot\text{大}}=\frac{1}{a}\left(\frac{1}{\text{小}\cdot\text{中}}-\frac{1}{\text{中}\cdot\text{大}}\right)$$
の形になってますね。

$$\sum_{k=1}^{n}\frac{1}{k(k+1)(k+2)}$$
小　中　大

部分分数に分解

$$=\sum_{k=1}^{n}\frac{1}{2}\left\{\frac{1}{k(k+1)}-\frac{1}{(k+1)(k+2)}\right\}$$
小　中　　中　大

$$=\frac{1}{2}\left\{\sum_{k=1}^{n}\frac{1}{k(k+1)}-\sum_{k=1}^{n}\frac{1}{(k+1)(k+2)}\right\}$$
小　中　　中　大

kに1，2，…nを入れてその和

$$=\frac{1}{2}\left\{\left(\frac{1}{1\cdot2}+\frac{1}{2\cdot3}+\frac{1}{3\cdot4}+\cdots+\frac{1}{n(n+1)}\right)-\left(\frac{1}{2\cdot3}+\frac{1}{3\cdot4}+\cdots+\frac{1}{n(n+1)}+\frac{1}{(n+1)(n+2)}\right)\right\}$$

同じ数字を縦にそろえて書くと、引き算だから消える！

$$=\frac{1}{2}\left\{\frac{1}{2}-\frac{1}{(n+1)(n+2)}\right\}$$
$$=\frac{1}{2}\cdot\frac{(n+1)(n+2)-2}{2(n+1)(n+2)}$$
$$=\frac{n^2+3n+2-2}{4(n+1)(n+2)}=\frac{n(n+3)}{4(n+1)(n+2)}$$

ピカイチ解答

今回の問題は、$\sqrt{\ }$が入っているからまず有理化。その後、Σの計算。kに1から60までマジで代入するよ。

$$\sum_{k=1}^{60}\frac{1}{\sqrt{2k-1}+\sqrt{2k+1}}$$

有理化

$$=\sum_{k=1}^{60}\frac{1}{\sqrt{2k-1}+\sqrt{2k+1}}\cdot\frac{\sqrt{2k-1}-\sqrt{2k+1}}{\sqrt{2k-1}-\sqrt{2k+1}}$$
$$=\sum_{k=1}^{60}\frac{\sqrt{2k-1}-\sqrt{2k+1}}{(2k-1)-(2k+1)}$$
$$=-\frac{1}{2}\left(\sum_{k=1}^{60}\sqrt{2k-1}-\sum_{k=1}^{60}\sqrt{2k+1}\right)$$
$$=-\frac{1}{2}\{(\sqrt{1}+\sqrt{3}+\sqrt{5}+\cdots+\sqrt{119})-(\sqrt{3}+\sqrt{5}+\cdots+\sqrt{119}+\sqrt{121})\}$$

同じ数字を縦にそろえて書くと、引き算だから消える！

$$=-\frac{1}{2}(\sqrt{1}-\sqrt{121})$$
$$=-\frac{1}{2}(1-11)=5$$

POINT

- **分数のΣは、部分分数に分解する！**
- **$\sqrt{\ }$が入っているΣは、有理化する！**

87 iを虚数単位とするとき、$\displaystyle\sum_{k=1}^{2017}\left(\frac{1-i}{\sqrt{2}}\right)^{2k}$の値を求めよ。

2017 早稲田大

イマイチ解答

初項$\left(\dfrac{1-i}{\sqrt{2}}\right)^2$、公比$\left(\dfrac{1-i}{\sqrt{2}}\right)^2$の等比数列の初項から第2017項までの和を表しているので、求める和は、

$$\frac{\left(\frac{1-i}{\sqrt{2}}\right)^2\left[1-\left\{\left(\frac{1-i}{\sqrt{2}}\right)^2\right\}^{2017}\right]}{1-\left(\frac{1-i}{\sqrt{2}}\right)^2}$$

ヒエ～、泣いてもいいですか？
等比数列の和の公式の中に虚数iが入ってくるなんて見たことないです……。

ね、これはちょっとヤバイね。一気にやろうと思わないで。1つずつ片づけるといいよ。

$\left(\dfrac{1-i}{\sqrt{2}}\right)^{2k}=\left\{\left(\dfrac{1-i}{\sqrt{2}}\right)^2\right\}^k$だから、まずは$\left(\dfrac{1-i}{\sqrt{2}}\right)^2$を計算しよう。虚数については大丈夫だよね。

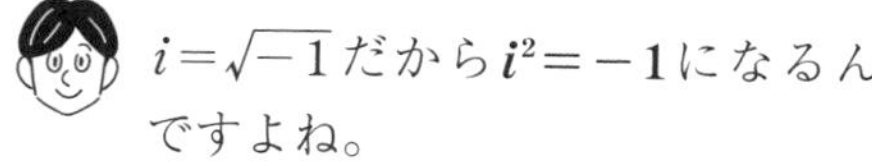

$i=\sqrt{-1}$だから$i^2=-1$になるんですよね。

そうそう。今回はこの$i^2=-1$を早めに処理していくことがポイントになるよ！

ピカイチ解答

$$\sum_{k=1}^{2017}\left(\frac{1-i}{\sqrt{2}}\right)^{2k}=\sum_{k=1}^{2017}\left\{\boxed{\left(\frac{1-i}{\sqrt{2}}\right)^2}\right\}^k$$

先にここを計算する！

$$\left(\frac{1-i}{\sqrt{2}}\right)^2=\frac{1-2i+\overset{-1}{\boxed{i^2}}}{2}=\frac{-2i}{2}=-i$$

よって求める和は、

$$\sum_{k=1}^{2017}(-i)^k=\frac{-i\{1-\boxed{(-i)^{2017}}\}}{1-(-i)}$$

次にここを計算する！

ここで、

$$\begin{aligned}\boxed{(-i)^{2017}}&=\overset{-1}{(-1)^{2017}}\cdot i^{2017}\\&=(-1)\cdot i^{2\times1008+1}\\&=-(i^2)^{1008}\cdot i\\&=-1\cdot i\\&=\boxed{-i}\end{aligned}$$

よって求める和は、

$$\frac{-i\{1-(-i)\}}{1-(-i)}=-i$$

1つの式の中で一気にやろうとせず、取り出しながら片づけていけばいいんですね。

困ったら「分解」していこう！

POINT ● 困ったら分解して、1つずつ計算していく！

次の和を求めよ。 $4+7\cdot4+10\cdot4^2+\cdots+(3n+1)\cdot4^{n-1}$

2017 早稲田大

イマイチ解答

$S=4+7\cdot4+10\cdot4^2+\cdots$
$+(3n+1)\cdot4^{n-1}$

$S=4+28+160+\cdots+(3n+1)\cdot4^{n-1}$
$=\sum_{k=1}^{n}(3k+1)\cdot4^{k-1}$

どうしよう……。

これはね、経験していないと解けない問題だな〜。

数列の問題は**「特徴をつかめ」！** 問題をよく見ると、$3n+1$は等差数列、4^{n-1}は等比数列だよ。

（等差数列）×（等比数列）のΣの形になっているわけですよね。

そしたら、まずは求める和をSとおく。Sが等差数列と等比数列の積のΣの形になっているとき、**等比数列の公比rをSにかけてそれをSから引くよ。**

> **覚えて！**
>
> 等差数列×等比数列のΣ
>
> $S=$ 〰〰〰
>
> $-)\ rS=$ 〰〰〰
>
> $(1-r)S=$ 〰〰〰

ピカイチ解答

$S=4\cdot4^0+7\cdot4+10\cdot4^2\cdots$
$+(3n+1)\cdot4^{n-1}$ とおく。

$4, 7, 10, \cdots, 3n+1$ は等差数列
$4^0, 4^1, 4^2, \cdots 4^{n-1}$ は等比数列
等比数列の公比（今回は4）をSにかける。

$S=4\cdot4^0+7\cdot4^1+10\cdot4^2+\cdots+(3n+1)\cdot4^{n-1}$

×4　×4　…　×4　×4

$4S=\quad 4\cdot4^1+7\cdot4^2+\cdots+(3n-2)\cdot4^{n-1}$
$+(3n+1)\cdot4^n$

$-)$

$-3S=4+\boxed{3\cdot4^1+3\cdot4^2+\cdots+3\cdot4^{n-1}}$
$-(3n+1)\cdot4^n$

3でくくると、初項4^1、公比4の等比数列の和になっている

$-3S=4+\boxed{3(4^1+4^2+\cdots+4^{n-1})}$
$-(3n+1)\cdot4^n$

$=4+3\cdot\boxed{\dfrac{4(4^{n-1}-1)}{4-1}}$
$-(3n+1)\cdot4^n$

$=4+4(4^{n-1}-1)$
$-(3n+1)\cdot4^n$

$=4+4^n-4-(3n+1)\cdot4^n$

$=-3n\cdot4^n$ ← これを-3で割る

$\therefore S=n\cdot4^n$

POINT ●等差数列×等比数列のΣ**の計算方法を覚えよう！**

下図のように正の整数を順に並べる。n 行目の左端の数を n の式で表せ。

1
2　3
4　5　6
7　8　9　10
⋮　⋮　⋮　⋮

2020 昭和薬科大

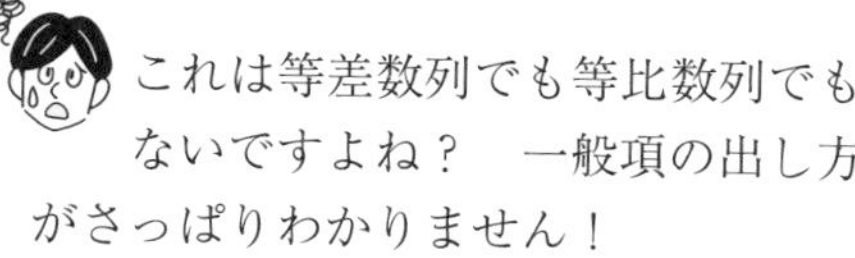

n 行目の左端の数を $\{a_n\}$ とする。
$\{a_n\}$ 1, 2, 4, 7, …

これは等差数列でも等比数列でもないですよね？　一般項の出し方がさっぱりわかりません！

そんなこと言わずに。**差をとった数列「階差数列」**を考えてみよう。公式は覚えているかな？

$\{a_n\}a_1,\ a_2,\ a_3,\ a_4,\ \cdots,\ a_n,\ a_{n+1}$

$b_1,\ b_2,\ b_3,\ \cdots b_{n-1},\ b_n$

階差数列の一般項 $b_n = a_{n+1} - a_n$、と覚えておこう！

$a_2, a_3 \cdots a_n$ を階差数列 $\{b_n\}$ を用いて表してみる。

$a_2 = a_1 + b_1$

$a_3 = a_1 + b_1 + b_2$

$a_4 = a_1 + b_1 + b_2 + b_3$

⋮

$a_n = a_1 + b_1 + b_2 + \cdots + b_{n-1}$

$= a_1 + \sum_{k=1}^{n-1} b_k$

これが公式になるよ。

覚えて！

階差数列 $b_n \to a_n$

$n \geqq 2$ のとき

$$a_n = a_1 + \sum_{k=1}^{n-1} b_k$$

$$= a_1 + \sum_{k=1}^{n-1} (a_{k+1} - a_k)$$

※ $n=1$ のときに成り立つかチェックする！

a_1 は階差数列 $\{b_n\}$ を使っては表現できないよね。だから**この公式は n が 2 以上のときにしか使えないよ。**

だから、この公式で出てきた答えが $n=1$ のときに成り立つかどうか、チェックが必要なんですね。

その通り。じゃあ、やってみよう！

ピカイチ解答

n行目の左端の数を$\{a_n\}$とする。
$\{a_n\}$の階差数列を$\{b_n\}$とする。

$\{a_n\}$1, 2, 4, 7, 11…

$\{b_n\}$ 1 2 3 4…

$\{b_n\}$の一般項は$b_n=n$
$n\geqq 2$のとき

$$a_n=a_1+\sum_{k=1}^{n-1}b_k$$ ←階差数列$b_n\to a_n$の公式

$$=1+\sum_{k=1}^{n-1}k$$ Σの公式

$$=1+\frac{1}{2}n(n-1)$$

$$=\frac{1}{2}n^2-\frac{1}{2}n+1$$

これは$n=1$のときも成り立つ

出てきた答えに$n=1$を代入すると$a_1=\frac{1}{2}-\frac{1}{2}+1=1$となり、これは問題文にある$a_1=1$と一致するね。だから$n=1$のときも成り立つよ。

階差数列、わかってきました。194ページの「Σの意味と公式」で、$\sum_{k=1}^{n}$ **だけでなく** $\sum_{k=1}^{n-1}$ **も覚えよう**と言っていたのは、今回の「階差数列」を使って一般項を求める公式の中で$\sum_{k=1}^{n-1}$が出てくるからですね。

おお、そうそう、その通りだよ！$n\geqq 2$のとき「$a_n=a_1+\sum_{k=1}^{n-1}b_k$」と覚えていても、Σの計算ができないってことがないようにしていきましょう。

Σの計算、大事ですね……！

あともう1問、やってみようか。

例 次の数列$\{a_n\}$の一般項a_nを求めよ。

$\{a_n\}$5, 7, 11, 19, 35…

$\{a_n\}$が等差数列でも等比数列でもないことを確認する。

$\{a_n\}$の階差数列を$\{b_n\}$とする。

$\{a_n\}$5, 7, 11, 19, 35…

$\{b_n\}$ 2 4 8 16 …

初項$b_1=2$、公比$r=2$の等比数列

階差数列が等差数列ではなく等比数列になることもあるんですね！

$\{b_n\}$の一般項b_nは

$b_n=2\cdot 2^{n-1}$ ←$b_1\cdot r^{n-1}$

$=2^n$

$n\geqq 2$のとき

$$a_n=a_1+\sum_{k=1}^{n-1}b_k$$ ←階差数列$b_n\to a_n$の公式

$$=5+\sum_{k=1}^{n-1}2^k$$ 項数

$$=5+\frac{2(2^{n-1}-1)}{2-1}$$ ←$\frac{a_1(r^n-1)}{r-1}$

$$=5+2(2^{n-1}-1)$$

$$=5+2^n-2$$

$=2^n+3$ $n=1$のときも成り立つ

POINT ●階差数列から一般項を求められるようにしよう！

数列$\{a_n\}$の初項から第n項までの和S_nが$S_n=6n^2-2n$ $(n=1, 2, 3\cdots)$で表されるとする。このとき$a_1=\square$, $a_2=\square$である。一般項a_nは$a_n=\square n-\square$となる。

2017 法政大

イマイチ解答

$S_n=6n^2-2n$ $\cdots$①

①に$n=1$を代入して、

$S_1=6-2$

$\therefore a_1=4$

①に$n=2$を代入して、

$\underset{a_1+a_2}{\underline{S_2}}=24-4$

$a_1+a_2=20$

$4+a_2=20$

$\therefore a_2=16$

こんなところから一般項a_nって出せませんよね……。

ん〜、これも実は公式があるよ。

覚えて！

和$S_n \to a_n$

$n \geqq 2$のとき

$a_n=S_n-S_{n-1}$

※$n=1$のときに成り立つかチェックする！

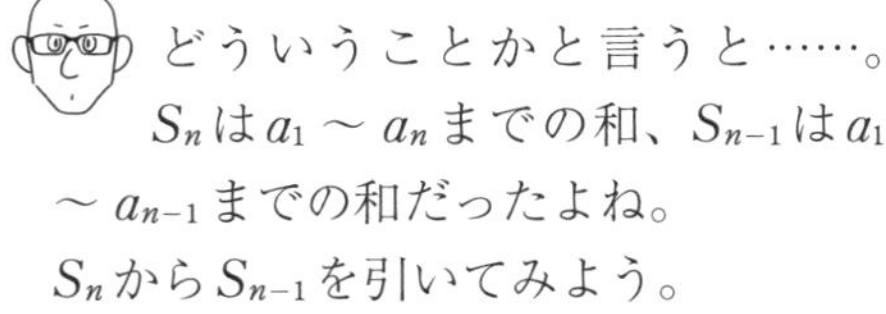

どういうことかと言うと……。S_nはa_1〜a_nまでの和、S_{n-1}はa_1〜a_{n-1}までの和だったよね。S_nからS_{n-1}を引いてみよう。

$$\begin{array}{rl} S_n= & a_1+a_2+\cdots+a_{n-1}+a_n \\ -)\ S_{n-1}= & a_1+a_2+\cdots+a_{n-1} \\ \hline S_n-S_{n-1}= & \qquad\qquad\qquad\qquad a_n \end{array}$$

あ、$a_n=S_n-S_{n-1}$が出てきましたね。

そうそう。そして、$n=1$のとき$a_1=S_1-S_0$でS_0なんて存在しないのでNG。この公式が使えるのは$n \geqq 2$のときだけで、$n=1$のとき、成り立つかどうか確認が必要なんだよ。ためしに1問、Let's challenge!

例 数列$\{a_n\}$の初項から第n項までの和S_nが$S_n=n^2+n$ $(n=1, 2, 3\cdots)$で表されるとするとき、一般項a_nを求めよ。

$n \geqq 2$のとき

$a_n=S_n-S_{n-1}$ ← 和$S_n \to a_n$の公式

$$=\underbrace{n^2+n}_{S_n}-\underbrace{\{(n-1)^2+(n-1)\}}_{S_{n-1}\ (S_n=n^2+n\text{の}n\text{に}n-1\text{を代入})}$$

先生、ここは展開しちゃっていいですか？

いや、展開してももちろん正しい答えは出るんだけれど、この場合は**「同じ次数でまとめて、因数分解」**してごらん！

$$=\underline{n^2-(n-1)^2}+n-(n-1)$$

分配法則

$a^2-b^2=(a+b)(a-b)$を用いて因数分解

$$=(\underline{n+n-1)(\cancel{n}-\cancel{n}+1})+\cancel{n}-\cancel{n}+1$$

$=(2n-1)+1$

$=\underline{2n}$

$n=1$のとき

$S_1=1+1=2$

$a_1=2\cdot 1=2$

よって一致する

ピカイチ解答

$\boldsymbol{S_n=6n^2-2n}$

$n\geqq 2$のとき

$\boldsymbol{a_n=S_n-S_{n-1}}$ ← 和$S_n\to a_n$の公式

S_n　　S_{n-1}（$S_n=6n^2-2n$のnに$n-1$を代入）

$=6n^2-2n-\{6(n-1)^2-2(n-1)\}$

$=6\{n^2-(n-1)^2\}-2\{n-(n-1)\}$ 　同じ次数でまとめる。

因数分解 $a^2-b^2=(a+b)(a-b)$

$=6\{n+(n-1)\}\{n-(n-1)\}-2\cdot 1$

$=6(2n-1)\cdot 1-2$

$=12n-6-2$

$=\underline{12n-8}$

$n=1$のときも成り立つ。

出てきた答えに$n=1$を代入すると、$a_1=12\cdot 1-8=4$。これは問題文S_nに$n=1$を代入した$S_1=6\cdot 1-2\cdot 1=4$と一致するね。だから、$n=1$のときも成り立つ、というわけだ。

1つ前の問題の、階差数列b_nから一般項a_nを求める公式も、$n=1$のときのチェックが必要でしたね。

そうだね。**これらの2つの公式（階差数列$b_n\to a_n$と和$S_n\to a_n$）をセットで覚えよう。**
これらの2つの公式は受験勉強を始めた頃は意外と（？）忘れている生徒が多い。というか、**公式があること自体忘れてたり……。**

（私のことだ……）

でも、入試では頻出だ！　漸化式を解く問題でも大活躍の2つだから、よく反復練習していこう。

POINT ●**和から一般項を求められるようにしよう！**

次の条件によって定められる数列$\{a_n\}$の一般項を求めよ。
$a_1=3,\ a_{n+1}=4a_n+3\ (n=1, 2, 3\cdots)$

2020 中央大

イマイチ解答

$a_1=3$
$a_{n+1}=4a_n+3$
$x=4x+3$

いや〜、「ざんかしき」チョット忘れちゃいましたね〜。

はい、**「ぜんかしき」**ね。
読み方も解き方も忘れちゃってるね（笑）
じゃあしっかりやっていくよ。まず**「漸化式」というのは、第n項a_nと第$n+1$項a_{n+1}との間の関係式のこと**をいいます。漸化式と初項a_1が与えられると、一般項a_nを求めることができて、この一般項を求めることを「漸化式を解く」と言うんだ。

例 次の漸化式を解け。

(1) $a_1=3$
$a_{n+1}=a_n+2\ (n=1, 2, 3\cdots)$

まず書き出してみようか。

$a_{n+1}=a_n+2$ …①に$n=1$を代入
$a_2=a_1+2=3+2=5$
①に$n=2$を代入
$a_3=a_2+2=5+2=7$
①に$n=3$を代入
$a_4=a_3+2=7+2=9$

ということは、

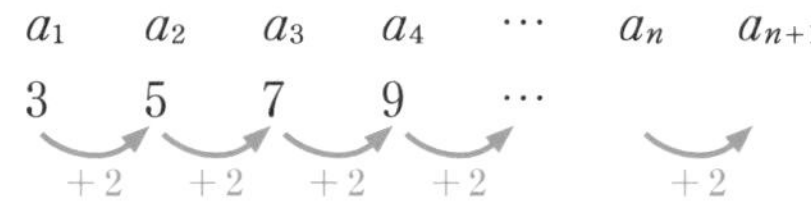

となっているので、$\{a_n\}$は**等差数列**だ！

そう。$a_{n+1}=a_n+2$という漸化式を見た瞬間、**公差2の等差数列**だって言えるようにしよう。(1)を解くと、こんなかんじ。

$a_n=\underset{\text{初項}}{3}+(n-1)\cdot\underset{\text{公差}}{2}$
$=\underline{2n+1}$

> **漸化式の基本パターン①** 覚えて！
> $a_{n+1}=a_n+\alpha\ (n=1, 2, 3\cdots)$
> 公差αの等差数列

(2) $a_1=3$
$a_{n+1}=4a_n\ (n=1, 2, 3\cdots)$

また違う例題を出すよ。こちらも書き出してみようか。

$a_{n+1}=4a_n$ …①に$n=1$を代入
$a_2=4a_1=4\cdot3=12$
①に$n=2$を代入
$a_3=4a_2=4\cdot12=48$
①に$n=3$を代入
$a_4=4a_3=4\cdot48=192$

ということは、

$$\begin{array}{ccccccc} a_1 & a_2 & a_3 & a_4 & \cdots & a_n & a_{n+1} \\ 3 & 12 & 48 & 192 & \cdots & & \end{array}$$

×4　×4　×4　×4　　×4

だから、今度の$\{a_n\}$は**等比数列**だ！

そう。$a_{n+1}=4a_n$という漸化式を見た瞬間、**公比4の等比数列**だって言えるようにしよう。よって、(2)の答えはこんな感じ。

$$a_n=\underline{3\cdot 4^{n-1}}$$

初項×公比

> **覚えて！**
> **漸化式の基本パターン②**
> $a_{n+1}=\alpha a_n$ $(n=1, 2, 3\cdots)$
> 公比αの等比数列

(3) $a_1=1$
$a_{n+1}=a_n+n$ $(n=1, 2, 3\cdots)$

$a_{n+1}-a_n=n$と表すことができるけれども、200ページでやったのを覚えてるかな？　この「$a_{n+1}-a_n$」**は、階差数列の一般項を表す**んだったよね。

> **覚えて！**
> **階差数列 $b_n\to a_n$**
> $n\geqq 2$のとき
> $$a_n=a_1+\sum_{k=1}^{n-1}(a_{k+1}-a_k)$$
> 階差数列の一般項
> ※$n=1$のときに成り立つかチェックする！

じゃあ、この公式を使えばいいだけなので簡単ですね！

$n\geqq 2$のとき

$$\begin{aligned} a_n&=a_1+\sum_{k=1}^{n-1}(a_{k+1}-a_k)\\ &=1+\sum_{k=1}^{n-1}k\\ &=1+\frac{1}{2}n(n-1)\\ &=\underline{\frac{1}{2}n^2-\frac{1}{2}n+1} \end{aligned}$$

Σの公式

これは$n=1$のときも成り立つ

> **覚えて！**
> **漸化式の基本パターン③**
> $a_{n+1}=a_n+(n$**の式**$)$ $(n=1, 2, 3\cdots)$
> (nの式)が$\{a_n\}$の階差数列

(4) $a_1=1$
$a_{n+1}=3a_n-1$ $(n=1, 2, 3\cdots)$

じゃあ、最後の例題だよ。
まず形をよく見てね。
$a_{n+1}=a+\alpha$なら$\{a_n\}$は等差数列。
$a_{n+1}=\alpha a_n$なら$\{a_n\}$は等比数列。
今回の$a_{n+1}=3a_n-1$…①は、等差数列でも等比数列でもないんだよね。

じゃあどうするかというと、**「特性方程式」**を使って解きます。「特性方程式」は、**a_{n+1}とa_nにxを代入した方程式**のことだ。今回で言うと、

$x=3x-1$　…②
これを解くと
$2x=1$
$\therefore x=\dfrac{1}{2}$

となるね。この解を、①－②のように引いた式に代入してみよう。

$$
\begin{array}{rll}
 & a_{n+1}=3a_n-1 & \leftarrow ①の式 \\
-) & x=3x-1 & \leftarrow ②の式 \\
\hline
 & a_{n+1}-x=3(a_n-x) & \leftarrow ①-②
\end{array}
$$

$x=\dfrac{1}{2}$を代入 ← 特性方程式の解を代入

$$a_{n+1}-\frac{1}{2}=3\left(a_n-\frac{1}{2}\right)\quad \cdots③$$

③は最初の①の漸化式を式変形したんですね。この後はどうするんですか？

元の数列$\{a_n\}$のすべての項から$\dfrac{1}{2}$を引いた、新しい数列$\left\{a_n-\dfrac{1}{2}\right\}$を考えるよ。

$\{a_n\}$	a_1	a_2	a_3	$\cdots$	a_n
	$\downarrow -\frac{1}{2}$	$\downarrow -\frac{1}{2}$	$\downarrow -\frac{1}{2}$		$\downarrow -\frac{1}{2}$
$\left\{a_n-\frac{1}{2}\right\}$	$a_1-\frac{1}{2}$	$a_2-\frac{1}{2}$	$a_3-\frac{1}{2}$	$\cdots$	$a_n-\frac{1}{2}$

これを見て、$a_{n+1}-\dfrac{1}{2}=3\left(a_n-\dfrac{1}{2}\right)$ …③は何を訴えているか考えてみると……。

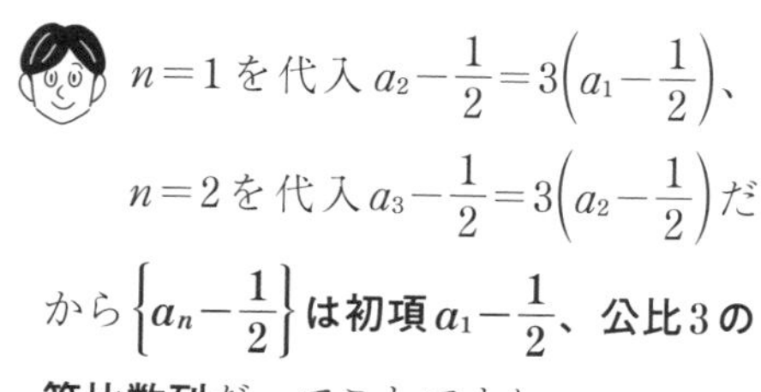

$n=1$を代入$a_2-\dfrac{1}{2}=3\left(a_1-\dfrac{1}{2}\right)$、$n=2$を代入$a_3-\dfrac{1}{2}=3\left(a_2-\dfrac{1}{2}\right)$だから$\left\{a_n-\dfrac{1}{2}\right\}$**は初項**$a_1-\dfrac{1}{2}$**、公比3の等比数列**だってことですね。

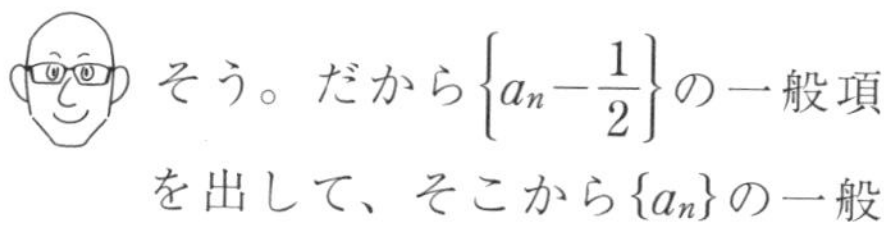

そう。だから$\left\{a_n-\dfrac{1}{2}\right\}$の一般項を出して、そこから$\{a_n\}$の一般項を出していこう。(4)の解答は、こんなかんじ。

$\left\{a_n-\dfrac{1}{2}\right\}$は初項$a_1-\dfrac{1}{2}$、公比3の等比数列なので、

$$a_n-\frac{1}{2}=\left(a_1-\frac{1}{2}\right)\cdot 3^{n-1}$$

$$\therefore a_n=\underline{\frac{1}{2}\cdot 3^{n-1}+\frac{1}{2}}$$

> **漸化式の基本パターン④** 　覚えて！
>
> $a_{n+1}=\alpha a_n+\beta\ (n=1, 2, 3\cdots)$
>
> 特性方程式を使って式変形する

ピカイチ解答

$a_1=3$

$$
\begin{array}{rll}
 & a_{n+1}=4a_n+3 & \leftarrow 基本パターン④ \\
-) & x=4x+3 & \\
\hline
 & a_{n+1}-x=4(a_n-x) &
\end{array}
$$

$x=-1$を代入

$a_{n+1}+1=4(a_n+1)$

$\{a_n+1\}$は初項a_1+1、公比4の等比数列なので、

$$a_n+1=(a_1+1)\cdot 4^{n-1}$$

$$a_n=4\cdot 4^{n-1}-1$$

$$\therefore a_n=\underline{4^n-1}$$

上の点線で囲んだ部分は、答案用紙には書かなくてもOK！

漸化式の基本パターン①～④は基本中の基本なので、しっかり覚えてほしい。頑張って！

ちょっと一息

勉強ってなんのためにする？

勉強って何のためにするのか。
サイン・コサイン、微分・積分……なんでこんなことやらなくちゃいけないんだろう、将来使わないのになぁ、そう思ったことがある人は少なくないはずです。

何のために勉強するのでしょうか。
大学に行くため？
いい会社に入るため？
人それぞれの考えがあっていいと思いますが、私の場合は、人のために勉強するのだと思います。
もっと丁寧に言うと、「自分のためだけでなく、人のため」です。
みなさんは近い将来大学生になります。そして社会人になります。そして仕事をしてお金をもらいます。
まだ仕事をしたことがない人が多いかもしれませんが、人って仕事以外に生きる価値を見出すことはできないと思うのです（あくまで個人的な考えですが）。
仕事をいただいて、人のために会社のために貢献できる、これって素晴らしいことですよね。

仕事（商売）というのは、モノを作る・モノを売る、大きくこの2つに分かれます。
売る相手（人や会社）は、自分より知識がある人・自分より知識がない人に分けることができます。
おそらく、自分より知識がない人にモノを作ったり売ったりは、そこまで苦労しなくても、できるはずです（たとえば私であれば、私より数学の知識がない高校生のみなさんに、数学の授業という商品を提供しています）。
でも、自分より知識がある人にモノを売ったりするのはなかなか難しいです。経験がまだ追いついていないために、その人たちが欲しいモノを想像しきれないからです。
でも、そういった人たちは何を考えているのかをクリアに想像する力、それを養う術の１つが勉強なのではないかと思います。

学校のテストも大学入試問題も、作成するのはみなさんよりも世代が上の人たちです。
価値観が違うのは当然です。
でもそういった人たちを価値観が違うよね、で片づけるのではなく、その人に向けて自分はなんて応えればいいんだろうと考えて、向き合ってほしいです。

大学受験を通して、想像力を磨いていってください。近い将来、社会人になって働きだしたときに、自分のパフォーマンスで誰かを笑顔にさせることができたら、何にも代えがたい幸福を感じることができるでしょう。
そしてそれが生きる価値につながっていきます。自分だけのために勉強していたら長続きしないと思うけど、人のために勉強する、だったら頑張れるんじゃないでしょうか。

POINT
- 漸化式の基本パターン①～④をマスターしよう！
- 式を見た瞬間に基本パターン①～④のどれかがわかるようになろう！

一辺の長さが1の正六角形ABCDEFがある。このとき、内積$\overrightarrow{AC}\cdot\overrightarrow{AD}$を求めよ。

2016 中央大

イマイチ解答

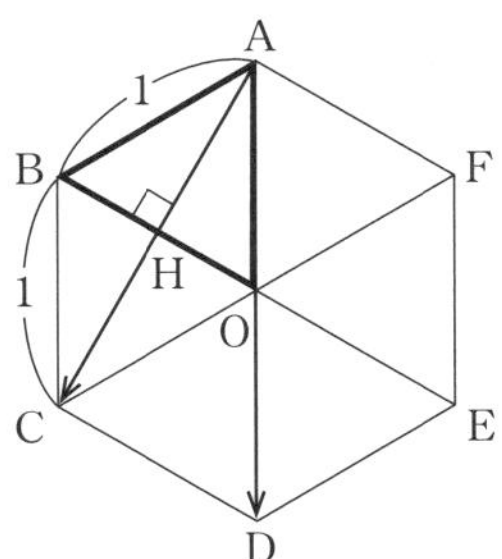

図のように中心をO、線分OBと線分ACの交点をHとおく。

△OABは正三角形で、$\overrightarrow{AH}\perp\overrightarrow{BO}$なので$BH=\dfrac{1}{2}$, $AH=\dfrac{\sqrt{3}}{2}$となる。

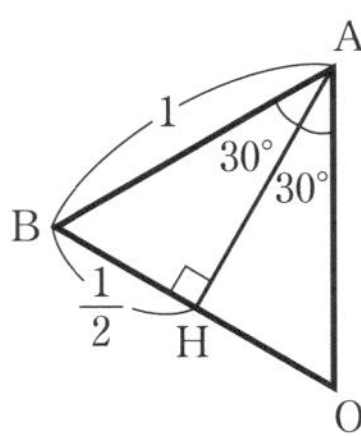

よって、

$AC=2AH=2\cdot\dfrac{\sqrt{3}}{2}=\sqrt{3}$

$AD=2AO=2\cdot1=2$

∠CAD=30°より
求める内積$\overrightarrow{AC}\cdot\overrightarrow{AD}$は、

$$\overrightarrow{AC}\cdot\overrightarrow{AD}=|\overrightarrow{AC}||\overrightarrow{AD}|\sin30^\circ$$
$$=\sqrt{3}\cdot2\cdot\frac{1}{2}$$
$$=\sqrt{3}$$

残念、不正解。正六角形の中に正三角形があることを見抜けたのはOKだけど、**内積の定義式**を間違って覚えてしまっているね。そしたらまずはベクトルの基本からまとめておくよ。

> **覚えて！**
>
> **ベクトルとは**
>
> 向きと大きさで移動を表す。
>
> A, B, 3, 4
>
> AからBまでの移動を$\overrightarrow{AB}$と表し、Aを「始点」、Bを「終点」という。

上の図のように$\overrightarrow{AB}$の成分が(4, 3)のとき、三平方の定理より$|\overrightarrow{AB}|=\sqrt{4^2+3^2}=5$となる。

> **覚えて！**
>
> **ベクトルの大きさ**
>
> **$\overrightarrow{AB}=(x, y)$のとき$|\overrightarrow{AB}|=\sqrt{x^2+y^2}$**

「大きさ」は「三平方の定理」のイメージですね。

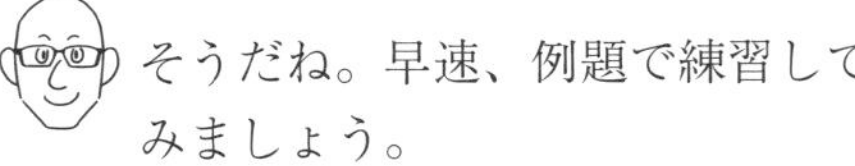

そうだね。早速、例題で練習してみましょう。

例 $\vec{a}=(1, 2)$, $\vec{b}=(-3, 4)$のとき

(1) $2\vec{a}+3\vec{b}$の成分表示を求めよ。

(2) $|2\vec{a}+3\vec{b}|$を求めよ。

分配法則　分配法則

(1) $2\vec{a}+3\vec{b}=2(1,2)+3(-3,4)$
$=(2,4)+(-9,12)$
$=(2-9,4+12)$
x成分同士、y成分同士はそれぞれ足し算
$=\underline{(-7,16)}$

(2) $|2\vec{a}+3\vec{b}|=|(-7,16)|$
$=\sqrt{(-7)^2+16^2}$
(x,y)の大きさは$\sqrt{x^2+y^2}$
「三平方の定理」のイメージ
$=\sqrt{49+256}$
$=\underline{\sqrt{305}}$

よし、どんどんいくよ。「単位ベクトル」って覚えているかい？
大きさが1のベクトルのことだったよね。

覚えて！

単位ベクトル

大きさが1のベクトル
$\vec{a}$と同じ向きの単位ベクトル$\vec{e}$は
$\vec{e}=\dfrac{\vec{a}}{|\vec{a}|}$　大きさで割ればよい

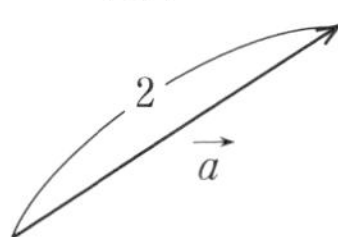

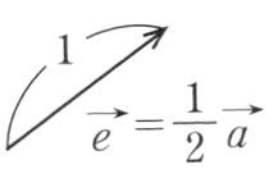

例

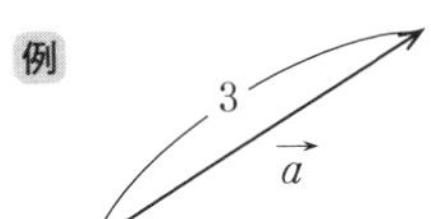

大きさが3のベクトル$\vec{a}$がある。これと同じ向きの単位ベクトル$\vec{e_1}$と逆向きの単位ベクトル$\vec{e_2}$を求めよ。

$|\vec{a}|=3$より

$\vec{e_1}=\underline{\dfrac{1}{3}\vec{a}}$, $\vec{e_2}=\underline{-\dfrac{1}{3}\vec{a}}$

$\vec{a}$　$\vec{e_1}$　$\vec{e_2}$
$\vec{a}$と同じ向き　$\vec{a}$と逆向き

はい、次！　まだまだいくよ。
今、下の図のような平行四辺形ABCDがあったとする。

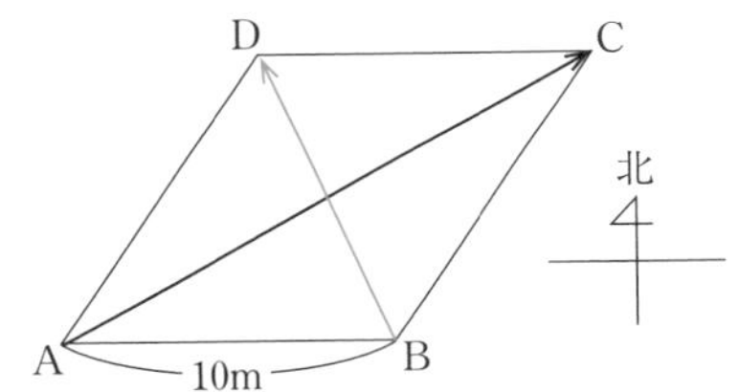

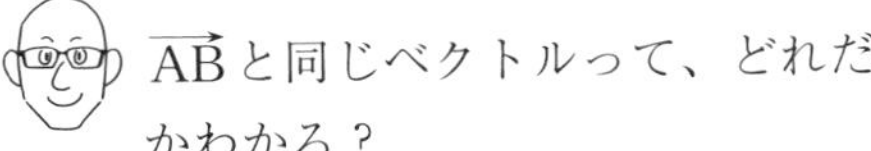

$\overrightarrow{AB}$と同じベクトルって、どれだかわかる？

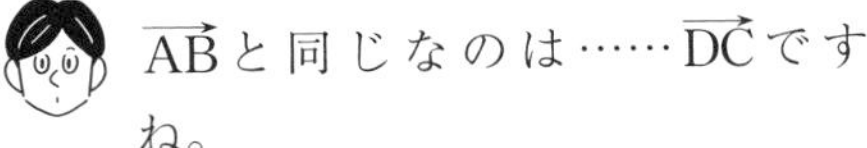

$\overrightarrow{AB}$と同じなのは……$\overrightarrow{DC}$ですね。

そう！　**「向き」と「大きさ」が同じであれば、同じベクトルと言える**んだね。

$$\overrightarrow{AB}=\overrightarrow{DC} \Leftrightarrow \begin{cases} AB /\!/ DC \text{（平行）} \\ AB=DC \end{cases}$$

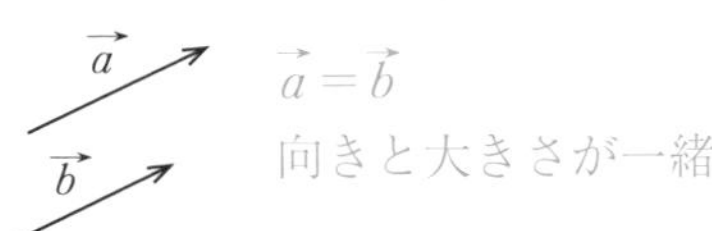

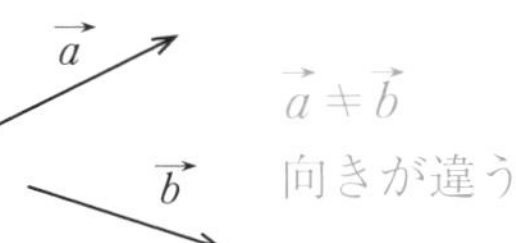

じゃあ次。AからCの移動を考えるとき、AからBへ、そしてBからCへ移動することができるよね。

遠回りするイメージですよね。

> **覚えて！**
>
> **ベクトルの足し算**
>
> $\overrightarrow{AC}=\overrightarrow{AB}+\boxed{\overrightarrow{BC}}$（遠回り可能）
>
> 向きと大きさが一緒
>
> $\overrightarrow{AC}=\overrightarrow{AB}+\boxed{\overrightarrow{AD}}$（2辺の和＝対角線）

ベクトルの足し算は、その2つを2辺とする平行四辺形の対角線になるよ。

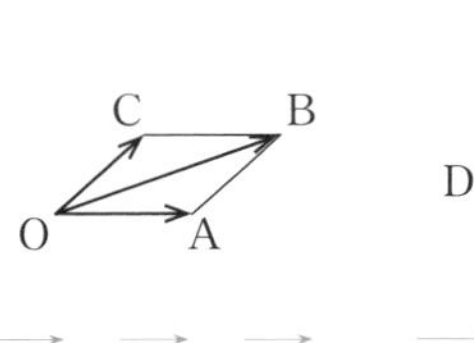

$\overrightarrow{OA}+\overrightarrow{OC}=\overrightarrow{OB}$

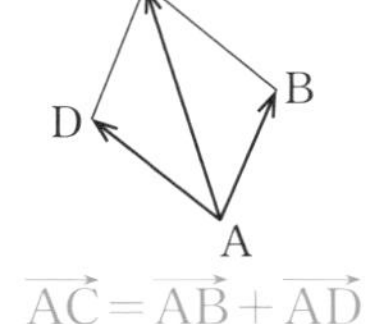

$\overrightarrow{AC}=\overrightarrow{AB}+\overrightarrow{AD}$

また、始点を変えたいときにベクトルの引き算の形に持ち込めばいいんだ。

> **覚えて！**
>
> **ベクトルの引き算**
>
> $\overrightarrow{前後}=\overrightarrow{□後}+\overrightarrow{□前}$
>
> 始点はそろっていれば何でもよい

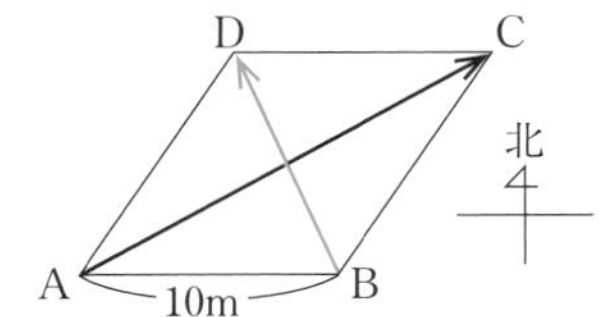

$\overrightarrow{BD}=\overrightarrow{BA}+\overrightarrow{AD}$

$=-\overrightarrow{AB}+\overrightarrow{AD}$

$=\overrightarrow{AD}-\overrightarrow{AB}$

$\overrightarrow{BA}$は$\overrightarrow{AB}$の逆ベクトルという

$\overrightarrow{AD}$と$-\overrightarrow{AB}$の順番を逆にする

$\overrightarrow{BD}$の場合、Bが前、Dが後ろで、後ろから前を引く

じゃあ、次は内積についてまとめておくよ。内積って求め方が2通りあるんだけど、覚えているかい？

角度θを使う方法と、成分を使う方法の2つですよね。

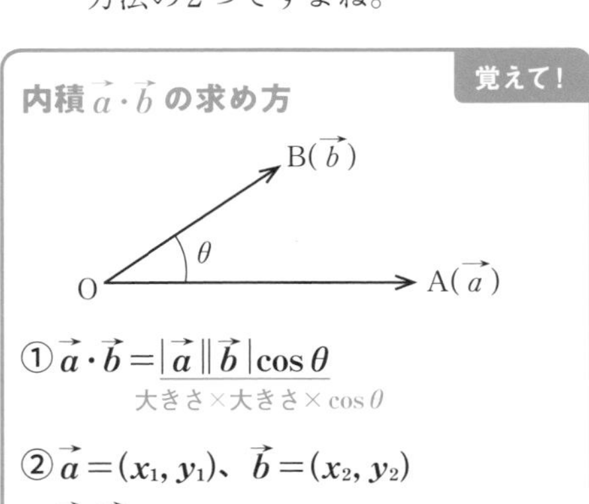

① $\vec{a}\cdot\vec{b}=|\vec{a}||\vec{b}|\cos\theta$

大きさ×大きさ×$\cos\theta$

② $\vec{a}=(x_1, y_1)$、$\vec{b}=(x_2, y_2)$

$\vec{a}\cdot\vec{b}=x_1x_2+y_1y_2$

x成分、y成分同士の積の和！

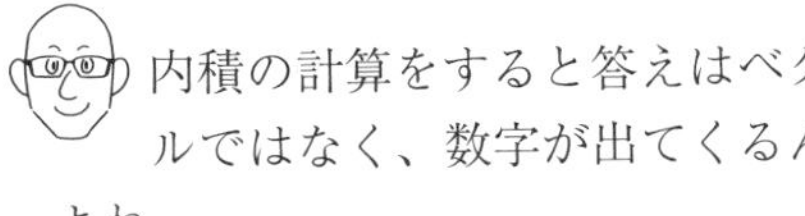

内積の計算をすると答えはベクトルではなく、数字が出てくるんだよね。

私のミス って、①のほうで、$\vec{a}\cdot\vec{b}=|\vec{a}||\vec{b}|\cos\theta$ではなく$\vec{a}\cdot\vec{b}=|\vec{a}||\vec{b}|\sin\theta$にしちゃったところですね……。

そうそう。気をつけてね。
内積は新しいルールだと思って正確に覚えよう！

例 1辺の長さが2の正三角形ABCがある。

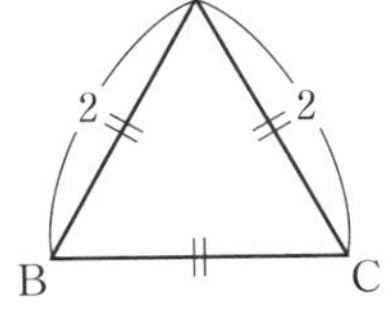

内積 $\overrightarrow{AB}\cdot\overrightarrow{AC}=\square$

$\overrightarrow{AB}\cdot\overrightarrow{AC}=\underline{|\overrightarrow{AB}||\overrightarrow{AC}|\cos 60^\circ}$
内積の求め方①

$=2\cdot 2\cdot \cos 60^\circ$ （$\frac{1}{2}$）

$=\underline{2}$

ピカイチ解答

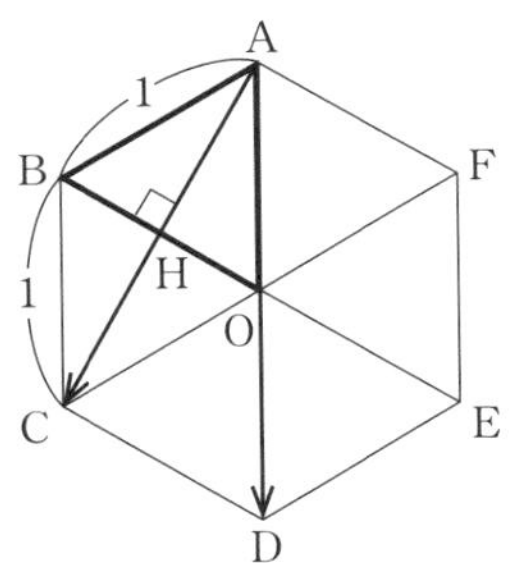

図のように中心をO、線分OBと線分ACの交点をHをおく。

△OABは正三角形で、$\overrightarrow{AH}\perp\overrightarrow{BO}$なので$BH=\frac{1}{2}$, $AH=\frac{\sqrt{3}}{2}$となる。

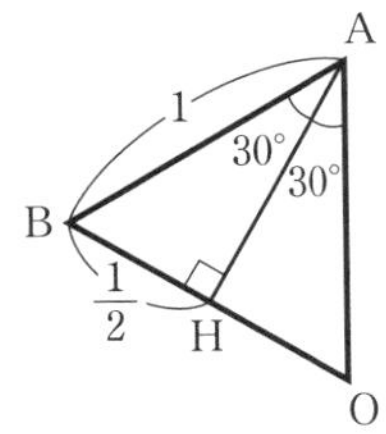

よって、

$AC=2AH=2\cdot\frac{\sqrt{3}}{2}=\sqrt{3}$

$AD=2AO=2\cdot 1=2$

∠CAD＝30°より
求める内積$\overrightarrow{AC}\cdot\overrightarrow{AD}$は、

$\overrightarrow{AC}\cdot\overrightarrow{AD}=\underline{|\overrightarrow{AC}||\overrightarrow{AD}|\cos 30^\circ}$
内積の求め方①

$=\sqrt{3}\cdot 2\cdot\frac{\sqrt{3}}{2}$

$=\underset{\sim}{3}$

POINT ●2通りの内積の求め方をしっかりおさえよう！

93

座標平面において、ベクトル$\vec{a}=(2,3)$を考える。このとき、$\vec{a}\cdot\vec{b}=2$を満たすベクトル$\vec{b}$の中で$|\vec{b}|$が最小となるものは$\vec{b}=\square$である。

2020 関西大

イマイチ解答

$\vec{a}=(2,3)$より

$|\vec{a}|=\sqrt{4+9}=\sqrt{13}$

$\vec{b}=(x,y)$とおく。

$\vec{a}\cdot\vec{b}=2$より

$|\vec{a}||\vec{b}|\cos\theta=2$

$\sqrt{13}\cdot\sqrt{x^2+y^2}\cdot\cos\theta=2$

あれ？　角度って何度なんだろう……。

うん。$\vec{a}$と$\vec{b}$のなす角度が定まらないんだよね。

今回は、内積を求める2つの公式のうちの、もう片方を使っていく問題なんだ。さっきも内積の求め方についてまとめたけど、重要なのでもう一度見てみよう！

内積$\vec{a}\cdot\vec{b}$の求め方　覚えて！

B($\vec{b}$)　θ　O　A($\vec{a}$)

① $\vec{a}\cdot\vec{b}=|\vec{a}||\vec{b}|\cos\theta$

大きさ×大きさ×$\cos\theta$

② $\vec{a}=(x_1,y_1)$、$\vec{b}=(x_2,y_2)$

$\vec{a}\cdot\vec{b}=x_1x_2+y_1y_2$

x成分、y成分同士の積の和！

今回は②のほうを使うんですね。

その通り。少し練習してみよう。

例　$\vec{a}=(1,2)$, $\vec{b}=(-3,4)$のとき、$\vec{a}\cdot\vec{b}=\square$

$\vec{a}\cdot\vec{b}=1\cdot(-3)+2\cdot4$　内積の求め方②

$=-3+8$

$=\underline{5}$

例　$\vec{a}=(3,\sqrt{3})$, $\vec{b}=(\sqrt{3},-1)$のとき、$\vec{a}$と$\vec{b}$のなす角$\theta(0\leqq\theta\leqq180°)$を求めよ。

ベクトルで「なす角θを求めよ。」ときたら、「内積の求め方　① $\vec{a}\cdot\vec{b}=|\vec{a}||\vec{b}|\cos\theta$」を使うよ。まずは$\cos\theta$を求めるから、$\cos\theta$を主役にした式をすぐ書けるように覚えちゃおう。

重要公式　覚えて！

$$\cos\theta=\frac{\vec{a}\cdot\vec{b}}{|\vec{a}||\vec{b}|}$$

（分子：内積、分母：大きさ）

これを覚えておけば、$\cos\theta$を求めるために、$\vec{a}$, $\vec{b}$の大きさと内積が必要なんだなというのがすぐわかりますね。

$\vec{a}=(3,\sqrt{3})$, $\vec{b}=(\sqrt{3},-1)$より

$|\vec{a}|=\sqrt{3^2+(\sqrt{3})^2}=\sqrt{9+3}=\underline{2\sqrt{3}}$

(x,y)の大きさは$\sqrt{x^2+y^2}$

「三平方の定理」のイメージ

$|\vec{b}|=\sqrt{(\sqrt{3})^2+(-1)^2}=\sqrt{3+1}=\underline{2}$

(x,y)の大きさは$\sqrt{x^2+y^2}$

「三平方の定理」のイメージ

$\vec{a}\cdot\vec{b}=3\cdot\sqrt{3}+\sqrt{3}\cdot(-1)=2\sqrt{3}$

内積の求め方②

よって$\vec{a}$, $\vec{b}$のなす角をθとすると、$\cos\theta$は

$$\cos\theta=\frac{\vec{a}\cdot\vec{b}}{|\vec{a}||\vec{b}|}=\frac{2\sqrt{3}}{2\sqrt{3}\cdot 2}=\frac{1}{2}$$

（分子：内積、分母：大きさ）

$\therefore\theta=\underline{60°}$

ピカイチ解答

$\vec{b}=(x, y)$とおく

$\vec{a}=(2, 3)$, $\vec{a}\cdot\vec{b}=2$より

$2x+3y=2$

内積の求め方②

$3y=2-2x$

$y=\frac{2}{3}(1-x)$　…① ← yを主役にしてyを消去できるようにしておく

$|\vec{b}|=\sqrt{x^2+y^2}$なので

$|\vec{b}|^2=x^2+y^2$

①を代入して、

$$|\vec{b}|^2=x^2+\left(\frac{2}{3}\right)^2(1-x)^2$$

分配法則

$$=x^2+\frac{4}{9}(1-2x+x^2)$$

$$=x^2+\frac{4}{9}-\frac{8}{9}x+\frac{4}{9}x^2$$

$$=\frac{13}{9}x^2-\frac{8}{9}x+\frac{4}{9}$$

$$=\frac{13}{9}\left(x^2-\boxed{\frac{8}{13}}x\right)+\frac{4}{9}$$

xの2次関数だから平方完成

半分

$$=\frac{13}{9}\left\{\left(x-\boxed{\frac{4}{13}}\right)^2-\frac{16}{\boxed{169}}\right\}+\frac{4}{9}$$

13×13

$$=\frac{13}{9}\left(x-\frac{4}{13}\right)^2-\frac{16}{9\cdot13}+\frac{52}{9\cdot13}$$

$$=\frac{13}{9}\left(x-\frac{4}{13}\right)^2+\frac{36}{9\cdot13}$$

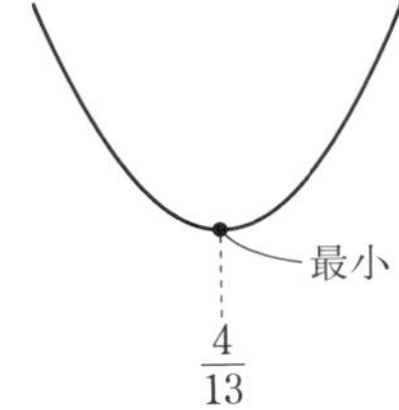

よって$|\vec{b}|$は$x=\frac{4}{13}$のとき最小

①に代入して、

$$y=\frac{2}{3}\left(1-\frac{4}{13}\right)=\frac{2}{3}\cdot\frac{9}{13}=\frac{6}{13}$$

よって、$\vec{b}=\left(\frac{4}{13}, \frac{6}{13}\right)$

よーし、これで内積は完璧です！

よかった！　次からは内積を使って三角形の面積を求めたり、内積の応用問題が出てきたりするから、よく復習しておいてね。

POINT　●どちらの内積の求め方を使えばよいか、考えよう！

平面上に3点、O, A, Bがあり、$|\overrightarrow{OA}|=3\sqrt{3}$, $|\overrightarrow{OB}|=4$, $\overrightarrow{OA}\cdot\overrightarrow{OB}=18$ を満たす。△OABの面積を求めよ。

2020 津田塾大

イマイチ解答

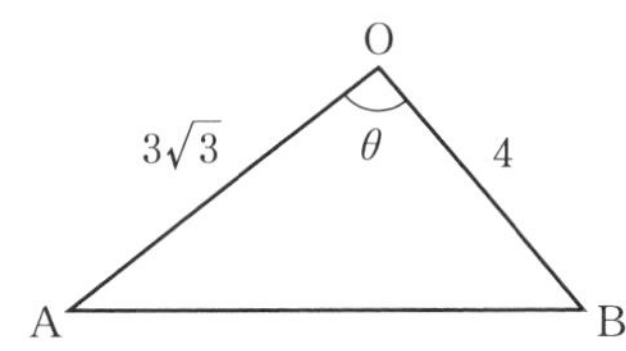

∠AOB$=\theta$とする。

$\overrightarrow{OA}\cdot\overrightarrow{OB}=18$ より

$$|\overrightarrow{OA}||\overrightarrow{OB}|\cos\theta=18$$

$$3\sqrt{3}\cdot4\cdot\cos\theta=18$$

$$\cos\theta=\frac{18^{6}}{12\sqrt{3}}\cdot\frac{\sqrt{3}}{\sqrt{3}}=\frac{\sqrt{3}}{2}$$

よって、$\theta=30°$

$$\triangle OAB=\frac{1}{2}|\overrightarrow{OA}||\overrightarrow{OB}|\sin 30°$$

$S=\frac{1}{2}ab\sin\theta$

$$=\frac{1}{2}\cdot3\sqrt{3}\cdot4\cdot\frac{1}{2}$$

$$=3\sqrt{3}$$

できました！

うん、合ってるよ！　内積から上手にθが出せたし、数Ⅰで学習した三角形の面積公式も使えてる。いいと思うよ。

ただ、問題文に$\overrightarrow{OA}\cdot\overrightarrow{OB}$（内積）が与えられているから、**内積を使った三角形の面積公式**を使えるといいよね。

覚えて！

△OABの面積S

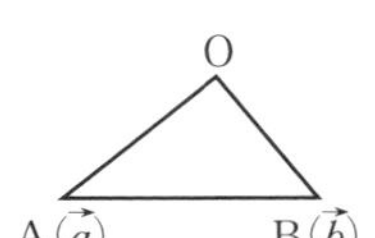

$\vec{a}=(x_1, y_1)$

$\vec{b}=(x_2, y_2)$

$$S=\frac{1}{2}\sqrt{|\vec{a}|^2|\vec{b}|^2-(\vec{a}\cdot\vec{b})^2}$$

$$S=\frac{1}{2}|x_1y_2-x_2y_1|$$

x_1y_1やx_2y_2ではないことに注意！

もしかしたら、この公式で一瞬で答えが出せちゃう……!?

ふふふふふ……やってみようか！

ピカイチ解答

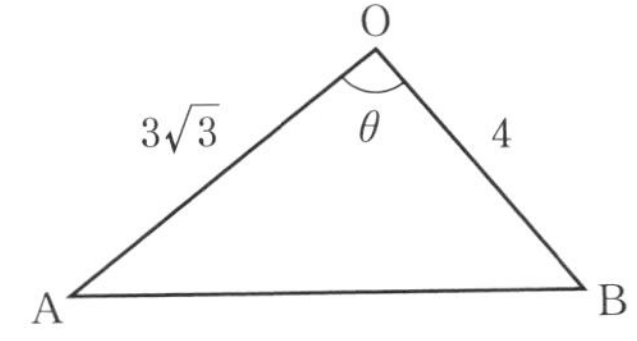

$|\overrightarrow{OA}|=3\sqrt{3}, |\overrightarrow{OB}|=4, \overrightarrow{OA}\cdot\overrightarrow{OB}=18$

より、

$\triangle OAB$

$=\dfrac{1}{2}\sqrt{|\overrightarrow{OA}|^2|\overrightarrow{OB}|^2-(\overrightarrow{OA}\cdot\overrightarrow{OB})^2}$

$=\dfrac{1}{2}\sqrt{27\cdot16-18^2}$

4×4　$\underbrace{2\times2}_{4}\times\underbrace{3\times3\times3}_{27}$

27・4でくくる！

$=\dfrac{1}{2}\sqrt{27\cdot4(4-3)}$

$=\dfrac{1}{2}\sqrt{27}\cdot\sqrt{4}$

$=3\sqrt{3}$

お～、速い！

先生、そしたら、$S=\dfrac{1}{2}|x_1y_2-x_2y_1|$ の練習もしてみたいです。

いいね、やってみよう！

例　$\triangle OAB$において$\overrightarrow{OA}=\vec{a}$, $\overrightarrow{OB}=\vec{b}$とする。$\vec{a}=(1, 2)$, $\vec{b}=(-3, 4)$のとき、$\triangle OAB$の面積Sを求めよ。

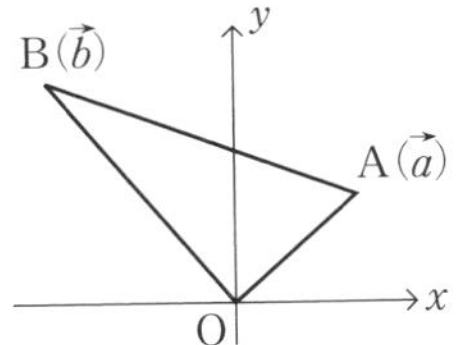

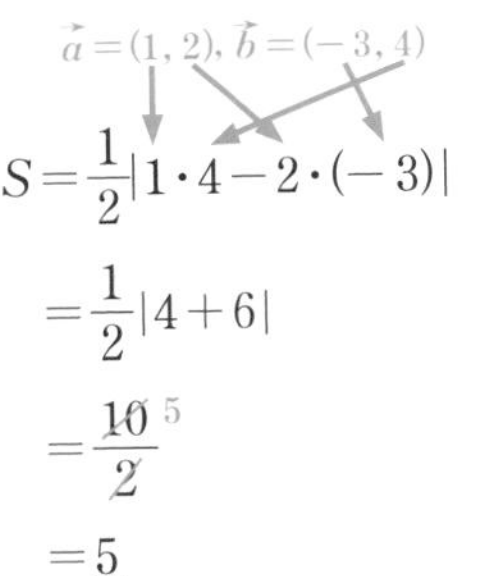

$S=\dfrac{1}{2}|1\cdot4-2\cdot(-3)|$

$=\dfrac{1}{2}|4+6|$

$=\dfrac{10}{2}$ 5

$=\underline{5}$

ベクトルの問題で「三角形の面積を求めよ」ときたら……。

①内積がわかっていれば、

$S=\dfrac{1}{2}\sqrt{|\vec{a}|^2|\vec{b}|^2-(\vec{a}\cdot\vec{b})^2}$

②$\overrightarrow{OA}$と$\overrightarrow{OB}$の成分がわかっていれば、

$S=\dfrac{1}{2}|x_1y_2-x_2y_1|$

というふうに、使い分けよう！

POINT ● 内積と成分を用いた$\triangle OAB$の面積Sの公式を覚えよう！

95 ベクトル$\vec{a}, \vec{b}$について$|\vec{a}|=5, |\vec{b}|=3, |\vec{a}-3\vec{b}|=10$とする。$\vec{a}+t\vec{b}$と$\vec{a}-\vec{b}$が垂直になるとき、実数$t$の値は□である。

2018 京都産業大

イマイチ解答

$(\vec{a}+t\vec{b})\perp(\vec{a}-\vec{b})$より、

$(\vec{a}+t\vec{b})\cdot(\vec{a}-\vec{b})=0$

$\underbrace{|\vec{a}|^2}_{5^2}-\vec{a}\cdot\vec{b}+t\vec{a}\cdot\vec{b}-t\underbrace{|\vec{b}|^2}_{3^2}=0$

$25+(t-1)\vec{a}\cdot\vec{b}-9t=0$

$(\vec{a}\cdot\vec{b}-9)t+25-\vec{a}\cdot\vec{b}=0$

ん〜、手詰まりになっちゃいました。内積$\vec{a}\cdot\vec{b}$の値がわからないんだけど、どうすれば求められるんだろう……。

そうだね。「垂直」から「内積=0」とすぐに反応できたのはよかったよ。$|\vec{a}|=5, |\vec{b}|=3$は使う場面があったみたいだけど、$|\vec{a}-3\vec{b}|=10$はまだ使ってないみたいだね。
新たな公式を教えるよ。

重要公式 覚えて！

① $\vec{a}\cdot\vec{a}=|\vec{a}|^2$

② $\vec{a}\perp\vec{b}$のとき$\vec{a}\cdot\vec{b}=0$（直交条件）

③ $|\vec{a}+\vec{b}|^2=|\vec{a}|^2+2\vec{a}\cdot\vec{b}+|\vec{b}|^2$

なぜこれが成り立つのか、簡単に説明しておくね。

①について、内積の定義から、

$\underbrace{\vec{a}\cdot\vec{a}=|\vec{a}||\vec{a}|\boxed{\cos 0^\circ}}_{\text{内積の求め方①}}^{1}=|\vec{a}|^2$

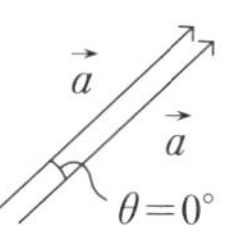

②について、$\vec{a}\perp\vec{b}$のとき$\theta=90^\circ$だから内積の定義から、

$\underbrace{\vec{a}\cdot\vec{b}=|\vec{a}||\vec{b}|\boxed{\cos 90^\circ}}_{\text{内積の求め方①}}^{0}=0$

③について

$|\vec{a}+\vec{b}|^2=(\vec{a}+\vec{b})\cdot(\vec{a}+\vec{b})$

$=\underline{\vec{a}\cdot\vec{a}}+\vec{a}\cdot\vec{b}+\vec{b}\cdot\vec{a}+\underline{\vec{b}\cdot\vec{b}}$

①の$\vec{a}\cdot\vec{a}=|\vec{a}|^2$より$|\vec{a}|^2$、$|\vec{b}|^2$

$=|\vec{a}|^2+2\vec{a}\cdot\vec{b}+|\vec{b}|^2$

少し練習してみよう。

例

(1) $\vec{a}=(1, 2)$と$\vec{b}=(3, x)$とする。$\vec{a}$と$\vec{b}$が垂直のとき$x=$□

(2) $|\vec{a}|=1, |\vec{b}|=2, |\vec{a}+\vec{b}|=3$のとき、内積$\vec{a}\cdot\vec{b}=$□

(1) $\vec{a}=(1, 2), \vec{b}=(3, x)$より

$\underbrace{\vec{a}\cdot\vec{b}=1\cdot 3+2x}_{\text{内積の求め方②}}$

$=3+2x$

$\underbrace{\vec{a}\textcircled{\perp}\vec{b}}_{\text{垂直の記号}}$より$\underbrace{\vec{a}\cdot\vec{b}=0}_{\text{直交条件}}$

よって$3+2x=0$

$2x=-3$

$\therefore x=-\dfrac{3}{2}$

（2）を解くには、$|\vec{a}+\vec{b}|$を2乗してごらん。

$|\vec{a}+\vec{b}|=3$の両辺を2乗して、

$|\vec{a}+\vec{b}|^2=9$

$|\vec{a}|^2+2\vec{a}\cdot\vec{b}+|\vec{b}|^2=9$

（$|\vec{a}|^2$ は 1^2、$|\vec{b}|^2$ は 2^2）

$1+2\vec{a}\cdot\vec{b}+4=9$

$2\vec{a}\cdot\vec{b}=4$

$\therefore \vec{a}\cdot\vec{b}=\underline{2}$

ピカイチ解答

$|\vec{a}-3\vec{b}|=10$の両辺を2乗して、

$|\vec{a}-3\vec{b}|^2=|\vec{a}|^2-2\cdot3\vec{a}\cdot\vec{b}+9|\vec{b}|^2$

$|\vec{a}|^2-6\vec{a}\cdot\vec{b}+9|\vec{b}|^2=100$

（$|\vec{a}|^2$ は 5^2、$|\vec{b}|^2$ は 3^2）

$25-6\vec{a}\cdot\vec{b}+81=100$

$-6\vec{a}\cdot\vec{b}=-6$

$\therefore \vec{a}\cdot\vec{b}=1$　…①

こうやって内積$\vec{a}\cdot\vec{b}$の値を出すのか……！

$(\vec{a}+t\vec{b})\perp(\vec{a}-\vec{b})$より、

$(\vec{a}+t\vec{b})\cdot(\vec{a}-\vec{b})=0$　←直交条件

$|\vec{a}|^2-\vec{a}\cdot\vec{b}+t\vec{a}\cdot\vec{b}-t|\vec{b}|^2=0$

（$|\vec{a}|^2$ は 5^2、$|\vec{b}|^2$ は 3^2）

$25+(t-1)\vec{a}\cdot\vec{b}-9t=0$

①を代入して、

$25+t-1-9t=0$

$-8t=-24$

$\therefore t=\underset{\sim}{3}$

ベクトルの問題で$|\vec{a}+\vec{b}|$や$|\vec{a}-3\vec{b}|$のように**絶対値記号の中にベクトルが入っていたら、2乗して展開する**んですね。

そうだね。重要公式③

$|\vec{a}+\vec{b}|^2=|\vec{a}|^2+2\vec{a}\cdot\vec{b}+|\vec{b}|^2$　を使おう。

そして、**問題文に「垂直」「直角」「90°」と書いてあれば、「内積＝0」**ですね！

そうそう！　もう内積は完璧だね。

POINT

- **絶対値記号の中にベクトルの式があったら、とにかく2乗する！**
- **垂直→内積＝0**

$\triangle$OABにおいて、$\overrightarrow{OA}=\vec{a}$, $\overrightarrow{OB}=\vec{b}$とおく。辺OAを1：2に内分する点をC、辺OBを4：1に外分する点をDとし、線分CDとABの交点をEとする。このとき、$\overrightarrow{OE}$を$\vec{a}$、$\vec{b}$を用いて表せ。

2018 中央大

イマイチ解答

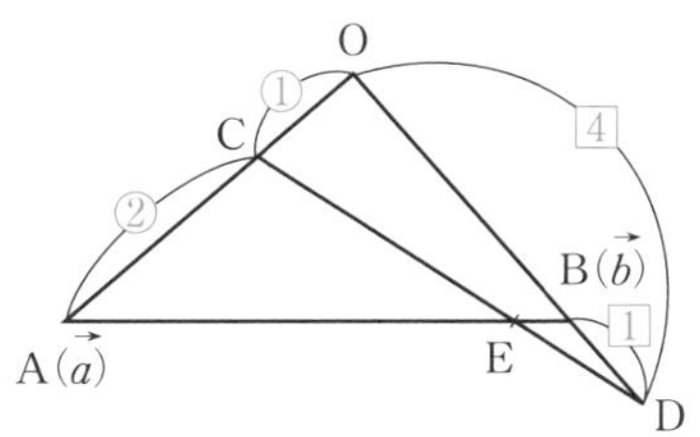

AE：EB＝a：bとおく。
内分の公式より、

$$\overrightarrow{OE}=\frac{b}{a+b}\overrightarrow{OA}+\frac{a}{a+b}\overrightarrow{OB}$$
$$=\frac{b}{a+b}\vec{a}+\frac{a}{a+b}\vec{b} \quad \cdots①$$

CE：ED＝c：dとおくと同様に

$$\overrightarrow{OE}=\frac{d}{c+d}\overrightarrow{OC}+\frac{c}{c+d}\overrightarrow{OD}$$

ここで$\overrightarrow{OC}=\frac{1}{3}\vec{a}$, $\overrightarrow{OD}=\frac{4}{3}\vec{b}$より

$$\overrightarrow{OE}=\frac{d}{c+d}\cdot\frac{1}{3}\vec{a}+\frac{c}{c+d}\cdot\frac{4}{3}\vec{b} \quad \cdots②$$

①、②の係数を比較して

$$\begin{cases}\dfrac{b}{a+b}=\dfrac{1}{3}\cdot\dfrac{d}{c+d}\\[2ex]\dfrac{a}{a+b}=\dfrac{4}{3}\cdot\dfrac{c}{c+d}\end{cases}$$

a, b, c, dってわからない文字が4つあるのに、式が2本だけじゃあ解けない……。

そうだね。じゃあまずは、**内分の公式**と**外分の公式**から確認していこう。

覚えて！

内分の公式

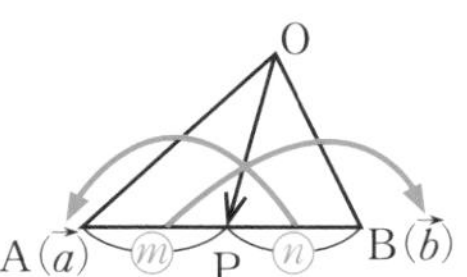

PがABをm：nに内分するとき、

$$\overrightarrow{OP}=\frac{n}{m+n}\vec{a}+\frac{m}{m+n}\vec{b}$$

nに$\vec{a}$を、mに$\vec{b}$をかける！

外分の公式

（i）$m<n$のとき　（ii）$m>n$のとき

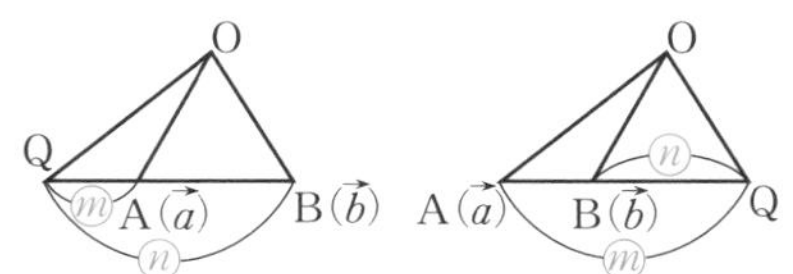

QがABをm：nに外分するとき、

$$\overrightarrow{OP}=\frac{-n}{m-n}\vec{a}+\frac{m}{m-n}\vec{b}$$

外分の公式は、形式的には内分の公式のnに$-n$が入っただけだよ。

「m：nに外分」は「m：$(-n)$に内分」だと思えばいいんですね。

「内分の公式」と「外分の公式」を使う練習をしてみよう。

例 $\overrightarrow{OA}=(1, 2)$, $\overrightarrow{OB}=(-3, 4)$とする。

(1) 線分ABを1：2に内分する点をCとするとき、$\overrightarrow{OC}$の成分を求めよ。

(2) 線ABの中点をMとする。$\overrightarrow{OM}$の成分を求めよ。

(3) 線ABを1：2に外分する点Dとするとき、$\overrightarrow{OD}$の成分を求めよ。

(1) 内分の公式より、

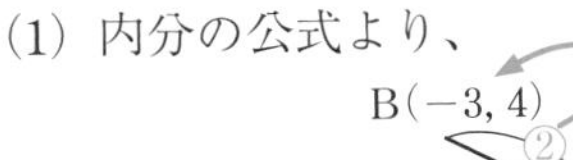

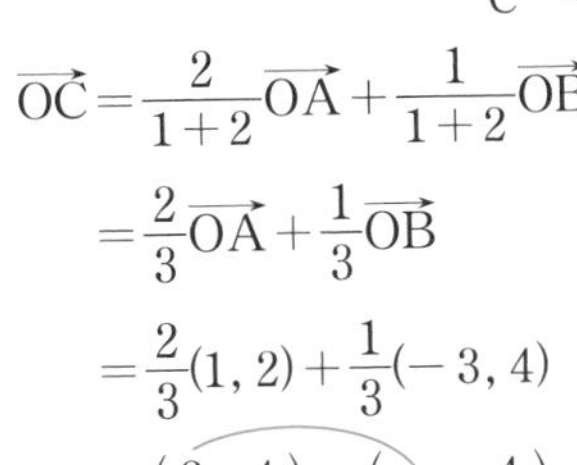

$$\overrightarrow{OC}=\frac{2}{1+2}\overrightarrow{OA}+\frac{1}{1+2}\overrightarrow{OB}$$
$$=\frac{2}{3}\overrightarrow{OA}+\frac{1}{3}\overrightarrow{OB}$$
$$=\frac{2}{3}(1, 2)+\frac{1}{3}(-3, 4)$$
$$=\left(\frac{2}{3}, \frac{4}{3}\right)+\left(-1, \frac{4}{3}\right)$$
$$=\underline{\left(-\frac{1}{3}, \frac{8}{3}\right)}$$

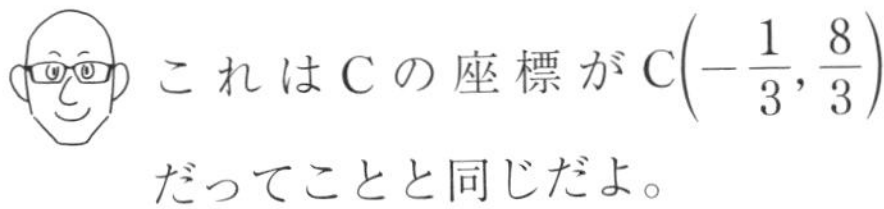

これはCの座標が$C\left(-\frac{1}{3}, \frac{8}{3}\right)$だってことと同じだよ。

(2)は、中点ってことは、「1：1に内分」ですね。

そうだね。**「中点」ときたら「係数$\frac{1}{2}$」**と、すぐに書けるようにしよう。

(2) $\overrightarrow{OM}=\frac{1}{2}\overrightarrow{OA}+\frac{1}{2}\overrightarrow{OB}$

$$=\frac{1}{2}(1, 2)+\frac{1}{2}(-3, 4)$$
$$=\left(\frac{1}{2}, 1\right)+\left(-\frac{3}{2}, 2\right)$$
$$=\underline{(-1, 3)}$$

Mの座標がM(−1, 3)ってことと同じだね。

> 覚えて！
>
> **ABの中点M**
>
> $$\overrightarrow{OM}=\frac{1}{2}\overrightarrow{OA}+\frac{1}{2}\overrightarrow{OB}$$

(3)の**「1：2に外分」**は、**「1：(−2)に内分」**と考えて、内分の公式に当てはめるんですよね。

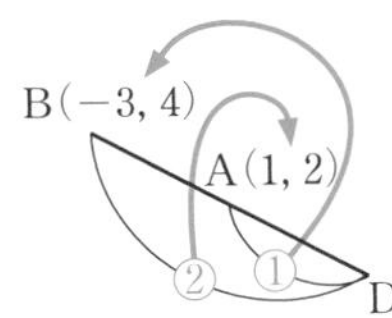

(3) $\overrightarrow{OD}=\frac{-2}{1-2}\overrightarrow{OA}+\frac{1}{1-2}\overrightarrow{OB}$

$$=2\overrightarrow{OA}-\overrightarrow{OB}$$
$$=2(1, 2)-(-3, 4)$$
$$=(2, 4)-(-3, 4)$$
$$=\underline{(5, 0)}$$

Dの座標がD(5, 0)ってことと同じね。

じゃあ次ね。どんどんいくよ。

これはもう、めちゃくちゃ大事です!!

「3点同一直線上」について。

3点同一直線上のベクトル

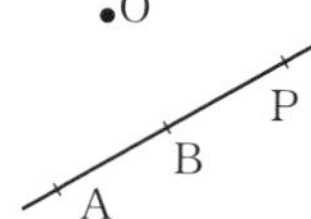

① $\overrightarrow{AP}=k\overrightarrow{AB}$（$k$：実数）

② $\overrightarrow{OP}=\overrightarrow{OA}+k\overrightarrow{AB}$

（直線のベクトル方程式）

③ $\overrightarrow{OP}=(1-t)\overrightarrow{OA}+t\overrightarrow{OB}$

（係数足して1の式）

④ $\overrightarrow{OP}=\alpha\overrightarrow{OA}+\beta\overrightarrow{OB}$　$\alpha+\beta=1$

まず①について。$\overrightarrow{AP}$は$\overrightarrow{AB}$の実数倍の形でかけるよ。たとえばこんな感じだ。

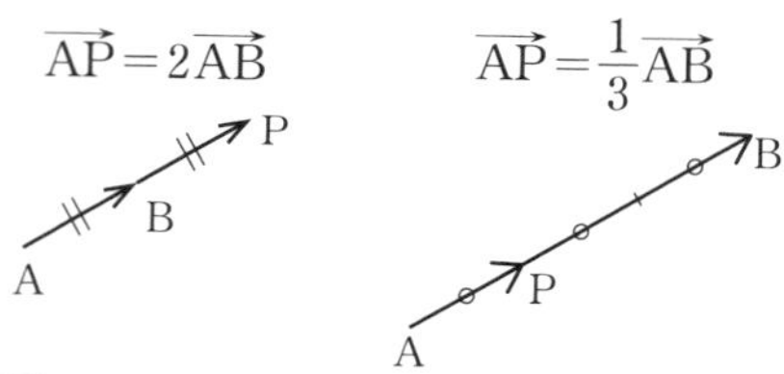

②は、①$\overrightarrow{AP}=k\overrightarrow{AB}$の$\overrightarrow{AP}$の始点をOにすると考えるよ。

$$\overrightarrow{OP}-\overrightarrow{OA}=k\overrightarrow{AB}$$

$-\overrightarrow{OA}$を右辺に移項

$$\overrightarrow{OP}=\overrightarrow{OA}+k\overrightarrow{AB}$$

点Aを通り方向ベクトル$\overrightarrow{AB}$の直線のベクトル方程式。

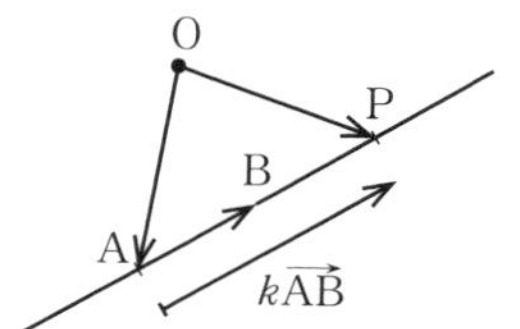

③は、②$\overrightarrow{OP}=\overrightarrow{OA}+k\overrightarrow{AB}$の方向ベクトル$\overrightarrow{AB}$の始点をOにする。

$$\begin{aligned}\overrightarrow{OP}&=\overrightarrow{OA}+k(\overrightarrow{OB}-\overrightarrow{OA})\\&=\overrightarrow{OA}+k\overrightarrow{OB}-k\overrightarrow{OA}\\&=(1-k)\overrightarrow{OA}+k\overrightarrow{OB}\end{aligned}$$

kをtに変えて、

$$\overrightarrow{OP}=(1-t)\overrightarrow{OA}+t\overrightarrow{OB}$$

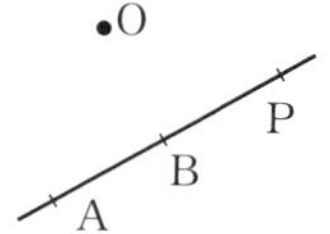

3点A, B, Pが同一直線上より

$$\overrightarrow{OP}=\underline{(1-t)\overrightarrow{OA}+t}\overrightarrow{OB}$$

これを「係数足して1」と読む

③で「係数足して1」と考えるところから、④$\overrightarrow{OP}=\alpha\overrightarrow{OA}+\beta\overrightarrow{AB}$の$\alpha$と$\beta$は足して1。だから$\alpha+\beta=1$。

ベクトルの問題を解いているときに「3点同一直線上」という言葉はよく出てくるけれど、そこからこんなにベクトルの式（数学語）がつくれるんですね。

問題によってどれを使えばスマートに解法がつくれるか、練習していこう！

ピカイチ解答

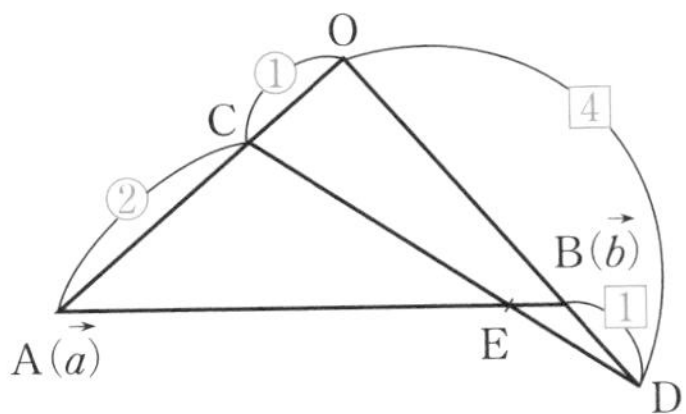

$\overrightarrow{OC}=\dfrac{1}{3}\vec{a}$、$\overrightarrow{OD}=\dfrac{4}{3}\vec{b}$　準備しておく

AE：EB$=s:(1-s)$とおく。
内分の公式より、

$\overrightarrow{OE}=(1-s)\overrightarrow{OA}+s\overrightarrow{OB}$

$=(1-s)\vec{a}+s\vec{b}$　…①

CE：ED$=t:(1-t)$とおくと同様に

$\overrightarrow{OE}=(1-t)\overrightarrow{OC}+t\overrightarrow{OD}$　最初の行で準備したものを代入

$=(1-t)\dfrac{1}{3}\vec{a}+t\cdot\dfrac{4}{3}\vec{b}$　…②

$\vec{a}, \vec{b}$は一次独立より　$\vec{a}, \vec{b}\neq 0$　$\vec{a}\nparallel\vec{b}$
①、②を係数比較して、

$$\begin{cases}1-s=\dfrac{1}{3}(1-t) & \cdots③\\ s=\dfrac{4}{3}t & \cdots④\end{cases}$$

④を③に代入して、

$1-\dfrac{4}{3}t=\dfrac{1}{3}(1-t)$　両辺に×3

$3-4t=1-t$

$-3t=-2$

$\therefore t=\dfrac{2}{3}$

②に代入して、$\overrightarrow{OE}=\dfrac{1}{9}\vec{a}+\dfrac{8}{9}\vec{b}$

別解

別解として**メネラウスの定理**を使う解法も紹介しておくね。

覚えて！

メネラウスの定理

キツネの顔が見えたらメネラウスの定理！
①耳の付け根スタート
②耳の先っちょに行く。ⓐ
③鼻の先っちょに行く。ⓑ
④あとは隣に行けばいいだけ
ⓒ→ⓓ→ⓑ→ⓕ

$\dfrac{b}{a}\times\dfrac{d}{c}\times\dfrac{f}{e}=1$

メネラウスの定理より、

$\dfrac{DO}{BD}\cdot\dfrac{CA}{OC}\cdot\dfrac{EB}{AE}=1$

$\dfrac{4}{1}\cdot\dfrac{2}{1}\cdot\dfrac{EB}{AE}=1$

$\therefore\dfrac{EB}{AE}=\dfrac{1}{8}$

$\therefore$ AE：EB$=8:1$

よって内分の公式より、

$\overrightarrow{OE}=\dfrac{1}{9}\vec{a}+\dfrac{8}{9}\vec{b}$

「メネラウスの定理」を使った入試問題は94ページにもあるよ！

POINT
●3点同一直線上にあるときは、「$t:(1-t)$」とおいて、係数足して1の式をつくろう！

△ABCの辺BC, CAを3：1に内分する点をそれぞれD, Eとし、線分ADとBEの交点をPとする。$\overrightarrow{AB}=\vec{b}$, $\overrightarrow{AC}=\vec{c}$とすると、

$\overrightarrow{AD}=\frac{\square}{\square}\vec{b}+\frac{\square}{\square}\vec{c}$, $\overrightarrow{AP}=\frac{\square}{\square}\vec{b}+\frac{\square}{\square}\vec{c}$となる。

2020 順天堂大・改

イマイチ解答

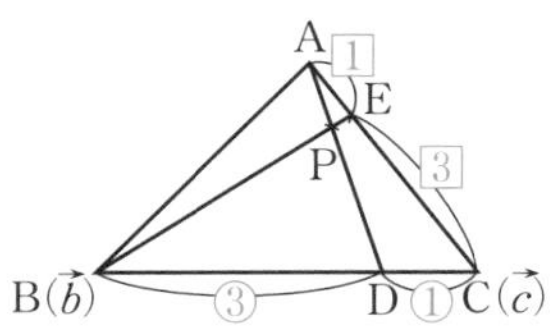

BD：DC＝3：1なので
内分の公式より、

$$\overrightarrow{AD}=\frac{1}{4}\vec{b}+\frac{3}{4}\vec{c} \quad \cdots①$$

3点A, P, Dは同一直線上より
$\overrightarrow{AP}=k\overrightarrow{AD}$とおく。($k$：実数)
①を代入して、

$$\overrightarrow{AP}=\frac{1}{4}k\vec{b}+\frac{3}{4}k\vec{c}$$

$$\frac{1}{4}k+\frac{3}{4}k=1$$

$$k=1$$

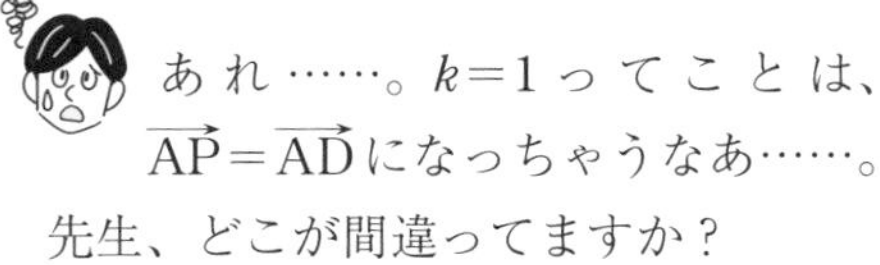

あれ……。$k=1$ってことは、$\overrightarrow{AP}=\overrightarrow{AD}$になっちゃうなあ……。先生、どこが間違ってますか？

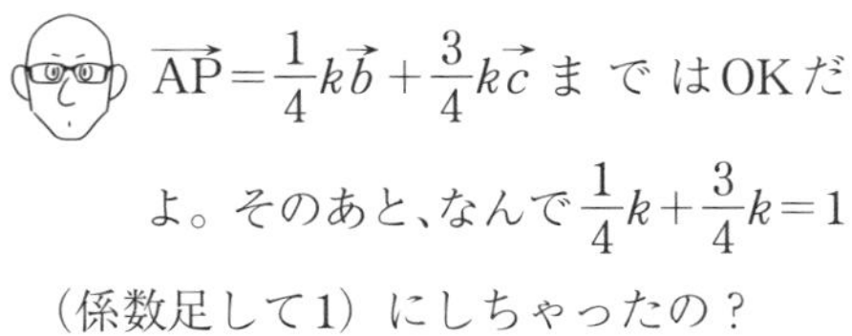

$\overrightarrow{AP}=\frac{1}{4}k\vec{b}+\frac{3}{4}k\vec{c}$まではOKだよ。そのあと、なんで$\frac{1}{4}k+\frac{3}{4}k=1$（係数足して1）にしちゃったの？

PとBとCが同一直線上に……。

ないよね。

……ないです！

なんでもかんでも「係数足して1」にしていいってわけじゃあないんだ。さっきも紹介した「3点同一直線上」の式をもう一度まとめるよ。

3点同一直線上のベクトル　覚えて！

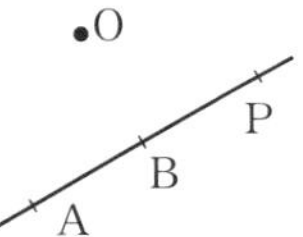

① $\overrightarrow{AP}=k\overrightarrow{AB}$（$k$：実数）
② $\overrightarrow{OP}=\overrightarrow{OA}+k\overrightarrow{AB}$
③ $\overrightarrow{OP}=(1-t)\overrightarrow{OA}+t\overrightarrow{OB}$
④ $\overrightarrow{OP}=\alpha\overrightarrow{OA}+\beta\overrightarrow{OB}$　$\alpha+\beta=1$

③と④は、**P, A, Bの3点が同一線上にあるときに「係数足して1」**なんだ。これ、超重要！

今回の問題だと、P, B, Cは同一直線上ではないから、「係数足して1」にしてはダメなんですね。

ピカイチ解答

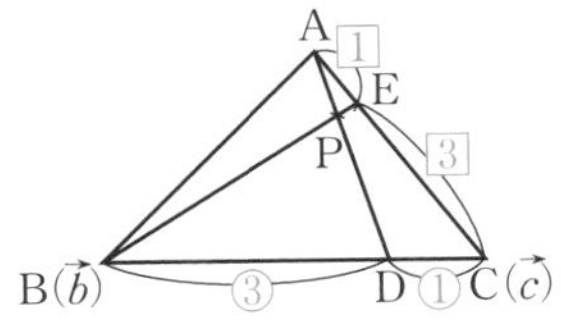

BD：DC＝3：1なので
内分の公式より、

$$\overrightarrow{AD}=\frac{1}{4}\vec{b}+\frac{3}{4}\vec{c}\quad\cdots①$$

準備しておく

AE：EC＝1：3より、

$$\overrightarrow{AE}=\frac{1}{4}\vec{c}\quad\cdots②$$

準備しておく

3点A, P, Dは同一直線上より、
$\overrightarrow{AP}=k\overrightarrow{AD}$とおく。（$k$：実数）

①を代入して、$\overrightarrow{AP}=\frac{1}{4}k\vec{b}+\frac{3}{4}k\vec{c}$

PはB, CではなくB, Eと同一直線上です。だから、$\frac{1}{4}k\vec{b}$はそのままにして、$\frac{3}{4}k\vec{c}$を$\overrightarrow{AE}$で表すんですね。

その通り！　そこでさっき準備した②の式を使うよ。

②より$\vec{c}=4\overrightarrow{AE}$だから

$$\overrightarrow{AP}=\frac{1}{4}k\vec{b}+\frac{3}{\cancel{4}}k\cdot\cancel{4}\overrightarrow{AE}$$

P, B, Eは同一直線上だから、ここで「係数足して1」になるんですよね。

B, P, Eは同一直線上より、

$$\frac{1}{4}k+3k=1$$

両辺に×4

$$k+12k=4$$

$$\therefore k=\frac{4}{13}$$

よって、$\overrightarrow{AP}=\frac{1}{13}\vec{b}+\frac{3}{13}\vec{c}$

別解

この問題も、メネラウスの定理でも解けるよね。

メネラウスの定理より、

$$\frac{BC}{DB}\cdot\frac{EA}{CE}\cdot\frac{PD}{AP}=1$$

$$\frac{4}{3}\cdot\frac{1}{3}\cdot\frac{PD}{AP}=1$$

$$\therefore\frac{PD}{AP}=\frac{9}{4}$$

∴AP：PD＝4：9

よって$\overrightarrow{AP}=\frac{4}{13}\overrightarrow{AD}$

①を代入して、

$$\overrightarrow{AP}=\frac{4}{13}\left(\frac{1}{4}\vec{b}+\frac{3}{4}\vec{c}\right)$$

$$=\frac{1}{13}\vec{b}+\frac{3}{13}\vec{c}$$

POINT
- 3点が同一線上にないときは、式変形をして、同一線上にある点で表せるようにしよう！

98

a, b を実数とする。3点 O$(0, 0, 0)$, A$(1, 0, -1)$, B$(0, 1, 2)$ の定める平面上に点 C$(a, b, 1)$ があるとする。OC＝AC のとき、a＝□, b＝□ である。

2020 立教大

イマイチ解答

OC＝ACより

$$\sqrt{a^2+b^2+1^2}=\sqrt{(a-1)^2+b^2+2^2}$$

両辺を2乗して、

$$a^2+b^2+1=a^2-2a+1+b^2+4$$

$$0=-2a+4$$

$$2a=4$$

$$\therefore a=2$$

aは出ましたが、bが……。

わからない文字がaとbの2つあったら、関係式は2本ほしいよね〜。そこで今回覚えてほしいのが「**4点同一平面上**」の式4つ！

4点同一平面上のベクトル

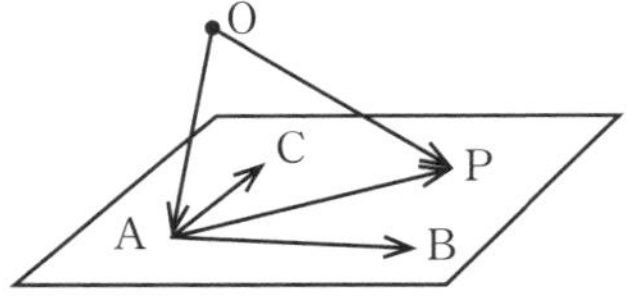

① $\overrightarrow{AP}=s\overrightarrow{AB}+t\overrightarrow{AC}$（$s, t$：実数）

② $\overrightarrow{OP}=\overrightarrow{OA}+s\overrightarrow{AB}+t\overrightarrow{AC}$
（平面のベクトル方程式）

③ $\overrightarrow{OP}=(1-s-t)\overrightarrow{OA}+s\overrightarrow{OB}+t\overrightarrow{OC}$
（係数足して1の式）

④ $\overrightarrow{OP}=\alpha\overrightarrow{OA}+\beta\overrightarrow{OB}+\gamma\overrightarrow{OC}$
$\alpha+\beta+\gamma=1$

さっきまでは「3点同一直線上」をやっていましたよね。

そうそう。それの「空間ベクトルバージョン」だと思ってもらえればOK！　また1つずつ説明していくね。

まず①について。$\overrightarrow{AP}$は$\overrightarrow{AB}$の実数倍と$\overrightarrow{AC}$の実数倍の和の形でかけるよ。たとえばこんな感じだ。

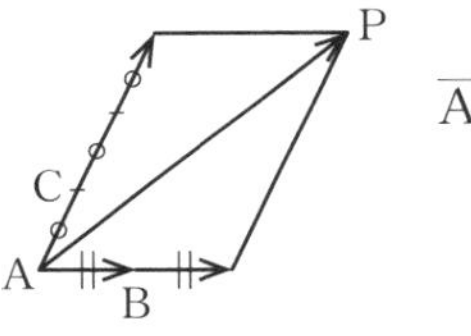

$\overrightarrow{AP}=2\overrightarrow{AB}+3\overrightarrow{AC}$

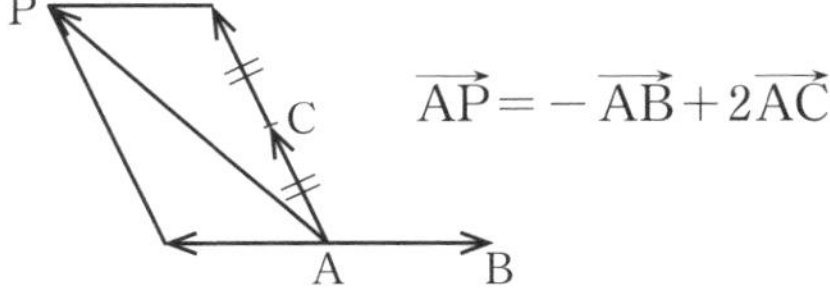

$\overrightarrow{AP}=-\overrightarrow{AB}+2\overrightarrow{AC}$

これは**UFOキャッチャーの原理**と一緒。UFOキャッチャーは、お金を入れたあと、普通はボタンをいくつ押す？

よくあるのは、**左右ボタンと前後ボタンの2つ**ですかね？

そうだよね。ベクトルも一緒で、どの点Pにも、2つのベクトル（$\overrightarrow{AB}$と$\overrightarrow{AC}$）で必ずたどり着くことができるよ。

②は、① $\overrightarrow{AP}=s\overrightarrow{AB}+t\overrightarrow{AC}$ の$\overrightarrow{AP}$の始点をOにすると考えるよ。

$\overrightarrow{OP}-\overrightarrow{OA}=s\overrightarrow{AB}+t\overrightarrow{AC}$ ─$\overrightarrow{OA}$を右辺に移項

$\overrightarrow{OP}=\overrightarrow{OA}+s\overrightarrow{AB}+t\overrightarrow{AC}$

点Pは点Aを通り$\overrightarrow{AB}$, $\overrightarrow{AC}$を含む平面上にある。

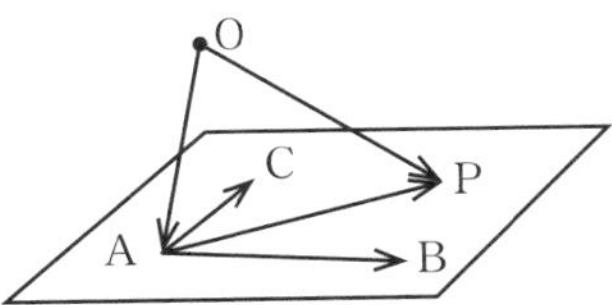

③は、②$\overrightarrow{OP}=\overrightarrow{OA}+s\overrightarrow{AB}+t\overrightarrow{AC}$の$\overrightarrow{AB}$と$\overrightarrow{AC}$の始点をOにする。

$$\begin{aligned}\overrightarrow{OP}&=\overrightarrow{OA}+s(\overrightarrow{OB}-\overrightarrow{OA})+t(\overrightarrow{OC}-\overrightarrow{OA})\\&=\overrightarrow{OA}+s\overrightarrow{OB}-s\overrightarrow{OA}+t\overrightarrow{OC}-t\overrightarrow{OA}\\&=(1-s-t)\overrightarrow{OA}+s\overrightarrow{OB}+t\overrightarrow{OC}\end{aligned}$$

これを「係数足して1」と読む

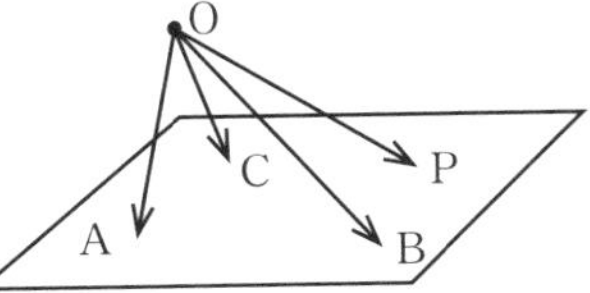

これら4点が同一平面上にあれば、「係数足して1」で表すことができるんですね。

③で「係数足して1」と考えるところから、④$\overrightarrow{OP}=\alpha\overrightarrow{OA}+\beta\overrightarrow{OB}+\gamma\overrightarrow{OC}$の$\alpha$と$\beta$と$\gamma$は足して1。だから$\alpha+\beta+\gamma=1$。

①〜④のどれも見たことのある式でしたけど、①の$\overrightarrow{AP}=s\overrightarrow{AB}+t\overrightarrow{AC}$から派生して出てくる式だったんですね。

そうだね。ちなみに、**これらを導き出す過程も入試問題で出題されているよ。**

覚えるだけじゃなく、導き出せるようにしないと……！

よし、じゃあ早速「4点同一平面上」の例題を練習してみましょう。

例 四面体OABCにおいて、$\overrightarrow{OA}=\vec{a}$, $\overrightarrow{OB}=\vec{b}$, $\overrightarrow{OC}=\vec{c}$とおく。辺OAを3：1に内分する点をP、辺OBを2：1に内分する点をQ、辺OCの中点をR、△PQRの重心をGとし、直線OGと平面ABCの交点をSとする。

$\overrightarrow{OS}=\square\vec{a}+\square\vec{b}+\square\vec{c}$

なんか問題文が長いけれど、頑張って$\overrightarrow{OS}$を出すぞ〜！

ちょっと待ってね。いきなり$\overrightarrow{OS}$を出そうって思わないで。まずは、**作図した点をもとになるベクトルで表していくよ。**

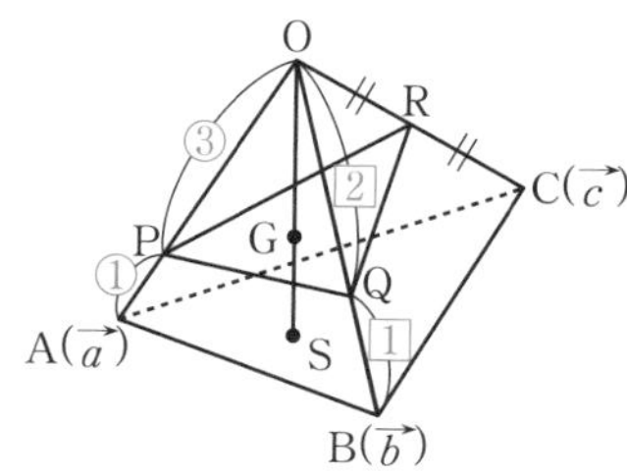

OP：PA＝3：1より

$\overrightarrow{OP}=\dfrac{3}{4}\vec{a}$

OQ：QB＝2：1より

$\overrightarrow{OQ}=\dfrac{2}{3}\vec{b}$

OR：RC＝1：1より

$\overrightarrow{OR}=\dfrac{1}{2}\vec{c}$

次は重心Gを$\overrightarrow{OA}$, $\overrightarrow{OB}$, $\overrightarrow{OC}$で表すので、重心Gに関する公式をまとめておくね。

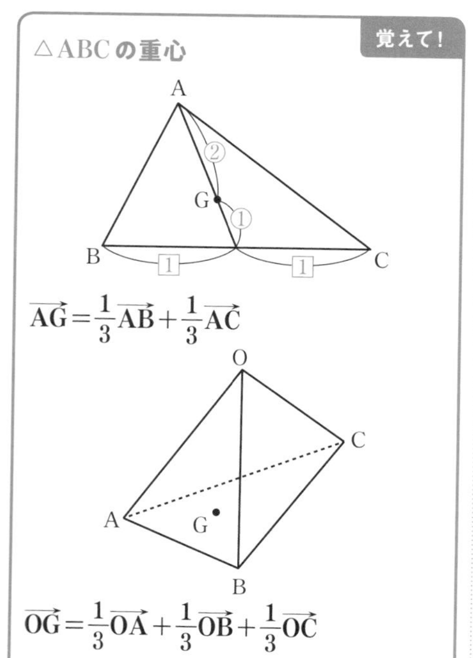

Gは△PQRの重心より

$$\overrightarrow{OG}=\frac{1}{3}\overrightarrow{OP}+\frac{1}{3}\overrightarrow{OQ}+\frac{1}{3}\overrightarrow{OR}$$

$\dfrac{3}{4}\vec{a}$　　$\dfrac{2}{3}\vec{b}$　　$\dfrac{1}{2}\vec{c}$

$$=\frac{1}{4}\vec{a}+\frac{2}{9}\vec{b}+\frac{1}{6}\vec{c}$$

ここまでの準備がすんごく大事。**何事も、準備ですべてが決まる！**

Sは直線OG上より

$\overrightarrow{OS}=k\overrightarrow{OG}$とおく

「3点同一直線上のベクトル」① $\overrightarrow{AP}=k\overrightarrow{AB}$

$$\overrightarrow{OS}=k\left(\frac{1}{4}\vec{a}+\frac{2}{9}\vec{b}+\frac{1}{6}\vec{c}\right)$$

$$=\frac{1}{4}k\vec{a}+\frac{2}{9}k\vec{b}+\frac{1}{6}k\vec{c}$$

ここで、Sはどこにあるかというと、平面ABC上、つまりA, B, C, Sは同一平面上にあるんだよね。だから「4点同一平面上のベクトル」の③ $\overrightarrow{OP}=(1-s-t)\overrightarrow{OA}+s\overrightarrow{OB}+t\overrightarrow{OC}$ または、④ $\overrightarrow{OP}=\alpha\overrightarrow{OA}+\beta\overrightarrow{OB}+\gamma\overrightarrow{OC}$, $\alpha+\beta+\gamma=1$を使えばいいんだけど、要はいずれも「係数足して1」の式なんだよね。

だったら$\overrightarrow{OS}=\dfrac{1}{4}k\vec{a}+\dfrac{2}{9}k\vec{b}+\dfrac{1}{6}k\vec{c}$の係数$\dfrac{1}{4}k$, $\dfrac{2}{9}k$, $\dfrac{1}{6}k$は、足して1になるよね。

4点A, B, C, Sは同一平面上より

$$\underbrace{\frac{1}{4}k+\frac{2}{9}k+\frac{1}{6}k}_{\text{係数足して1}}=1$$

両辺に×36

$$9k+8k+6k=36$$

$$23k=36$$

$$\therefore k=\frac{36}{23}$$

よって$\overrightarrow{OS}$は

$$\overrightarrow{OS}=\frac{1}{4}\cdot\frac{36}{23}\vec{a}+\frac{2}{9}\cdot\frac{36}{23}\vec{b}+\frac{1}{6}\cdot\frac{36}{23}\vec{c}$$

$$=\frac{9}{23}\vec{a}+\frac{8}{23}\vec{b}+\frac{6}{23}\vec{c}$$

なるほど～。**「4点同一平面上」ときたら「係数足して1」**ですね。

ピカイチ解答

では、今回の問題を解いていこう。「O, A, Bの定める平面上にCがある」ということは「4点O, A, B, Cが同一平面上」ってことだよね。

ハイ、来た。もうできるはずです！

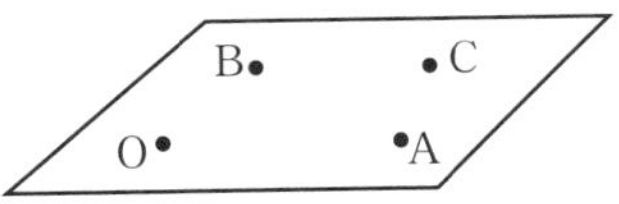

O, A, B, Cは同一平面上より

$\overrightarrow{OC}=s\overrightarrow{OA}+t\overrightarrow{OB}$とおく。($s, t$：実数)

「4点同一平面上のベクトル」
① $\overrightarrow{AP}=s\overrightarrow{AB}+t\overrightarrow{AC}$

$$\begin{pmatrix}a\\b\\1\end{pmatrix}=s\begin{pmatrix}1\\0\\-1\end{pmatrix}+t\begin{pmatrix}0\\1\\2\end{pmatrix}$$

$$\begin{pmatrix}a\\b\\1\end{pmatrix}=\begin{pmatrix}s\\t\\-s+2t\end{pmatrix}$$

$$\begin{cases}a=s & \cdots① \\ b=t & \cdots② \\ 1=-s+2t & \cdots③\end{cases}$$

①、②を③に代入して、

$$1=-a+2b \quad \cdots④$$

OC＝ACより

$$|\overrightarrow{OC}|^2=|\overrightarrow{AC}|^2$$

大きさを求めるときは√が入ってくるので2乗しておく

$$a^2+b^2+1^2=(a-1)^2+b^2+2^2$$

$$a^2+b^2+1=a^2-2a+1+b^2+4$$

$$2a=4$$

$$\therefore a=2$$

④に代入して、

$$1=-2+2b$$

$$2b=3$$

$$\therefore b=\frac{3}{2}$$

$$\therefore a=2,\ b=\frac{3}{2}$$

POINT ● **「4点同一平面上」から、ベクトルの式を4本つくれるようにしよう！**

空間内に点 $O(0, 0, 0)$, $A(1, 0, 0)$, $B(0, 1, 0)$, $C(0, 0, 1)$, $D(1, 1, 1)$ がある。3点 A, B, C の定める平面と線分 OD との共有点を E とするとき、OE：ED を最も簡単な整数の比で表すと□：□である。

2020 聖マリアンナ医科大

イマイチ解答

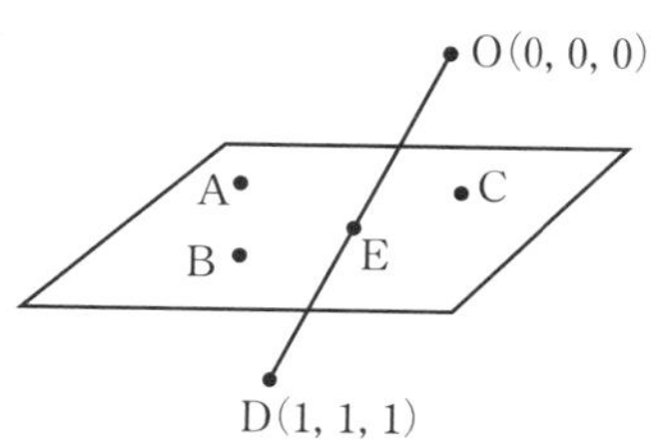

A, B, C, E は同一平面上より、

$\overrightarrow{AE}=s\overrightarrow{AB}+t\overrightarrow{AC}$ （s, t：実数）

ここで、

$$\overrightarrow{AB}=\begin{pmatrix}0\\1\\0\end{pmatrix}-\begin{pmatrix}1\\0\\0\end{pmatrix}=\begin{pmatrix}-1\\1\\0\end{pmatrix}$$

$$\overrightarrow{AC}=\begin{pmatrix}0\\0\\1\end{pmatrix}-\begin{pmatrix}1\\0\\0\end{pmatrix}=\begin{pmatrix}-1\\0\\1\end{pmatrix}$$

よって、

$$\overrightarrow{AE}=s\begin{pmatrix}-1\\1\\0\end{pmatrix}+t\begin{pmatrix}-1\\0\\1\end{pmatrix}=\begin{pmatrix}-s-t\\s\\t\end{pmatrix}$$

始点をOに直す。

$$\overrightarrow{OE}-\overrightarrow{OA}=\begin{pmatrix}-s-t\\s\\t\end{pmatrix}$$

$$\overrightarrow{OE}=\overrightarrow{OA}+\begin{pmatrix}-s-t\\s\\t\end{pmatrix}$$

$$=\begin{pmatrix}1\\0\\0\end{pmatrix}+\begin{pmatrix}-s-t\\s\\t\end{pmatrix}$$

$$=\begin{pmatrix}1-s-t\\s\\t\end{pmatrix}\quad\cdots①$$

また、O, E, D は同一直線上より

$\overrightarrow{OE}=k\overrightarrow{OD}$ とおく。（k：実数）

$\overrightarrow{OE}=(k, k, k)$ …②

①、②より

$$\begin{cases}1-s-t=k & \cdots③\\ s=k & \cdots④\\ t=k & \cdots⑤\end{cases}$$

④、⑤を③に代入して、

$1-k-k=k$

$3k=1$

$\therefore k=\dfrac{1}{3}$

$\overrightarrow{OE}=\dfrac{1}{3}\overrightarrow{OD}$ より OE：ED＝1：2

ん〜、正解なんだけど、なんか解答が長いな〜。

ですよね。もっとスマートに解く方法ってありますか？

さっき出てきた**4点同一平面上のベクトル**で解けるよ。

覚えて！

4点同一平面上のベクトル

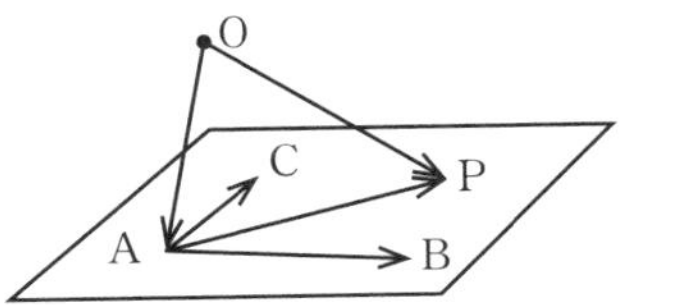

① $\overrightarrow{AP}=s\overrightarrow{AB}+t\overrightarrow{AC}$ (s, t：実数)

② $\overrightarrow{OP}=\overrightarrow{OA}+s\overrightarrow{AB}+t\overrightarrow{AC}$

③ $\overrightarrow{OP}=(1-s-t)\overrightarrow{OA}+s\overrightarrow{OB}+t\overrightarrow{OC}$

④ $\overrightarrow{OP}=\alpha\overrightarrow{OA}+\beta\overrightarrow{OB}+\gamma\overrightarrow{OC}$
$\alpha+\beta+\gamma=1$

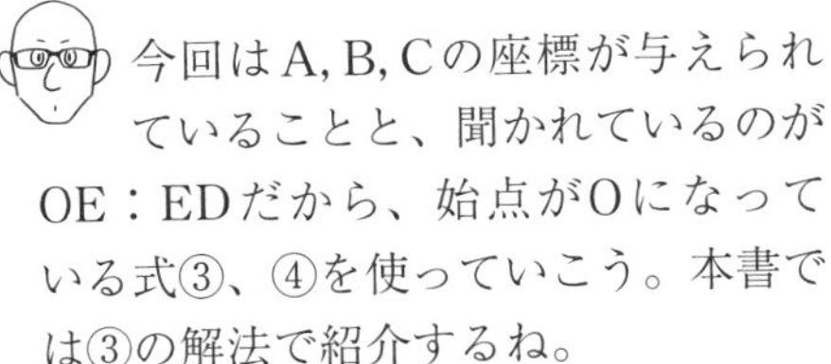

今回はA, B, Cの座標が与えられていることと、聞かれているのがOE：EDだから、始点がOになっている式③、④を使っていこう。本書では③の解法で紹介するね。

ピカイチ解答

A, B, C, Eは同一平面上より、
$\overrightarrow{OE}=(1-s-t)\overrightarrow{OA}+s\overrightarrow{OB}+t\overrightarrow{OC}$と

「4点同一平面上のベクトル」③ $\overrightarrow{OP}=(1-s-t)\overrightarrow{OA}+s\overrightarrow{OB}+t\overrightarrow{OC}$

おく (s, t：実数)

$$\overrightarrow{OE}=(1-s-t)\begin{pmatrix}1\\0\\0\end{pmatrix}+s\begin{pmatrix}0\\1\\0\end{pmatrix}+t\begin{pmatrix}0\\0\\1\end{pmatrix}$$

(1, 0, 0)　(0, 1, 0)　(0, 0, 1)

$$=\begin{pmatrix}1-s-t\\s\\t\end{pmatrix} \quad \cdots①$$

$\overrightarrow{OE}=(1-s-t)\overrightarrow{OA}+s\overrightarrow{OB}+t\overrightarrow{OC}$を使えば、A, B, Cの座標がそのまま使えるから楽だし早い！

また、O, E, Dは同一直線上より
$\overrightarrow{OE}=k\overrightarrow{OD}$とおく。($k$：実数)

「3点同一直線上のベクトル」① $\overrightarrow{AP}=k\overrightarrow{AB}$

$\overrightarrow{OE}=(k, k, k)$　$\cdots②$

①、②より

$$\begin{cases}1-s-t=k & \cdots③\\ s=k & \cdots④\\ t=k & \cdots⑤\end{cases}$$

④、⑤を③に代入して、

$1-k-k=k$

$3k=1$

$\therefore k=\dfrac{1}{3}$

O(0, 0, 0)　①　③　E　D

よってOE：ED＝1：2

POINT ●4点同一平面上のベクトルのどの式を使えばいいかを考えよう！

100 **四面体OABCは、OA＝4, OB＝5, ∠AOB＝$\frac{\pi}{3}$を満たすとする。Oから辺ABに垂線を下ろし、この垂線とABとの交点をDとする。このとき、$\overrightarrow{OD}=\frac{\square}{\square}\overrightarrow{OA}+\frac{\square}{\square}\overrightarrow{OB}$である。**

2015 明治大

イマイチ解答

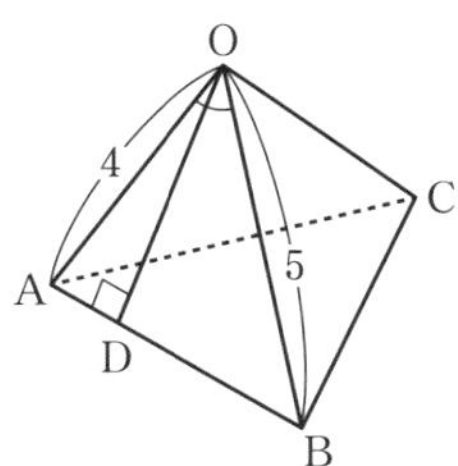

∠AOB＝$\frac{\pi}{3}$より

$\overrightarrow{OA}\cdot\overrightarrow{OB}=4\cdot5\cdot\boxed{\cos\frac{\pi}{3}}$

$=10$

O, A, B, Dは同一平面上より
$\overrightarrow{OD}=s\overrightarrow{OA}+t\overrightarrow{OB}$とおく。
$\overrightarrow{OD}\perp\overrightarrow{AB}$より$\overrightarrow{OD}\cdot\overrightarrow{AB}=0$ ← 直交条件

$(s\overrightarrow{OA}+t\overrightarrow{OB})\cdot(\overrightarrow{OB}-\overrightarrow{OA})=0$

$s\underbrace{\overrightarrow{OA}\cdot\overrightarrow{OB}}_{10}-s\underbrace{|\overrightarrow{OA}|^2}_{4^2}+t\underbrace{|\overrightarrow{OB}|^2}_{5^2}$

$-t\underbrace{\overrightarrow{OA}\cdot\overrightarrow{OB}}_{10}=0$

$10s-16s+25t-10t=0$

$-6s+15t=0$) ÷3

$-2s+5t=0$

わからない文字が2つあるのに、どうあがいても式が1本しか出ません……。でも、O, A, B, Dは同一平面上にあるっていうのは、間違ってないと思うんですよね。

最初に$\overrightarrow{OA}$と$\overrightarrow{OB}$の内積$\overrightarrow{OA}\cdot\overrightarrow{OB}$を出しておいたのはGood!　**ベクトルの問題で∠AOB＝$\frac{\pi}{3}$のように角度が与えられたら、内積を最初に出して準備しておこう。**

で、$\overrightarrow{OD}$を出すときは「4点同一平面上」ではなく「3点同一直線上」の式を使うんだ。

3点同一直線上のベクトル

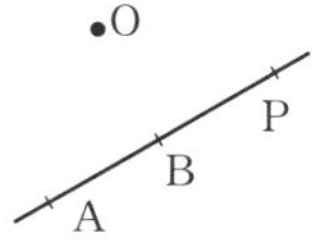

① $\overrightarrow{AP}=k\overrightarrow{AB}$（$k$：実数）

② $\overrightarrow{OP}=\overrightarrow{OA}+k\overrightarrow{AB}$
（直線のベクトル方程式）

③ $\overrightarrow{OP}=(1-t)\overrightarrow{OA}+t\overrightarrow{OB}$
（係数足して1の式）

④ $\overrightarrow{OP}=\alpha\overrightarrow{OA}+\beta\overrightarrow{OB}$　$\alpha+\beta=1$

もう、これ何度も出てきましたよね。繰り返し見たり聞いたりすると、勝手に頭の中で **「3点同一直線上」「係数足して1」** ……って流れてきますよね。

おお〜いいじゃん!!　でね、今回は③$\overrightarrow{OP}=(1-t)\overrightarrow{OA}+t\overrightarrow{OB}$（係数

足して1の式）を使っていくよ。この問題だと$\overrightarrow{OP}$のところを$\overrightarrow{OD}$に変えて$\overrightarrow{OD}=(1-t)\overrightarrow{OA}+t\overrightarrow{OB}$となるよね。

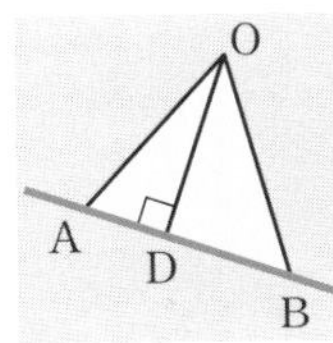

$\overrightarrow{OD}=s\overrightarrow{OA}+t\overrightarrow{OB}$
$\overrightarrow{OD}=(1-t)\overrightarrow{OA}+t\overrightarrow{OB}$

$\overrightarrow{OD}=s\overrightarrow{OA}+t\overrightarrow{OB}$だと直線ABを含む平面全体を表しちゃうんですね。

$\overrightarrow{OD}=(1-t)\overrightarrow{OA}+t\overrightarrow{OB}$だとダイレクトに直線AB上を表せるから、今回はこっちだ。

ピカイチ解答

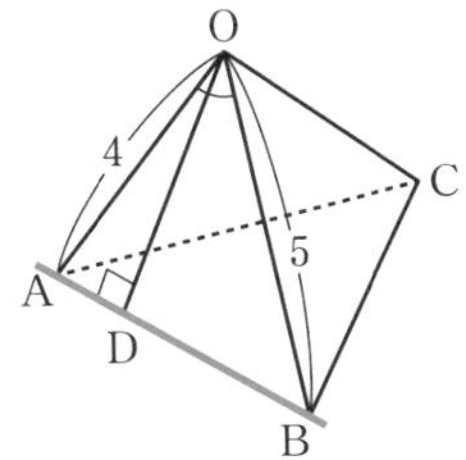

$\angle AOB=\dfrac{\pi}{3}$より

$\overrightarrow{OA}\cdot\overrightarrow{OB}=4\cdot5\cdot\boxed{\cos\dfrac{\pi}{3}}$ $\leftarrow \dfrac{1}{2}$

$=10$

AD：DB$=t$：$(1-t)$とおく。

内分の公式より

$\overrightarrow{OD}=(1-t)\overrightarrow{OA}+t\overrightarrow{OB}$とおく。

「3点同一直線上のベクトル」③ $\overrightarrow{OP}=(1-t)\overrightarrow{OA}+t\overrightarrow{OB}$

$\overrightarrow{OD}\perp\overrightarrow{AB}$より$\overrightarrow{OD}\cdot\overrightarrow{AB}=0$ ← 直交条件

$\{(1-t)\overrightarrow{OA}+t\overrightarrow{OB}\}\cdot(\overrightarrow{OB}-\overrightarrow{OA})=0$ （始点をOに直す）

$(1-t)\overrightarrow{OA}\cdot\overrightarrow{OB}-(1-t)|\overrightarrow{OA}|^2+t|\overrightarrow{OB}|^2-t\overrightarrow{OA}\cdot\overrightarrow{OB}=0$
（$\overrightarrow{OA}\cdot\overrightarrow{OB}=10$, $|\overrightarrow{OA}|^2=4^2$, $|\overrightarrow{OB}|^2=5^2$）

$10(1-t)-16(1-t)+25t-10t=0$

$-6(1-t)+15t=0$

$-6+6t+15t=0$

$21t=6$

$\therefore t=\dfrac{2}{7}$

$\therefore\overrightarrow{OD}=\dfrac{5}{7}\overrightarrow{OA}+\dfrac{2}{7}\overrightarrow{OB}$

内積を出しておく→「3点同一直線上」だから「係数足して1の式」→直交条件、この流れですね。

いいね～。だんだんベクトルが得意になってきたんじゃないのかな⁉

うん、そんな気がするけど、まだまだこれから。頑張りますよ！

POINT ● **「3点同一直線上」と「4点同一平面上」を使い分けよう！**

1辺の長さが1の正四面体OABCにおいて、辺OAを2：1の比に内分する点P(OP：PA＝2：1)、辺OCを1：2の比に内分する点をQ(OQ：QC＝1：2)、辺ABの中点をMとすると、$MP=\frac{\sqrt{\square}}{\square}$, $MQ=\frac{\sqrt{\square}}{\square}$ **である。**

2015 東京理科大

イマイチ解答

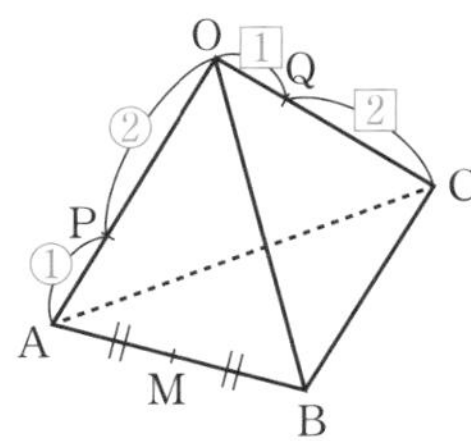

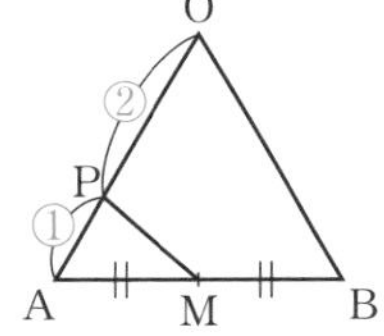

△OABは1辺の長さが1の正三角形。

よって$AP=OA\times\frac{1}{3}=\frac{1}{3}$

$AM=AB\times\frac{1}{2}=\frac{1}{2}$

よって△APMで余弦定理より、

$$MP^2=\left(\frac{1}{3}\right)^2+\left(\frac{1}{2}\right)^2-2\cdot\frac{1}{3}\cdot\frac{1}{2}\cdot\boxed{\cos 60^\circ}\ \frac{1}{2}$$

$$=\frac{1}{9}+\frac{1}{4}-\frac{1}{6}$$

$$=\frac{4+9-6}{36}$$

$$=\frac{7}{36}$$

MP＞0より$MP=\frac{\sqrt{7}}{6}$

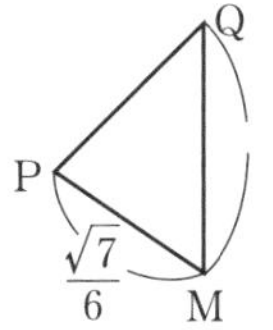

ん～余弦定理で押そうかなと思ったんですけど、ちょっと無理でした……。

話題になっている平面をちゃんと取り出して考えようとしたのはOK！ MPは正解だよ。
ただMQはたしかに余弦定理では無理だよね。∠QPMの大きさがわかっていないから余弦定理は使えないんだ。
ということで**ベクトルを使った解法**を教えるよ。

ピカイチ解答

まずは問題を解くための準備だ。
1辺の長さが1の正四面体だから、大きさ1ということと、内積を出しておこう。

1辺の長さが1の正四面体より、

$|\overrightarrow{OA}|=|\overrightarrow{OB}|=|\overrightarrow{OC}|=1$ ←大きさ1

$\overrightarrow{OA}\cdot\overrightarrow{OB}=\overrightarrow{OB}\cdot\overrightarrow{OC}=\overrightarrow{OC}\cdot\overrightarrow{OA}$

$=1\cdot1\cdot\boxed{\cos 60^\circ}=\dfrac{1}{2}$ ←内積

（$\cos 60^\circ = \frac{1}{2}$）

もう1つ準備。作図した点を$\overrightarrow{OA}$, $\overrightarrow{OB}$, $\overrightarrow{OC}$で表しておこう。

OP：PA＝2：1より $\overrightarrow{OP}=\dfrac{2}{3}\overrightarrow{OA}$

OQ：QC＝1：2より $\overrightarrow{OQ}=\dfrac{1}{3}\overrightarrow{OC}$

MはABの中点より、

$\overrightarrow{OM}=\dfrac{1}{2}\overrightarrow{OA}+\dfrac{1}{2}\overrightarrow{OB}$

ここまでずっと、準備しかしてないですね。

$\overrightarrow{MP}=\overrightarrow{OP}-\overrightarrow{OM}$ ←始点をOに直す

$=\dfrac{2}{3}\overrightarrow{OA}-\dfrac{1}{2}\overrightarrow{OA}-\dfrac{1}{2}\overrightarrow{OB}$

$=\dfrac{1}{6}\overrightarrow{OA}-\dfrac{1}{2}\overrightarrow{OB}$

$|\overrightarrow{MP}|^2=\left|\dfrac{1}{6}\overrightarrow{OA}-\dfrac{1}{2}\overrightarrow{OB}\right|^2$ ←大きさは2乗

$=\dfrac{1}{36}\underbrace{|\overrightarrow{OA}|^2}_{1^2}-\cancel{2}\cdot\dfrac{1}{12}\cdot\underbrace{\overrightarrow{OA}\cdot\overrightarrow{OB}}_{\frac{1}{\cancel{2}}}+\dfrac{1}{4}\underbrace{|\overrightarrow{OB}|^2}_{1^2}$

$=\dfrac{1}{36}-\dfrac{1}{12}+\dfrac{1}{4}$

$=\dfrac{1-3+9}{36}=\dfrac{7}{36}$

$|\overrightarrow{MP}|>0$ より $|\overrightarrow{MP}|=\dfrac{\sqrt{7}}{6}$

$\overrightarrow{MQ}=\overrightarrow{OQ}-\overrightarrow{OM}$ ←始点をOに直す

$=\dfrac{1}{3}\overrightarrow{OC}-\dfrac{1}{2}\overrightarrow{OA}-\dfrac{1}{2}\overrightarrow{OB}$

$=-\dfrac{1}{2}\overrightarrow{OA}-\dfrac{1}{2}\overrightarrow{OB}+\dfrac{1}{3}\overrightarrow{OC}$

$|\overrightarrow{MQ}|^2=\left|-\dfrac{1}{2}\overrightarrow{OA}-\dfrac{1}{2}\overrightarrow{OB}+\dfrac{1}{3}\overrightarrow{OC}\right|^2$ ←大きさは2乗

$=\dfrac{1}{4}\underbrace{|\overrightarrow{OA}|^2}_{1^2}+\dfrac{1}{4}\underbrace{|\overrightarrow{OB}|^2}_{1^2}+\dfrac{1}{9}\underbrace{|\overrightarrow{OC}|^2}_{1^2}+\cancel{2}\cdot\dfrac{1}{4}\underbrace{\overrightarrow{OA}\cdot\overrightarrow{OB}}_{\frac{1}{\cancel{2}}}-\cancel{2}\cdot\dfrac{1}{6}\underbrace{\overrightarrow{OB}\cdot\overrightarrow{OC}}_{\frac{1}{\cancel{2}}}-\cancel{2}\cdot\dfrac{1}{6}\underbrace{\overrightarrow{OC}\cdot\overrightarrow{OA}}_{\frac{1}{\cancel{2}}}$

$=\dfrac{1}{4}+\dfrac{1}{4}+\dfrac{1}{9}+\dfrac{1}{4}-\dfrac{1}{6}-\dfrac{1}{6}$

$=\dfrac{9+9+4+9-6-6}{36}=\dfrac{19}{36}$

$|\overrightarrow{MQ}|>0$ より $|\overrightarrow{MQ}|=\dfrac{\sqrt{19}}{6}$

POINT

- **正四面体が出てきたら、大きさと内積をチェック！**
- **ベクトルの問題で大きさが出てきたら、2乗する！**

おわりに

2019年10月にとある女子校で授業をおこないました。受験はせずに内部進学で大学に行く、あるいは就職する子たちの授業です。学校側からの要望は、基礎学力を高めてほしいということでした（大学受験の指導ではなく、ということです）。

6回すべての授業が終わったときのことです。

1人の女の子が私に、

「先生って塾の先生なんですよね。私、塾行ったことがないから、授業おもしろかったですよ。先生みたいな人の授業を受けていけば、薬学部って受かるんですか～？」

と聞いてきました。

最初は少し驚きましたが、話を聞いてみると、彼女は今まで一度も塾に行ったことがなかったそうです。生まれて初めて塾講師、予備校講師の授業を受けたわけです。

彼女には事情があって母親しかいません。クラスの中で唯一、大学には進学せず就職することになっていたそうです。

「お金があれば大学に行って薬剤師さんになりたかったなぁ。私バカだからお医者さんは無理だから～（笑）」

本当は医師になりたかったのかもしれません。私は、

「いやいや、バカなんかじゃないよ。受験しないのにちゃんと俺の話をニコニコしながら聞いてて素晴らしいね。一緒に勉強できて楽しかったよ！　春からお仕事頑張ってね」

と答えました。

大学生になれる、勉強に打ち込める、というのは当たり前のことでは

ありません。勉強したくてもできない人が、世の中には当然いるのです。
勉強できるってとても贅沢なこと。今、これを読んでいる人の中で、もしモチベーションが上がらないとか、やる気が起きない人がいたら、このことを考えてみてほしいです。

さて、みなさんのまわりには、叱ってくれる大人はいますか？
お節介を言ってくれたり、目を見てお説教してくれたりする大人がいたら、あなたは幸せ者です。なぜなら、その叱ってくれる大人はあなたをなんとかいい方向に導こうとしているから。だから、勉強も仕事も思いっきりやって失敗してほしいなと思うのです。絶対に若いうちにたくさんの失敗をしておいたほうがいい！
数学も当然そうです。「こうかな」と思う解法を積極的にノートにぶつけてみよう。数学は失敗する科目です。

そして、大学入試が終わってもつらいことや不安なことはいっぱいあります。数多くの失敗もするでしょう。
でも腐るなよ！　笑って前に進め！　ぜひ、人のために努力ができる、強い大人になってください。

この本が、大学入試を通して君たちが人間として成長できる一助になればこんなに嬉しいことはありません。
なりたい自分に向かって、努力するあなたを心から応援しています！

最後に、本書の制作にあたり、ご協力いただいたかんき出版さん、編集プロダクションの方々、力を貸してくれた学生諸君、そして今まで育てていただいた人生の師……、皆様に襟を正して心より感謝申し上げます。

【著者紹介】
宮崎　格久（みやざき・のりひさ）
◉――東京学芸大学附属高校、東京学芸大学教育学部出身。現在、大学受験の塾、予備校で教鞭を執る受験数学のプロ講師。
◉――「授業がわかりやすい」「解けなかった問題が解けるようになる」「受験勉強のモチベーションが上がる」と、生徒からの信頼は絶大。板書を写させないスタイル、授業中にすべてを理解させることで、他の講師と一線を画する。
◉――座右の銘は「守破離」。好きな言葉は「過去の事実を変えることはできないけれど、過去の意味を変えることはできる」。本書が初の著書となる。

大学入試数学 落とせない必須101題 スタンダードレベル

2023年４月17日　第１刷発行
2024年４月１日　第２刷発行

著　者――宮崎　格久
発行者――齊藤　龍男
発行所――株式会社かんき出版
東京都千代田区麹町4-1-4 西脇ビル　〒102-0083
電話　営業部：03(3262)8011㈹　編集部：03(3262)8012㈹
FAX　03(3234)4421　　振替　00100-2-62304
https://kanki-pub.co.jp/
印刷所――大日本印刷株式会社

　ISBN978-4-7612-3088-3 C7041